# 计算机网络安全管理研究

张兵　郭伊　闫衍　著

图书在版编目(CIP)数据

计算机网络安全管理研究 / 张兵, 郭伊, 闫衍著.
湘潭 : 湘潭大学出版社, 2024. 6. -- ISBN 978-7-5687-
1536-2
Ⅰ. TP393.08
中国国家版本馆CIP数据核字第20246FC953号

# 计算机网络安全管理研究

JISUANJI WANGLUO ANQUAN GUANLI YANJIU

张兵 郭伊 闫衍 著

策划编辑：丁立松
责任编辑：丁立松
封面设计：文海宏远
出版发行：湘潭大学出版社
社　　址：湖南省湘潭大学工程训练大楼
电　　话：0731-58298960 0731-58298966（传真）
邮　　编：411105
网　　址：http://press.xtu.edu.cn/
印　　刷：长沙创峰印务有限公司
经　　销：湖南省新华书店
开　　本：787 mm×1092 mm 1/16
印　　张：19
字　　数：379千字
版　　次：2024年6月第1版
印　　次：2024年6月第1次印刷
书　　号：ISBN 978-7-5687-1536-2
定　　价：59.80元

# 前言／FOREWORD

在科学技术飞速发展的今天，由于计算机网络技术被广泛地使用，网络资源通过通信手段被很大程度共享，因此人们从网络中得到好处的同时，也承担着信息泄露、个人数据被破坏的可能。一旦网络被攻击或者被破坏的情况发生，不但用户的自身信息会被窃取造成非常大的损失，而且会造成整个网络的瘫痪，后果不堪设想。由此，全面、系统地建立网络安全机制，从而使用户高效、安全地开发和利用网络资源是近年来许多专家和学者一直关注的问题。

对于计算机网络信息安全及防护技术而言，其属于计算机网络的一项辅助技术，正是因为存在着这样的网络技术，用户在对计算机网络进行使用时才能够保证相关的网络信息不被窃取。然而，由于现今科技的不断发达，越来越多的不法分子利用网络进行信息窃取，进而达到犯罪目的，所以，针对计算机网络安全及防护技术的研究与升级，已经刻不容缓。

本书对计算机网络安全管理进行了全面系统的介绍，首先介绍了计算机网络安全，然后叙述了计算机网络安全管理基础、内容、技术，还分析了计算机无线网络的安全、计算机网络风险管理、计算机信息安全事件监测与应急管理，最后提出网络信息安全与防护策略，实践中保证网络安全的方案。

作者在写作本书的过程中，借鉴了许多专家和学者的研究成果，在此表示衷心的感谢。本书涉及的内容十分宽泛，难免存在疏漏，恳请各位专家批评斧正。

# 目录/CONTENTS

# 第一章
# 计算机网络安全概述

## 第一节　计算机网络

### 一、计算机网络的定义

什么是计算机网络？人们对此一直存在争论，迄今为止仍没有一个公认的定义。

从技术门类的角度来看，计算机网络可以认为是计算机技术和通信技术相结合，实现远程信息处理、资源共享的系统。从现代计算机网络的角度出发，可以认为是自主计算机系统的互连集合。“自主”这一概念排除了网络系统中的从属关系，“互连”不仅指计算机间物理上的连通，而且指计算机间的交换信息、资源共享，这就需要通信设备和传输介质的支持以及网络协议的协调控制。因此，本书给出的计算机网络的定义是：计算机网络是将若干台具有独立功能的计算机，通过通信设备和传输介质相互连接，以网络软件实现通信、资源共享和协同工作的系统。

网络中由传输介质链路连接在一起的设备，称为网络节点（Node Computer，NC），链路称为通信信道（Channels of Communication）。

计算机网络的组成部件，主要完成网络通信和资源共享两种功能。从而可将计算机网络看成一个两级网络，即核心部分和边缘部分。其中，NC 与通信介质构成网络核心；H 为主机（Host），T 为终端（Terminal），两者共同构成网络边缘。两级计算机子网是现代计算机网络结构的主要形式。

### 二、网络边缘

网络边缘实现资源共享功能，包括数据处理、提供网络资源和网络服务。网络边缘主要包括主机、外设及其相关软件，例如，服务器、客户机、智能手机、网络摄像头等。网络边缘设备之间的通信方式主要有客户机 / 服务器（Client/Server，C/S）方式和对等连接（Peer-to-Peer，P2P）方式。

### （一）客户机/服务器方式

计算机网络中，为网络用户提供共享资源和服务功能的计算机或设备称为服务器（根据服务器所提供的服务，又可以分为文件服务器、打印服务器、应用服务器和通信服务器等），服务器运行服务器端软件。接受服务或访问服务器上共享资源的计算机称为客户机，客户机运行客户端软件。

随着计算机网络服务功能的改变，这种方式经历了前期的工作站/文件服务器方式，以及目前在 Internet 上普遍应用的浏览器/服务器（Browser/Server，B/S）方式的发展过程。

**1. 工作站/文件服务器方式**

在工作站/文件服务器方式的计算机网络中，工作站对文件服务器的文件资源的访问处理过程，是将所需的文件整个下载到工作站上，处理结束后再上传到文件服务器。目前，单纯的工作站/文件服务器方式的计算机网络基本上已不再使用了。

**2. 客户机/服务器方式**

在 C/S 方式的计算机网络中，客户机对服务器资源的访问处理，是只下载相关部分，处理结束后再上传到服务器。

**3. 浏览器/服务器方式**

B/S 方式的计算机网络与 C/S 方式的计算机网络的主要区别是在客户端运行的是浏览器软件。客户不需要了解更多的计算机操作知识，甚至只需会操作鼠标就能够运行相应的操作。

### （二）对等连接方式

在对等连接方式中，没有专用的服务器，网络中的所有计算机都是平等的，各台计算机既是服务器又是客户机，每台计算机分别管理自己的资源和用户，同时又可以作为客户机访问其他计算机的资源。

由于每台计算机独自管理自己的资源，所以很难控制网络中的资源和用户，安全性稍差。

## 三、网络核心

网络核心主要包括交换机（Switch）、路由器（Router）、网桥（Bridge）、中继器（Repeater）、集线器（Hub）、网卡（Network Interface Card，NIC）和缆线等设备和相

关软件。网络核心实现网络通信功能，包括数据的加工、传输和交换等通信处理工作，即将位于网络边缘的一台主机的信息传送给另一台主机。其中交换是网络核心部分最重要的功能。

交换又称转接，是在多节点网络中，利用交换机、路由器等转接设备，在节点间建立临时连接，完成通信的一种技术。交换技术按照其原理划分，可分为线路交换（Circuit Switching）和存储转发交换（Store and Forward Switching）两种技术。其中，存储转发交换又可按照转发的信息单位不同，分为报文交换（Message Switching）和分组交换（Packet Switching）。

（一）线路交换

线路交换就像电话系统一样，在通信期间，发送方和接收方之间一直保持一条专用的物理通路，而通路中间经过了若干节点的转接。

线路交换的通信过程包括三个阶段：建立线路、传输数据和拆除线路。线路交换在传输数据之前需建立连接，这增加了时延。建立连接之后就专用该线路，即使在没有数据传输时，也要占用线路，因此线路的利用率低。但是，建立连接之后，线路就被用户专用，传输时延短（只存在传播时延），这一特性使线路交换适合实时性强的信号传输，如电话和实况转播等。

（二）存储转发交换

存储转发交换是一种数据传输技术，它在数据包的传输过程中采用了存储和延迟转发的方式。在这种技术中，每个交换节点在转发数据包之前，都会先将整个数据包存储在本地缓存中。这种做法确保了只有在接收到完整的数据包之后，节点才会将其转发到下一个节点或目标地址。存储转发交换的主要优点是能够处理网络中的数据包丢失或错误，因为节点可以在重新尝试传输之前检查和校验数据的完整性。

这种技术广泛应用于数据网络中，尤其是在需要保证数据完整性的场景中，例如电子邮件系统、文件传输协议（File Transfer Protocol，FTP）和一些消息传递系统。在这些应用中，存储转发交换不仅能提高数据传输的可靠性，还能有效处理网络延迟和拥堵问题。通过将数据包先行存储，网络能够更加灵活地应对传输过程中的不确定因素，最终提高整体的通信效率和用户体验。

**1. 报文交换**

报文交换是基于存储转发原理的一种交换技术。存储转发的基本原理是：数据在传输过程中，要由交换节点将输入数据存入节点的缓冲区，一旦输出线路空闲，就将数据发送出去。报文交换所传输的信息单位是报文，其中需要包含收发站地址、检验码等控制信息。在发送站，先将要发送的信息分割组成一个个的报文，然后发送到相邻的交换节点，报文在交换节点存储等待。当通往报文接收站的线路空闲时，交换节点就将报文发送到下一个交换节点，直至传送到接收站。

报文交换方式以报文为单位来占用信道，发送站和接收站无须建立专用的通路，可实现多个用户共用一个信道，从而提高信道的利用率。但是，由于报文一般较长，所以交换节点需配置大容量的存储器，以备存储整个报文。报文交换的传输时延取决于交换节点的存储转发时间，具有不确定性。因此，它适用于高信息容量的数据通信，不适合实时性传输。

**2. 分组交换**

分组交换又称包交换，最早应用于阿帕网（ARPANET）。分组交换也是基于存储转发原理的一种技术。与报文交换不同的是，它的信息传输单位是分组（Packet）。分组格式要比报文短，包括分组头部和数据两部分，头部包含收发站地址、分组编号和检验码等控制信息。在源节点，报文被分割成若干分组，分组可按不同的路径传输，其间要在交换节点存储转发，最后在接收端按照分组编号重新装配成报文。分组交换由于分组长度小，降低了对交换节点存储容量的要求，同时也缩短了网络时延。但是，在发送端和接收端需对报文进行拆卸和装配，增加了网络软硬件的复杂性和报文处理时间。分组交换适用于大型、高信息容量的数据通信。分组交换有两种常用的实现方法：数据报（Datagram）和虚电路（Virtual Circuit）。

“虚电路”这一术语是为了区别于线路交换而言的。线路交换是各交换节点为发送站和接收站建立一条专用的物理通路；而虚电路方式是在交换节点之间建立路由，即在交换节点的路由表内创建一个表项。当交换节点收到一个分组后，它检查路由表，按照其匹配项的出口发送分组。因此，虚电路是一条逻辑线路，它可以与其他连接共享一条物理线路。

# 第二节 计算机网络的分类与组成

## 一、计算机网络的分类

### （一）按地理位置分类

按地理位置划分，计算机网络可分为广域网（Wide Area Network，WAN）、城域网（Metropolitan Area Network，MAN）和局域网（Local Area Network，LAN）。

**1. 广域网**

广域网的作用范围通常为几十千米到几千千米以上，可以跨越辽阔的地理区域进行长距离的信息传输。所包含的地理范围通常是一个国家或一个洲。

在广域网内，用于通信的传输装置和介质一般由电信部门提供，网络则由多个部门或国家联合组建，网络规模大，能实现较大范围的资源共享。

**2. 城域网**

城域网的作用范围介于广域网和局域网之间，是一个城市或地区组建的网络，作用范围一般为几十千米。城域网以及宽带城域网的建设已成为目前网络建设的热点。由于城域网本身没有明显的技术特点，因此后续章节只讨论广域网和局域网。

**3. 局域网**

局域网是一个单位或部门组建的小型网络，一般局限在一座建筑物或园区内，其作用范围通常为十米至几千米。局域网规模小、速度快，应用非常广泛。

需要指出的是，广域网、城域网和局域网的划分只是一个相对的分界。而且随着计算机网络技术的发展，三者的界限已经变得模糊。另外，Internet是广域网、城域网和局域网互联而形成的遍布全球的网络。

### （二）按网络拓扑结构分类

计算机网络的拓扑结构是引用拓扑学中研究与大小、形状无关的点、线特性的方法，把网络单元定义为节点，两节点间的线路定义为链路，则网络节点和链路的几何位置就是网络的拓扑结构。网络拓扑结构的基本类型主要有总线、环状、星状、树状和网状结构。

**1. 总线拓扑结构**

总线拓扑（Bus Topology）结构是将网络中的所有设备都通过一根公共总线连接，通信时信息沿总线进行广播式传送。

总线拓扑结构简单，增删节点容易。网络中任何节点的故障都不会造成全网的瘫痪，可靠性高。但是任何两个节点之间传送数据都要经过总线，总线成为整个网络的瓶颈。当节点数目多时，易发生信息拥塞。

总线拓扑结构投资少、安装布线容易，是常用的局域网拓扑结构之一。由于网络中的所有设备共用总线这一条传输信道，因此存在信道争用问题。为了减少信道争用带来的冲突，带有冲突检测的载波监听多路访问（Carrier Sense Multiple Access/Collision Detection，CSMA/CD）协议被用于总线网中。为了防止信号到达总线两端的回声，总线两端都要安装吸收信号的端接器。最著名的总线网是以太网，以太网曾一度成为总线网的代名词。

**2. 环状拓扑结构**

环状拓扑（Ring Topology）结构中，所有设备被连接成环，信息是通过该环进行广播传送的。在环状拓扑结构中每一台设备只能和相邻节点直接通信。与其他节点通信时，信息必须依次经过二者间的每一个节点。节点的增加、删除和修改一般需要将整个网重新配置，扩展性、灵活性差，维护困难。

环状网一般采用令牌（一种特殊格式的帧）来控制数据的传输，只有获得令牌的节点才能发送数据，因此避免了冲突现象。环状网有单环和双环两种结构。双环结构常用于将光导纤维作为传输介质的环状网中，目的是设置一条备用环路，当光纤环发生故障时，可迅速启用备用环，提高环状网的可靠性。曾被广泛应用的环状网有令牌环（Token Ring）网和光纤分布式数据接口（Fiber Distributed Data Interface，FDDI）。

**3. 星状拓扑结构**

星状拓扑（Star Topology）结构由一个中央节点和若干从节点组成。中央节点可以与从节点直接通信，而从节点之间的通信必须经过中央节点的转发。

星状拓扑结构简单，建网容易，传输速率高。每个节点独占一条传输线路，消除了数据传送堵塞现象。一台计算机及其接口的故障不会影响到网络，扩展性好，配置灵活，增加、删除和修改一个站点容易实现，网络易管理维护。网络可靠性依赖于中央节点，中央节点一旦出现故障将导致全网瘫痪。

星状网中央节点是该网的瓶颈。早期的星状网，中央节点是一台功能强大的计算机，既具有独立的信息处理能力，又具备信息转接能力。目前星状网的中央节点多采用诸如交换机等网络转接设备。

必须特别注意网络的物理拓扑和逻辑拓扑之间的区别。物理拓扑是指网络布线的连接方式，而逻辑拓扑是指网络的访问控制方式。自 20 世纪 90 年代以来，网络的物理拓扑大多向星状网演化。常见的采用星状物理拓扑的网络有 100Base-T 以太网、令牌环网和异步传输模式（Asynchronous Transfer Mode，ATM）网等。

**4. 树状拓扑结构**

树状拓扑（Tree Topology）结构的形状像一棵倒置的树，顶端是树根，树根以下带分支，每个分支还可以再带子分支，但不形成闭合回路。树状拓扑是一种层次结构，节点按层次连接，信息交换主要在上下相邻节点之间进行，同层节点之间不进行数据交换。树根接收各节点发送的数据，然后再广播发送到全网。

树状拓扑结构适用于汇集信息的应用要求，连接简单，维护方便，易于扩展和故障隔离。其链路具有一定的专用性，无须对原网做任何改动就可以扩充节点。一般一个分支和节点的故障不影响另一分支节点的工作，很容易将故障分支与整个系统隔离开来。树状拓扑结构的缺点是各个节点对根的依赖性太大，如果根发生故障，则全网不能正常工作。

树状拓扑结构是星状拓扑结构的一种变形，它是由多个层次的星状结构纵向连接而成。当局域网的规模比较大，而且网络覆盖的单位存在行政或业务隶属关系时，一般采用树状拓扑结构组网。

**5. 网状拓扑结构**

网状拓扑（Mesh Topology）结构分为一般网状拓扑结构和全连接网状拓扑结构两种。全连接网状拓扑结构中的每个节点都与其他所有节点相通。一般网状拓扑结构中的每个节点至少与其他两个节点直接相连。

网状拓扑结构的容错能力强，如果网络中一个节点或一段链路发生故障，信息可通过其他节点和链路到达目的节点，故可靠性高。但其建网费用高，布线困难。

网状网的最大特点是其强大的容错能力，因此主要用于强调可靠性的网络中，如帧中继（Frame Relay）网、ATM 网等。

在实际组网中，为了符合不同的要求，拓扑结构不一定是单一的，而往往都是几种结构的混用。

### （三）其他分类

计算机网络还有多种分类方法，如按网络的使用范围、按信息交换方式分类等。

按网络的使用范围分类，计算机网络可分为公用网和专用网两类。公用网（Public Network）一般是国家邮电部门建造的网络，所有按规定交纳费用的人都可以使用，如 CHINANET、CERNET 等。专用网（Private Network）是某个部门为其特殊工作的需要而建造的网络，一般只为本单位的人员提供服务，如军队、银行和铁路等系统的专用网。

按信息交换方式划分，计算机网络可分为电路交换网、报文交换网和分组交换网 3 类。电路交换网的特征是在整个通信过程中，需始终保持两节点间的通信线路连通，即形成一条专用的通信线路，如同电话通信。电路交换网适用于实时通信，但网络利用率低。报文交换网的通信线路是非专用的，它利用存储转发原理，将待传输的报文存储在网络节点中，等到信道空闲时再发送出去。报文交换网提高了网络利用率，但由于长报文传输时会带来很多问题，目前已很少使用。分组交换网将报文划分为若干小的传输单位——分组，并将分组单独传送，能够更好地利用网络，是当今广泛采用的网络形式，如大家熟知的 Internet。

## 二、计算机网络的组成

### （一）计算机网络的硬件组成

计算机网络硬件系统是由服务器、客户机、通信处理设备和通信介质组成的。服务器和客户机是构成网络边缘的主要设备，通信处理设备和通信介质是构成网络核心的主要设备。

#### 1. 服务器

服务器一般是一台高配置（诸如 CPU 速度快、内存和硬盘的容量高等）的计算机，它为客户机提供服务。按照服务器所能提供的资源来区分，可分为文件服务器、打印服务器、应用系统服务器和通信服务器等。在实际应用中，常把几种服务集中在一台服务器上，这样一台服务器就能执行几种服务功能。例如，将文件服务器连接到网络共享打印机后，此服务器就能作为文件和打印服务器使用。

文件服务器在网络中起着非常重要的作用。它负责管理用户的文件资源，处理客户机的访问请求，将相应的文件下载到某一客户机。为了保证文件的安全性，常为文件服务器配置磁盘阵列或备份的文件服务器。

打印服务器负责处理网络中用户的打印请求。一台或几台打印机与一台计算机相连，并在计算机中运行打印服务程序，使得各客户机都能共享打印机，这就构成了打印服务器。还有一种网络打印机，内部装有网卡，可以直接与网络的传输介质相连，作为打印服务器。

应用系统服务器运行 CS 应用程序的服务器端软件，该服务器一般保存着大量信息供用户查询。应用系统服务器处理客户端程序的查询请求，只将查询结果返回给客户机。

通信服务器负责处理本网络与其他网络的通信，以及远程用户与本网的通信。

2. 客户机

客户机运行 CS 应用程序的客户端软件，网络用户通过客户机与网络联系。由于网络中的客户机能够共享服务器的资源，因而一般情况下其配置比服务器低。

3. 网卡

服务器和客户机都需要安装网卡。网卡是计算机和传输介质之间的物理接口，又称网络适配器。网卡的作用是将计算机内的数据转换成传输信号发送出去，并把传输信号转换成计算机内的数据接收进来。其基本功能是：并行数据和串行信号的转换、帧的拆装、网络访问控制和数据缓冲等。内置网卡的总线接口插在计算机的扩展槽中，网络缆线接口与传输介质相连。

4. 通信介质

通信介质又称传输介质，用于连接计算机网络中的网络设备，一般可分为有线传输介质和无线传输介质两大类。常用的有线传输介质是双绞线（Twisted-Pair）、同轴电缆（Coaxial Cable）和光导纤维（Optical Fiber），常用的无线传输介质是微波（Microwave）、激光（Laser）和红外线（Infrared）等。

5. 通信处理设备

通信处理设备主要包括调制解调器（Modem）、中继器、集线器、网桥、交换机、路由器和网关（Gateway）等。

（1）调制解调器。

调制解调器是远程计算机通过传输介质（如电话线、光纤）连接网络所需配置的设备。调制是指发送方将数字信号转换为线缆所能传输的模拟信号。解调是指接收方将模拟信号还原为数字信号。调制解调器同时具备调制和解调双重功能，因此它既能发送信号又能接收信号。

（2）中继器和集线器。

由于信号在线缆中传输会发生衰减，因此要扩展网络的传输距离，可以利用中继器使信号不失真地继续传播。

①中继器可以把接收到的信号物理地再生并传输，即在确保信号可识别的前提下延长了线缆的距离。由于中继器不转换任何信息，因此和中继器相连接的网络必须使用同样的访问控制方式。

②集线器是一种特殊的中继器。它除了对接收到的信号进行再生并传输外，还可为网

络布线和集中管理带来方便。集线器一般有 8 ~ 16 个端口,供计算机等网络设备连接使用。

（3）网桥。

网桥不仅能再生数据，还能够实现不同类型的局域网互连。网桥能够识别数据的目的地址，如果不属于本网段，就把数据发送到其他网段上。

（4）交换机。

应用广泛的交换机是二层交换机和三层交换机。二层交换机同时具备了集线器和网桥的功能。

三层交换机除了具有二层交换机的功能之外，还具有路由功能。

（5）路由器。

路由器具有数据格式转换功能，可以连接不同类型的网络。路由器能够识别数据的目的地址所在的网络，并可根据内置的路由表从多条通路中选择一条最佳路径发送数据。

（6）网关。

网关又称协议转换器，它的作用是使网络上采用不同高层协议的主机能够互相通信，进而完成分布式应用。网关是传输设备中最复杂的一个，主要用于连接不同体系结构的网络或局域网与主机。

（二）计算机网络的软件组成

计算机网络的软件系统包括网络操作系统和网络应用服务系统等。网络应用服务系统针对不同的应用有不同的应用软件，下面只介绍网络操作系统。

**1. 网络操作系统的功能及组成**

（1）功能。

①网络通信。

· 高效传输：确保数据包准确无误地在网络中传递。

· 协议兼容性：支持标准通信协议（如 TCP/IP），促进跨网络的无缝连接。

②资源管理。

· 共享服务：使文件和打印资源可被网络内的多个用户访问。

· 任务协调：管理和调度网络上的多任务执行。

· 内存优化：合理分配内存资源，提高网络应用性能。

③设备管理。

· 硬件控制：监督网络设备（如 NIC、路由器）的操作。

· 连接管理：维持和监控网络连接状态，保证设备的持续可用性。

④安全与权限。

· 认证机制：实施用户验证，保障网络安全。

· 访问控制：通过权限设定和访问控制列表（ACLs）维护数据和资源的安全。

（2）组成。

①硬件要素。

· 网络接口设备（如 NIC）：连接计算机至网络，处理数据的进出。

· 网络互联设备（如路由器、交换机）：确保数据包在各网络间精准路由。

· 数据存储单元（如硬盘、SSD、NAS）：存储网络上共享的信息和文件。

· 服务器平台：充当网络服务的中心，提供文件、打印、数据库等功能。

· 用户端点（如 PC、工作站）：用户通过这些设备访问网络资源。

②软件层次。

· 计算机网络操作系统（Network Operating System，NOS）核心：管理网络活动的核心软件，包括资源调配、进程控制和设备驱动。

· 通信协议层（如 TCP/IP、SMB/CIFS、NFS）：实现数据在网络上的传输规则。

· 服务应用层：涵盖 DNS、DHCP、FTP、HTTP、SMTP 等服务，支撑网络功能。

· 安全防护体系：防火墙、入侵检测、反病毒和加密措施，保障网络安全。

· 管理与监控工具：辅助网络管理员进行性能监控、故障排查和设备配置。

· 用户应用程序：依赖 NOS 服务的软件，如办公套件、数据库前端等。

③逻辑框架。

· 用户与资源目录（如 Active Directory、LDAP）：统一管理网络用户和资源的目录服务。

· 访问权限体系：界定用户对网络资源的访问权限。

· 分布式文件架构：支持用户在任何位置无缝访问文件，如同本地操作。

· 容错与负载分担机制：增强网络服务的连续性。

· 虚拟化解决方案：实现在单个物理服务器上运行多个独立的虚拟服务器，提升资源灵活性。

这些元素相互作用，共同构建起 NOS 的基础设施，确保网络的稳健、高效和安全性。

**2. 常用的网络操作系统**

NOS 是构建现代企业和机构网络环境的基石，它们不仅具备基本的网络通信能力，还提供了一系列高级功能，如资源管理、安全控制、分布式计算，以及支持各种网络服务。在众多 NOS 中，Microsoft Windows Server、Linux 发行版和 Apple macOS Server 因其卓越的性能、稳定性及广泛的市场接受度，成为行业中的佼佼者。

Microsoft Windows Server 系列作为微软公司的旗舰产品，以其直观的图形用户界面（Graphical User Interface，GUI）、强大的集成能力和对广泛商业应用的支持而闻名。Windows Server 尤其适用于企业级部署，其中的活动目录（Active Directory）服务为企业提供了集中管理用户账户、资源和策略的手段，简化了大规模网络管理。此外，Windows Server 还能够承担多种角色，如文件服务器、打印服务器、Web 服务器和应用程序服务器，这赋予了企业根据自身需求灵活配置网络的能力。内置的网络策略和访问服务（NPAS）与远程桌面服务（Remote Desktop Services，RDS）进一步提升了网络的安全性和远程管理效率。

Linux 作为一种开放源代码的操作系统，通过其发行版如 Ubuntu Server、Red Hat Enterprise Linux（RHEL）、CentOS 和 SUSE Linux Enterprise Server（SLES）在服务器市场占据了稳固的地位。Linux 以其高度的可定制性、出色的稳定性、较低的总体拥有成本和活跃的社区支持而受到青睐。它支持一系列网络服务，包括 Apache Web 服务器、BIND DNS 服务器、Samba 文件和打印服务器，以及 PostgreSQL 数据库服务器。Linux 的灵活性允许网络管理员通过命令行工具深入调整系统配置，这对于需要高度定制化网络环境的场景极为有益。由于 Linux 的开源特性，它无须支付许可费用，加之高安全性，使其在数据中心和云服务提供商中广受欢迎。

苹果公司（Apple Inc.）的 macOS Server 虽然在全球市场份额上不如 Windows Server 和 Linux，但在创意产业和教育领域拥有稳定的用户群体。Apple macOS Server 建立在 Unix 基础上，继承了 Unix 的稳定性和安全性，同时结合了苹果标志性的用户体验设计。它配备了 Open Directory 服务，类似于 Windows 的 Active Directory，用于用户和资源的管理。Apple macOS Server 支持 Time Machine 备份功能、iCal 日历和 Address Book 联系人同步以及 Xsan 存储区域网络（SAN）集成，这些都为 Mac OS X 用户提供了理想的网络环境。尽管 Apple 近年来降低了对 Apple macOS Server 的官方支持力度，但用户仍然可以通过第三方工具和开源社区获取额外的网络服务功能。

# 第三节　计算机网络安全的基本概念

## 一、网络安全的定义

计算机网络是指将地理位置不同的具有独立功能的多台计算机及其外部设备通过通信线路连接起来，在网络操作系统、网络管理软件及网络通信协议的管理和协调下，实现资源共享和信息传输的计算机系统。

计算机网络安全实际上包括两方面的内容：一是网络的系统安全，二是网络的信息安全。由于计算机网络最重要的资源是它向用户提供的服务及其所拥有的信息，因而计算机网络的安全性可以定义为：保障网络服务的可用性和网络信息的完整性。前者要求网络向所有用户有选择地随时提供各自应得到的网络服务，后者则要求网络保证信息资源的保密性、完整性、可用性和准确性。可见，建立安全的网络系统要解决的根本问题是如何在保证网络的连通性、可用性的同时对网络服务的种类、范围等进行适当程度的控制，从而保障系统的可用性和信息的完整性不受影响。

由此可见，网络安全涉及的内容既有技术方面的问题，也有管理方面的问题，二者相互补充，缺一不可。技术方面主要侧重于防范外部非法用户的攻击，管理方面则侧重于内部人为因素的管理。如何更有效地保护重要的信息数据、提高计算机网络系统的安全性已经成为所有计算机网络应用必须考虑和必须解决的重要问题。

## 二、网络安全的特征

### （一）网络安全的特点

#### 1. 保密性

保密性是指网络信息不被泄露的特性。保密性是保证网络信息安全的一个非常重要的手段。保密性可以保证即使信息泄露，非授权用户在有限的时间内也无法识别真正的信息内容。常用到的保密措施主要包括信息加密、物理保密、防辐射、防监听等。

#### 2. 完整性

完整性是指网络信息未经授权不能进行改变的特性，即网络信息在存储和传输过程中不被删除、修改、伪造、乱序、重放和插入等操作改变，保持信息的原样。影响网络信息完整性的主要因素包括设备故障、误码、人为攻击以及计算机病毒等。

3. 可用性

可用性是指网络信息可被授权用户访问的特性，即网络信息服务在需要时能够保证授权用户使用。这里包含两个含义：当授权用户访问网络时不致被拒绝；授权用户访问网络时要进行身份识别与确认，并且对用户的访问权限加以规定的限制。

4. 可控性

可控性是指网络信息可被授权实体访问并按需求使用的特性，即需要时应能存取所需的信息。可控性要求对信息的传播及内容具有控制能力。

5. 可靠性

可靠性是网络系统安全最基本的要求，主要是指网络系统硬件和软件无故障运行的性能。提高可靠性的具体措施主要包括：提高设备质量，配备必要的冗余和备份，采取纠错、自愈和容错等措施，强化灾害恢复机制，合理分配负荷等。

6. 不可抵赖性

不可抵赖性也称作不可否认性，主要用于网络信息的交换过程，保证信息交换的参与者都不可能否认或抵赖曾进行的操作，类似于在发文或收文过程中的签名和签收的过程。

（二）物理安全

物理安全是指用来保护计算机硬件和存储介质的装置和工作程序。物理安全包括多方面的内容。

1. 防盗

像其他的物体一样，计算机也是偷窃者的目标，例如盗走硬盘、主板等。计算机偷窃行为所造成的损失可能远远超过计算机本身的价值，因此必须采取严格的防范措施，以确保计算机设备不会丢失。

2. 防火

计算机机房发生火灾一般是由于电气原因、人为事故或外部火灾蔓延引起的。电气设备和线路因为短路、过载、接触不良、绝缘层破坏或静电等原因引起电打火而导致火灾。人为事故是指操作人员不慎、吸烟、乱扔烟头等，使充满易燃物质（如纸片、磁带、胶片等）的机房起火，当然也不排除人为故意放火。外部火灾蔓延是指因外部房间或其他建筑物起火蔓延到机房而引起火灾。

3. 防静电

静电是由物体间的相互摩擦、接触而产生的，计算机显示器也会产生很强的静电。静电产生后，由于未能释放而保留在物体内，会有很高的电位（能量不大），从而产生静电放电火花，造成火灾。还能使大规模集成电路损坏，这种损坏可能是不知不觉造成的。

**4. 防雷击**

随着科学技术的发展，电子信息设备的广泛应用，人们对现代闪电保护技术提出了更高、更新的要求。利用传统的常规避雷针，不但不能满足微电子设备对安全的需求，而且还带来很多弊端。利用引雷机理的传统避雷针防雷，不但增加雷击概率，而且还产生感应雷，而感应雷是电子信息设备的主要杀手，也是易燃易爆品被引燃起爆的主要原因。

雷击防范的主要措施是：根据电气、微电子设备的不同功能及不同受保护程序和所属保护层确定防护要点作分类保护；根据雷电和操作瞬间过电压危害的可能通道，从电源线到数据通信线路都应做多级保护。

**5. 防电磁泄漏**

电子计算机和其他电子设备一样，工作时会产生电磁发射。电磁发射包括辐射发射和传导发射。这两种电磁发射可被高灵敏度的接收设备接收并进行分析、还原，造成计算机的信息泄露。

屏蔽是防止电磁泄漏的有效措施，屏蔽主要有电屏蔽、磁屏蔽和电磁屏蔽三种类型。

### （三）逻辑安全

计算机的逻辑安全需要通过口令字、文件许可、查账等方法来实现。防止计算机黑客的入侵主要依赖计算机的逻辑安全。

可以限制登录的次数或对试探操作加上时间限制。可以使用软件来保护存储在计算机文件中的信息，该软件限制了其他人存取非自己所有的文件，直到该文件的所有者明确准许其他人可以存取该文件时为止。限制存取的另一种方式是通过硬件完成，在接收到存取要求后，先询问并校核口令，然后访问列于目录中的授权用户标志号。此外，一些安全软件包也可以跟踪可疑的、未授权的存取企图，例如，多次登录或请求别人的文件。

### （四）联网安全

联网的安全性只能通过以下两方面的安全服务来达到。

①访问控制服务：用来保护计算机和联网资源不被非授权使用。

②通信安全服务：用来认证数据的机要性与完整性，以及各通信的可信赖性。

例如，基于互联网或 WWW 的电子商务就必须依赖并广泛采用通信安全服务。

## 三、网络安全层次结构

国际标准化组织提出了开放式系统互联参考模型，目的是使之成为计算机互连为网络的标准框架。但是，当前事实上的标准是TCP/IP参考模型，Internet网络体系结构就以TCP/IP为核心。基于TCP/IP的参考模型将计算机网络体系结构分成四个层次，分别是：网络接口层，对应OSI参考模型的物理层和数据链路层；网际互联层，对应OSI参考模型的网络层，主要解决主机到主机的通信问题；传输层，对应OSI参考模型的传输层，为应用层实体提供端到端的通信功能；应用层，对应OSI参考模型的高层，为用户提供所需的各种服务。

从网络安全角度来看，参考模型的各层都能够采取一定的安全手段和措施，提供不同的安全服务。但是，单独一个层次无法提供全部的网络安全特性，每个层次都必须提供自己的安全服务，共同维护网络系统中信息的安全。

在物理层，可以在通信线路上采取电磁屏蔽、电磁干扰等技术防止通信系统以电磁（电磁辐射、电磁泄漏）的方式向外界泄漏信息。

在数据链路层，对于点对点的链路，可以采用通信保密机进行加密，信息在离开一台机器进入点对点的链路传输之前可以进行加密，在进入另外一台机器时解密。所有细节全部由底层硬件实现，高层无法察觉。但是这种方案无法适应经过多个路由设备的通信链路，因为在每台路由设备上都要进行加解密的操作，会形成安全隐患。

在网络层，使用防火墙技术处理经过网络边界的信息，确定来自哪些地址的信息可以通过或者禁止访问哪些目的地址的主机，以保护内部网免受非法用户的访问。

在传输层，可以采用端到端的加密（即进程到进程的加密），以提高信息流动过程的安全性。

在应用层，主要是针对用户身份进行认证，并且可以建立安全的通信信道。

## 四、网络安全责任与目标

### （一）网络安全责任

很多人员都能在网络的安全建设中发挥作用。高级管理者负责推行安全策略，其准则是“依其言而行事，勿观其行而仿之”，但是源自高级管理者的策略和规则往往会被忽视掉。如果想让用户参与到安全维护的工作中，就必须让其相信管理者是非常认真严肃的。用户不仅要意识到安全的存在，而且要知道不遵守规则可能导致的后果。最好的方式是提供短期安全培训讲座，大家可以提问题并进行讨论。另一种好的做法是在来往频繁的公共场所张贴安全警示（例如，网吧或者机房）。

需要说明的是，政府现在在安全方面也扮演着重要的角色，针对诸如无线和 IP 语音通信等新兴技术制定了法规并且建立了法律体系就是很好的表现，如美国政府就为安全决策建立了法律要求。

（二）网络安全目标

网络安全的最终目标就是通过各种技术与管理手段实现网络信息系统的可靠性、保密性、完整性、有效性、可控性和拒绝否认性。可靠性是所有信息系统正常运行的基本前提，通常指信息系统在规定的条件与时间内完成规定功能的特性。可控性是指对信息的内容和传输具有控制能力的特性。拒绝否认性也称为不可抵赖性或不可否认性，是指通信双方不能抵赖或否认已完成的操作和承诺，利用数字签名能够防止通信双方否认曾经发送和接收信息的事实。在多数情况下，网络安全更侧重强调网络信息的保密性（Confidentiality）、完整性（Integrity）和有效性（Availability），即 CIA。

**1. 保密性**

保密性是指信息系统防止信息非法泄露的特性。信息只限于授权用户使用，保密性主要通过信息加密、身份认证、访问控制、安全通信协议等技术实现。

信息加密是防止信息非法泄露的最基本手段。事实上，大多数网络安全防护系统都采用了基于密码的技术，密码一旦泄露，就意味着整个安全防护系统的全面崩溃。如果密码以明文形式传输，那么在网络上窃取密码就是一件十分简单的事情。保护密码是防止信息泄露的关键，加密可以防止密码被盗。机密文件和重要电子邮件在 Internet 上传输也需要加密，加密后的文件和邮件如果被劫持，虽然多数加密算法是公开的，但由于没有正确密钥进行解密，劫持的密文仍然是不可读的。此外，机密文件即使不在网络上传输，也应该进行加密，否则窃取密码后就可以获得机密文件，而且对机密文件加密可以提供双重保护。

**2. 完整性**

完整性是指信息未经授权不能改变的特性。完整性与保密性强调的侧重点不同，保密性强调信息不能非法泄露，而完整性强调信息在存储和传输过程中不能被偶然或蓄意修改、删除、伪造、添加、破坏或丢失，即信息在存储和传输过程中必须保持原样。信息完整性表明了信息的可靠性、正确性、有效性和一致性，只有完整的信息才是可信任的信息。影响信息完整性的因素主要有硬件故障、软件故障、网络故障、灾害事件、入侵攻击和计算机病毒等。保障信息完整性的技术主要有安全通信协议、密码校验和数字签名等。实际上，数据备份是信息完整性遭到破坏时最有效的恢复手段。

**3. 有效性**

有效性是指信息资源容许授权用户按需访问的特性，是信息系统面向用户服务的安全特性。信息系统只有持续有效，授权用户才能随时随地根据自己的需要访问信息系统提供的服务。有效性在强调面向用户服务的同时，还必须进行身份认证与访问控制，只有合法用户才能访问限定权限的信息资源。一般而言，如果网络信息系统能够满足保密性、完整性和有效性三个安全目标，那么在通常意义下就可认为信息系统是安全的。

网络管理的一个主要安全目标是衡量安全成本和获益。任何一个安全系统都是不可能绝对安全的，而任何系统的安全保护也不可能不计代价。因此，如果要衡量保护某个实体需要多少费用，那么无论是存在于网络或计算机中的数据，还是组织的其他资产，都需要考虑进行风险评估。一般来说，组织的资产会面临多种风险，包括设备故障、失窃、误用、病毒、缺陷等。

## 第四节　计算机网络面临的安全威胁

### 一、影响网络安全的因素

计算机网络的安全隐患多数是利用网络系统本身存在的安全弱点，而在网络的使用、管理过程中的不当行为可能会进一步加剧安全问题的严重性。影响网络安全的因素有很多，归纳起来主要包括 3 个方面：技术因素、管理因素和人为因素。

#### （一）技术因素

从技术因素来看，主要包括硬件系统的安全缺陷、软件系统的安全漏洞和系统安全配置不当造成的其他安全漏洞 3 种情况。

**1. 硬件系统的安全缺陷**

由于理论或技术的局限性，必然会导致计算机及其硬件设备存在这样或那样的不足，进而在使用时可能产生各种各样的安全问题。

**2. 软件系统的安全漏洞**

在软件设计时期，人们为了方便不断改进和完善所涉及的系统软件和应用软件，开设了“后门”以便更新和修改软件的内容，这种后门一旦被攻击者掌握将成为影响系统安全的漏洞。同时，在软件开发过程中，结构设计的缺陷或编写过程的不规范也会导致安全漏洞的产生。

**3. 系统安全配置不当造成的其他安全漏洞**

通常在系统中都有一个默认配置，而默认配置的安全性较低。此外，在网络配置时出现错误，存在匿名 FTP、Telnet 的开放、密码文件缺乏适当的安全保护、命令的不合理使用等问题都会导致或多或少的安全漏洞。黑客就有可能利用这些漏洞攻击网络，影响网络的安全性。

（二）管理因素

管理因素主要是指网络管理方面的漏洞。通常来说，很多机构在设计内部网络时，主要关注来自外部的威胁，对来自内部的攻击考虑较少，导致内部网络缺乏审计跟踪机制，网络管理员没有足够重视系统的日志和其他信息。另外，管理人员的素质较差、管理措施的完善程度不够以及用户的安全意识淡薄等都会导致网络安全问题。

（三）人为因素

安全问题最终根源都是人的问题。前面提到的技术因素和管理因素均可以归结为人的问题。根据人的行为可以将网络安全问题分为人为的无意失误和人为的恶意攻击。

**1. 人为的无意失误**

此类问题主要是由系统本身故障、操作失误或软件出错造成的。例如管理员安全配置不当造成的安全漏洞、网络用户安全意识不强带来的安全威胁等。

**2. 人为的恶意攻击**

此类问题是指利用系统中的漏洞而进行的攻击行为或直接破坏物理设备和设施的攻击行为。例如病毒可以突破网络的安全防御入侵到网络主机上，可能造成网络系统的瘫痪等安全问题。

## 二、网络攻击类型

计算机网络的主要功能是传输信息，信息传输主要面临的威胁包括如下四类。

①截获：攻击者从网络上窃听他人的通信内容。

②中断：攻击者有意中断他人在网络上的通信。

③篡改：攻击者故意篡改在网络上传输的报文。

④伪造：攻击者伪造信息在网络上传输。

当前网络安全的威胁主要体现在以下几个方面。

①网络协议中的缺陷：例如TCP/IP协议的安全问题等。

②窃取信息：例如通过物理搭线、监视信息流、接收辐射信号、会话劫持、冒名顶替等方式窃取通信信息。

③非法访问：通过伪装、IP欺骗、重放、破译密码等方法滥用或篡改网络信息。

④恶意攻击：通过拒绝服务攻击、垃圾邮件、逻辑炸弹等中断网络服务或破坏网络资源。

⑤黑客行为：由于黑客的入侵或破坏，造成非法访问、拒绝服务、计算机病毒、网络钓鱼等。

⑥计算机病毒：例如利用病毒破坏计算机功能或破坏数据，影响计算机使用或破坏网络。

⑦电子间谍活动：例如信息流量分析、信息窃取等。

⑧信息战：通过利用、破坏敌方和保护己方的信息系统而展开的一系列作战活动。

⑨人为行为：例如使用不当、安全意识差等。

## 三、网络安全机制

在网络上采用哪些机制才能维护网络的安全呢？

### （一）加密机制

加密是提供信息保密性的核心方法。按照密钥的类型不同，加密算法可分为对称密钥算法和非对称密钥算法两种。按照密码体制的不同，又可以分为序列密码算法和分组密码算法两种。加密算法除了提供信息的保密性之外，它和其他技术结合，例如Hash函数，还能提供信息的完整性。

加密技术不仅应用于数据通信和存储，也应用于程序的运行。通过对程序的运行实行加密保护，可以防止软件被非法复制，防止软件的安全机制被破坏，这就是软件加密技术。

### （二）访问控制机制

访问控制可以防止未经授权的用户非法使用系统资源，这种服务不仅可以提供给单个用户，也可以提供给用户组的所有用户。访问控制是通过对访问者的有关信息进行检查来限制或禁止访问者使用资源的技术，分为高层访问控制和低层访问控制。高层访问控制包括身份检查和权限确认，是通过对用户口令、用户权限、资源属性的检查和对比来实现的。

低层访问控制是通过对通信协议中的某些特征信息的识别和判断，来禁止或允许用户访问的措施，如在路由器上设置过滤规则进行数据包过滤就属于低层访问控制。

（三）数据完整性机制

数据完整性包括数据单元的完整性和数据序列的完整性两个方面。

数据单元的完整性是指组成一个单元的一段数据不被破坏和增删篡改。通常是把包括有数字签名的文件用 Hash 函数产生一个标记，接收者在收到文件后也用相同的 Hash 函数处理一遍，看看产生的标记是否相同就可知道数据是否完整。

数据序列的完整性是指发出的数据分割为按序列号编排的许多单元，在接收时还能按原来的序列把数据串联起来，而不会发生数据单元的丢失、重复、乱序、假冒等情况。

（四）数字签名机制

数字签名机制主要解决以下安全问题。

①否认：事后发送者不承认文件是他发送的。

②伪造：有人自己伪造了一份文件，却声称是某人发送的。

③冒充：冒充别人的身份在网上发送文件。

④篡改：接收者私自篡改文件的内容。

数字签名机制具有可证实性、不可否认性、不可伪造性和不可重用性。

（五）交换鉴别机制

交换鉴别机制是通过互相交换信息的方式来确定彼此的身份。用于交换鉴别的技术有以下 3 种。

①口令：由发送方给出自己的口令，以证明自己的身份，接收方则根据口令来判断对方的身份。

②密码技术：发送方和接收方各自掌握的密钥是成对的。接收方在收到已加密的信息时，通过自己掌握的密钥解密，就能够确定信息的发送者是掌握了另一个密钥的人。在许多情况下，密码技术还和时间标记、同步时钟、双方或多方握手协议、数字签名、第三方公证等相结合，以提供更加完善的身份鉴别。

③特征实物：例如 IC 卡、指纹、声音频谱等。

（六）公证机制

网络上鱼龙混杂，很难说相信谁不相信谁。同时，网络的有些故障和缺陷也可能导致信息的丢失或延误。为了免得事后说不清，可以找一个大家都信任的公证机构，各方交换的信息都通过公证机构来中转。公证机构从中转的信息里提取必要的证据，日后一旦发生纠纷，就可以据此做出仲裁。

（七）流量填充机制

流量填充机制提供针对流量分析的保护。外部攻击者有时能够根据数据交换的出现、消失、数量或频率而提取出有用信息。数据交换量的突然改变也可能泄露有用信息。例如当公司开始出售它在股票市场上的份额时，在消息公开以前的准备阶段中，公司可能与银行有大量通信。因此对购买该股票感兴趣的人就可以密切关注公司与银行之间的数据流量以了解是否可以购买。

流量填充机制能够保持流量基本恒定，因此观测者不能获取任何信息。流量填充的实现方法是随机生成数据并对其加密，再通过网络发送。

（八）路由控制机制

按照路由控制机制可以指定通过网络发送数据的路径。这样，可以选择那些可信的网络节点，从而确保数据不会暴露在安全攻击之下。而且，如果数据进入某个没有正确安全标志的专用网络时，网络管理员可以选择拒绝该数据包。

## 四、建立主动防御体系

（一）主动防御应对安全隐患

进入 21 世纪以来，随着各种企业业务对网络的依赖性日益增加，基于网络平台的 DoS 攻击，蠕虫、病毒、木马程序相结合的混合攻击以及广泛出现的系统漏洞攻击、黑客攻击等安全威胁也日益泛滥，且传播速度也加快到以分钟计，原有的以人工防御为主的安全措施则逐步淘汰，取而代之的是以硬件防护产品为主的自动响应防护工具。然而虽然自动响应的安全防护措施能够基本满足当前的网络安全需求，但不难看到近年来日趋频繁的针对基础设施漏洞的破坏性攻击、大规模蠕虫和 DoS 攻击导致的瞬间网络威胁以及破坏有效负载的病毒和蠕虫，将成为下一代网络威胁的主体。安全威胁的传播速度也将提升到以秒计，对当前安全设备的自动响应能力将提出全新的挑战，正是在这样的趋势引导下，为应对即将到来的下一代网络安全隐患，有必要提前进行部署，将业务网络的安全防护由现在的自动响应升级为主动防御和阻挡，因为只有如此网络安全防护才能在未来与安全威胁的时间赛跑中占据领先的地位。

（二）深度渗透打造综合防御

目前，企业所面临的安全问题越来越复杂，安全威胁正在飞速增长，尤其混合威胁的风险极大地困扰着用户，给企业的网络造成严重的破坏。那么如何才能实现企业业务网络的最有效防护呢？显然，首先需要打破传统的希望安全防护产品“一夫当关、万夫莫开”的理想化期待，未来的网络安全防护必然是深度融合在各个业务网络模块内协同工作的综合防御体系。一些业内专家指出经过数年的技术发展，基于专业 ASIC 芯片和 NP 技术的硬件防火墙虽然防护能力和过滤性能均有了大幅度的提升，但仅仅依靠防火墙来实现全网安全是不可行的。目前造成网络威胁的诱因有很多不能为防火墙所识别。一方面，随着企业内部网络越来越庞大和复杂，越来越多的网络威胁可能来自企业内部，包括病毒的传播、非法流量甚至于恶意破坏都可能是在“门”里面进行的。那么“门”的隔离效果显然不能实现，而这些威胁足以让企业的网络面临瘫痪。另一方面，防火墙基本都是针对网络结构的 L3–L4 层的安全防护，而现在越来越多的威胁均来自应用层，即网络结构的 L7 层，相当于更多的安全威胁都会“调整体形”，然后以“门”所能接受的规格和尺寸顺利进入企业网络。由此可见防火墙固然必不可少，但是却远远不够。据相关数据统计，如果单独依靠防火墙仅能够抵御 20% 左右的安全威胁。因此，需要对安全威胁进行更深层次的防护才能够确保安全。目前业内比较常见的包括入侵检测系统（IDS）和入侵防御系统（IPS）两种，都是针对应用层威胁所采取的安全措施。IDS 相当于在室内安装了可以监视所有人员、物品的“摄像头”，一旦有安全隐患在室内发生，摄像头就会第一时间进行系统报警让管理人员及时处理。然而网络威胁的传播速度正在以分秒为单位快速蔓延，IDS 尽管能够在第一时间发现问题却无法直接处理这个时间差，往往造成企业的大量损失。IPS 的出现则恰恰弥补了 IDS 的不足，它就像一道“纱窗”安装在防火墙开辟的“窗口”上，有效地对出入企业的数据进行深层次的检测，并把非法流量和安全隐患在第一时间“拒之门外”。然而，面对越来越复杂的网络应用环境，要真正实现端到端的网络安全，只有将安全防护全面渗透进网络应用的各个环节，使之成为一张安全的网络，才能在未来安全与威胁的博弈中占得先机。不难看出主动防御和深度渗透的综合安全防护网络的时代正迎面走来。

（三）进入全面防御时代

当前的安全危机与形式的复杂度均超过了以往，用户的安全威胁是全方位的，传统上仅仅依靠简单产品就能确保安全的时代已经过去了，面对复杂的垃圾邮件、网络钓鱼和恶意欺诈，有效的应对之道将是全面防御，从网络和应用的各个层次入手，保持安全的上下可控。当前业界一致认为，如果要在这种混合攻击的前提下防御网络钓鱼、垃圾邮件及恶意软件欺诈等威胁，用户就必须从以下四点考虑安全建设的蓝图。

**1. 保护 Web 数据流的安全**

无疑，Web 环节已经成为企业威胁的入口，在此领域部署全面的 Web 安全网关（包括 HTTP 过滤网关）将是不可忽视的一环。需要注意的是，Web 安全网关并非传统的 URL 过滤。事实上，即使企业用户部署了 URL 过滤方案来对个人 Web 使用行为进行控制和报告，这些数据库也不足以避免恶意软件下载到企业的网络之中。URL 过滤器的安全分类保护在一个阶段内是静态的，无法提供全程实时的 Web 对象扫描。经验证明，依靠安全清单防御恶意软件，类似于使用静态的黑名单来防御垃圾邮件，效果非常有限。恶意软件分发者将其恶意代码插入遭到入侵的“合法”网站的技术越进步,URL 过滤保护就越无用。

**2. 部署对电子邮件的预防性保护措施**

随着一系列新型恶意木马、病毒的发展，“传统的”病毒分发途径（电子邮件）依旧需要先进的保护措施。对用户来说，可扩展的多核心垃圾防护设备是未来的发展方向。另外，一些安全厂商开始采用 IP 声誉系统来过滤垃圾邮件站点，通过在连接层拦截输入的攻击，降低了防垃圾邮件网关和网络总体数据流通的负担。

**3. 跟踪重要通信**

对于企业防御系统来说，有一个事实必须认识到，当前，以垃圾邮件为载体的钓鱼和欺诈攻击数量翻番增长。在这种情况下，企业需要对邮件系统进行控制与追踪。据了解，目前国内已经出现了可对电子邮件信息进行实时追踪的新技术，这种技术与物理包裹投递时所使用的技术类似。有安全专家表示，这种技术将为企业的法规遵从性建设提供帮助。

# 第二章
# 现代计算机网络安全管理的基础

## 第一节 现代计算机网络管理概述

### 一、现代计算机网络管理的意义

（一）现代计算机网络管理的重要性

现代计算机网络的发展特点是复杂性和异构性。网络通常由多个子网整合而成，这些子网有大型和小型，它们整合多个计算机网络操作系统平台、网络设备和通信设备网络系统。同时，网络昂贵的系统软件和应用软件提供多种功能不同的服务。一个复杂的系统，要想提高计算机网络用户的网络性能，如果没有有效的管理系统来管理网络，那么网络性能就难以保证，更不用说网络的安全性和可靠性了，网络不能给用户提供满意的服务。

事实上，随着网络的深入应用，网络的规模迅速扩大，网络结构越来越复杂，计算机网络从单一结构变成复杂的异构网络。在这种情况下，依靠人类的早期方法和简单的软件来管理网络不再是足够的。一个成熟的网络，网络管理的工作非常昂贵。从用户账号和访问权限的设置到网络通信状态的监控，从网络应用软件的调试到网络设备端口信息流的昂贵控制，从网络安全策略的设置到防止非法访问网络资源，都需要进行合理、科学、高效的管理。所以，在某些方面，管理计算机网络比建造一个新的计算机网络更加困难。

网络管理不仅是计算机网络中的一系列方法和手段，也是网络开发和应用中的一项重要技术，网络管理对网络技术的发展有着巨大的影响，已成为现代信息网络中最重要的研究课题之一。通过网络管理，网络管理员可以记录网络资源的使用情况和运行状态，监控用户对网络系统的运行情况，分析网络数据流量和网络性能，监控网络非法入侵或非法访问地址，从而加强对网络的管理，使网络能够高效、稳定、安全、可靠地运行。因此，一个完整的网络管理系统对计算机网络系统具有非常重要的意义。

（二）现代计算机网络管理的内涵

网络管理的最终目标是在某种程度上，使网络能够正常运行，高效、稳定、安全、可靠。通过网络管理，网络中的各种资源可以更有效地使用，以保持网络的正常运行，并提供全面的动态支持。特别是，网络管理系统应该能够及时报告和处理网络故障，并协调和维护网络的有效运行。那么，什么是网络管理的内涵？

**1. 网络管理的内涵**

网络管理的内涵本质上指的是网络管理中包含的内容。通常是一个网络管理系统需要定义以下内容。

（1）系统的功能。

网络管理系统应有的功能。

（2）网络的资源。

网络管理是网络资源的管理，这指的是硬件、软件和网络所提供的服务。网络管理系统必须代表他们的系统来管理。

（3）网络管理的信息。

网络管理系统的管理主要依赖于网络管理信息系统的转移。网络管理信息应如何体现，如何传输，传输协议是什么？是网络管理系统必须考虑的问题。

（4）系统的结构。

网络管理系统的总体结构，并不总是符合网络的物理结构和逻辑结构，有其自身的结构特点和操作模式。

**2. 网络管理资源的表示——被管理对象**

第一个要解决的问题，是网络管理资源的表示。资源表示形式在网络环境中是网络管理的一个关键问题。网络资源管理，他们现在通常被称为管理对象。根据国际标准化组织（ISO），管理对象应该代表 ISO 的角度。换句话说，ISO 管理的对象是资源环境，通过 ISO 管理协议管理各个方面。

资源的表示要求网络中的管理对象必须是唯一的。换句话说，一个托管对象表示一个网络中的资源，以及管理对象能以多种方式进行管理。然而，网络中设备不是由一个管理对象表示。例如，在网络中一个路由器可以被多个对象管理，它可以用来描述其制造商、路由模式和路由表结构。在网络中，软件、服务和事件可以被对象管理。

**3. 网络管理资源集合的表示—— MIB**

管理对象的特殊集合称为管理信息库（Management Information Base，MIB）。网络中

的所有信息管理对象放置在 MIB。然而，应该注意的是，MIB 只是一个概念性的数据库，没有这样的库在实际网络中。可以认为 MIB 是网络管理的相关概念和术语。

目前，网络管理系统的实现是基于管理对象和 MIB。可以看出，管理对象和 MIB 是网络管理非常重要的概念。

## 二、现代计算机网络管理功能

### （一）网络配置管理

配置管理是用于配置和优化网络。配置管理的任务包括：记录、跟踪和控制网络资源的分布，以及文件、服务请求、合同、系统和应用程序。配置管理的主要目标是保持详细记录的历史、目前和推荐的网络配置。对于一个完整的网络环境，这些记录通常包含一个非常大的网络配置信息列表。

以下信息是包含在配置管理的一部分。

（1）软件许可证。

（2）一般电脑和其他设备的信息。

（3）修订号为特定网络设备硬件。

（4）应用程序和驱动程序的版本号。

（5）细节如数据库中的表和相关领域。

（6）任何其他信息用于系统管理。

网络配置的详细记录对于网络管理员和用户来说非常重要，因为它们可以帮助理解网络变化或故障所带来的影响。由于网络维护是不可避免的，因此对于网络运营商而言，拥有一套完整的网络配置描述至关重要。这些历史记录在故障诊断中极有价值，尤其是在分析过去的错误与当前遇到的网络故障和维护问题时。

根据定义，配置管理是一组相关功能的必要操作，用于对象识别、定义、控制和监控网络。最终目标是为优化网络性能提供足够的网络资源信息。除了记录网络资源信息，具体的配置管理的功能如下。

（1）整理或关闭托管对象。

（2）管理的管理对象和管理对象的名字。

（3）集开发系统的路由操作的参数。

（4）收集关于系统的当前状态信息。

（5）捕获网络中重要的变化。

（6）改变网络系统的配置。

### （二）网络故障管理

故障管理是网络管理中最基本的功能之一。网络故障管理功能包括诊断、测试和维修。故障管理的终极目标是能够快速定位网络故障或潜在的故障点。因此，网络管理人员通过故障管理，可以达到以下目的。

（1）关键位置和孤立的失败。一些问题可能没有影响用户的使用网络。

（2）优先删除和修理任务。

（3）响应及时，避免用户的问题和请求报告方式。

简而言之，网络故障管理包括硬件、软件和管理流程，旨在帮助网络管理人员迅速应对、排除故障并恢复网络正常运行。此外，通过采用容错或冗余的硬件和软件，网络运营商能够在网络出现故障时继续提供服务。

对于网络管理员而言，拥有一个可靠的计算机网络是共同的目标。当网络发生故障时，理想情况是网络管理系统能够快速定位并解决问题。然而，由于网络故障的原因通常很复杂，尤其是涉及多个设备或系统，迅速隔离故障并非易事。在这种情况下，常规做法是先修复网络，然后再深入分析故障原因。对故障原因进行分析至关重要，这有助于防止未来发生类似的故障。

网络故障管理的功能包括三个方面：故障检测、故障分离和故障消除。

①维护和检查网络故障和错误的日志。

②响应网络故障和错误检测报告。

③识别网络故障和错误。

④诊断和检测网络故障和错误。

⑤排除网络故障或纠正错误。

严重的网络故障和错误通常会记录在错误日志中，网络管理系统应能够对这些严重问题发出警报，并采取相应的治理措施。在大多数情况下，系统应该能够基于错误信息及时发出警报，并尽可能迅速地消除故障。对于更复杂的故障，网络管理系统应该具备进行深入诊断测试的功能，以便更准确地识别故障原因。这有助于精确地定位问题所在，理解错误的根源，并采取最合适的措施来解决问题。通过这种方式，网络管理系统可以更有效地维护网络的稳定性和可靠性。

以下工具经常用于网络故障管理。

1. 网络管理系统

网络管理系统是硬件和软件集成系统的结合。系统可以跟踪每个部分的工作状态和相关业务的网络。网络管理系统通常有一个网络控制台，该控制台屏幕集成了计算机相关的设备，如蜂鸣器，显示器。网络中所有可管理设备与网络通信管理控制台通过一个特定的协议，如简单网络管理协议（SNMP）和公共管理信息协议（CMIP），收集和控制网络中任何设备的工作状态。

2. 协议分析器

协议分析器是一个硬件和软件工具用于监控通过网络的数据交流。这个工具可以帮助网络管理员了解网络的通信状态和特定的数据格式，并理解复杂的沟通过程，识别每个通信协议是如何使用的。

3. 电缆测试仪

电缆测试仪是一个硬件设备，用于检测失败的网络传输介质。电缆测试仪不仅可以确定电缆故障，还可以确定具体故障点。

4. 冗余系统

冗余系统是一个装置，是相同的一个或多个设备或系统网络。使用冗余系统的目的是确保网络工作像往常一样，即使在网络故障或严重的错误时用户也没有感知。例如，网络中常见的镜像文件服务器是一个典型的冗余系统。它访问相同的数据作为主要的备份手段。如果其中一个失败，另一方可以继续向网络用户提供文件服务。

5. 数据档案和备份设备

数据文件和设备不帮助网络管理员检测失败，但他们可以大大减少故障或网络上的严重错误的影响。如果在网络中配置适当的备份过程，坚决执行，网络系统就能够迅速应对硬盘恢复失败、网络病毒和许多错误。

（三）网络性能管理

网络性能管理是用来评估系统性能，如系统操作和通信效率。网络性能管理的本质包括监测和分析网络及其提供的服务的状态，这可能触发一个诊断测试过程或重新配置网络以调整网络的性能。

网络性能管理的具体功能如下。

（1）（定期）收集统计信息，不断收集和解释性能指标。

（2）确定系统性能，并检测和验证网络性能瓶颈。

（3）维护和检查系统状态日志，估算网络性能的变化趋势，并准确预测未来的网络性能。

下列网络性能的指标通常用在网络性能管理评价上。

（1）网络响应时间。

（2）吞吐量。

（3）费用。

（4）网络负载（通常可用容量的百分比来衡量）。

网络性能管理，网络管理员通常使用监视器（硬件和软件）来显示直方图，以代表网络性能和其他相关信息，网络管理员可以预测未来网络的硬件和软件需求，网络需要改进的部分和网络的潜在故障。

（四）网络安全管理

安全管理的目标是保护数据和设备免受网络内部和外部的攻击，未经授权的访问、破坏。安全管理的过程包括网络硬件、软件和各种网络活动。通过安全管理，下列情形是可以预防的。

（1）对网络资源的公平访问。

（2）一个网络的攻击或破坏。

（3）不完整或丢失网络安全信息。

工作安全管理是网络管理系统的薄弱环节之一。随着网络应用的发展，网络安全的要求越来越高。因此，网络安全管理在网络管理中扮演更重要的角色。工作安全管理一般包括以下主要任务。

①了解网络的潜在安全风险及其后果。

②实现网络安全、设计和设备配置。

③管理口令和用户组。

④使用网络监控设备记录网络中使用的设备和系统，并及时报告未经授权或非法使用的设备和系统，或提供一个机制来报告网络中的高危险行为。

⑤政府的授权机制，访问机制、加密和加密关键词。

⑥维护和检查安全日志，包括创建、删除和控制安全服务和机制，创建、删除和控制与安全相关的信息的分布，创建、删除和控制与安全相关的事件报告。

（五）网络记账管理

网络记账管理的功能是收集和解释网络费用信息。网络管理人员可以使用这些信息来分担网络操作的成本，改善网络管理或提供相关依据。

事实上，网络计费管理作为网络会计管理的一部分，通常用于记录网络资源的使用情况，以便控制和监测网络操作的费用和成本。这对于公共商业网络尤为重要。网络管理员可以通过会计管理来预估网络资源使用的成本，并监控资源的使用状态。利用这些信息，管理员可以设定用户使用网络资源的成本上限，从而有效控制资源使用，提高网络效率。

通过使用网络会计管理，网络管理人员可以深入理解网络资源的真正使用情况，掌握网络的实际承载能力，并据此制定合理的政策。这有助于确保网络运行在合理的成本范围内，使网络服务更加高效，从而提升网络的整体性能和用户满意度。

## 三、现代计算机网络管理系统

网络管理的需求决定了网络管理系统的组成和规模。然而，无论多么复杂的网络管理系统，现代计算机网络通常由四个部分组成：网络操作系统平台、网络管理组件集成平台、网络管理支持软件和网络设备管理代理。

### （一）网络管理系统工作机制

#### 1. 网络管理的对象

网络管理有两个方面：一是网络系统配置和软件相关信息管理，如用户访问权限管理、文件目录管理、应用程序配置原理等；二是硬件的网络管理系统，也就是说，管理由各种硬件设备组成的网络，如服务器、工作站、路由器、交换机、调制解调器、通信和其他设备。

#### 2. 网络操作系统平台

网络管理的操作系统需要相应的网络操作系统平台的支持，网络管理系统软件是通过网络操作系统、网络设备和系统配置、安全、性能和用户管理来实现的。

#### 3. 网络管理组件系统集成平台

目前，公认的3大网络管理组件系统集成平台是：HP Open View、IBM Net View和Sun Net Manager。尽管他们有不同的操作系统版本，但都遵循SNMP协议和提供类似的网络管理功能。网络管理组件系统集成平台是网络管理系统的核心；网络管理软件是支持网络管理系统的支柱。对等网络设置管理代理是网络管理的执行者。

#### 4. 网络设备管理代理

一般来说，设备组成的网络是分布在一个特定的区域和设备可能远离网络系统管理器的位置。因此，很可能一个设备有故障，不能及时被发现，或者虽然问题发现了，但是不能准确定位网络故障，导致系统故障。

为了解决这个问题，网络设备制造商已经配置了一些网络设备具有特殊功能的网络管理，并安装了一个程序在处理一些设备网络管理操作。这个项目被称为“代理”，类似于“木马”。正是通过这种“代理”，系统管理员监控网络设备。通过网络管理代理，电网管理系统可以从远程位置监控管理设备的工作状态，并发出警告，网络管理系统一个特定事件发生的设备。网络设备与这些功能通常被称为“智能”设备或“可控的设备。”

**5. 网络管理支持软件**

网络管理软件运行在网络管理组件平台的支持。网络管理软件是支持特定的网络功能、网络设备和网络操作系统管理的一些特殊的软件。

（二）网络管理系统的基本功能

网络管理是最重要的手段，以确保网络的可靠运行。网络管理员通过网络管理系统来实现对网络的全面监控。完整的网络管理系统具有以下功能。

**1. 显示网络拓扑图**

网络管理系统具有网络设备的自动发现功能，并通过使用分层的 IP 和 IPX 网络颜色编码，建立网络的布局图像。

**2. 端口状态监视与分析**

监控和分析网络设备的端口状态是一个关键的功能，任何网络管理系统必须有。通过网络管理系统，网络管理人员可以轻易地获得端口状态的扩展数据，即带宽利用率、流量统计、协议和其他网络效率统计信息。

**3. 网络性能与状态的图表分析**

任何网络管理系统都具备灵活的图表分析能力，使网络管理人员能够快速掌握网络运行状态，并能快速记录数据，以及把分析结果以文件的形式输出，或用于电子表格等数据分析工具。

**4. 故障诊断和报警**

故障诊断和报警管理功能对网络管理系统很重要。网络管理系统配置了大量的网络管理支持软件，可以快速对整个网络进行全面智能检测，不仅可以判断网络中所有设备的连接或断开情况，还可以通过对整个网络流量分布的测试，判断网络通信的瓶颈位置，以调整网络设备的分布，调整网络设备的工作时间，使网络工作良好。网络的故障诊断是通过网络状态参数的阈值管理为各种网络设备产生警报。从事件过滤器压缩事件到有用的信息，加快故障诊断。

**5. 简化网络设备管理**

网络管理系统，可以管理交换机、路由器和其他简化设备。

**6. 具有配置 VLAN 的能力**

VLAN 的配置可以直接在单个交换机上进行，这使得配置过程更加直接。然而，使用网络管理系统来配置 VLAN 可以提高效率，因为它允许在多个交换机之间进行统一和快速的配置。简而言之，虽然在本地交换机上配置 VLAN 是可行的，但利用网络管理系统进行配置可以带来更高效的网络管理体验，尤其是在需要跨多个交换机实施 VLAN 策略时。这种方法简化了跨设备配置的复杂性，加快了配置速度，有助于提升网络的整体管理和运维效率。

总之，通过网络管理系统，最终目标是提高网络的可用性和传播的能力，以提高网络运营效率，降低管理成本。

## 第二节　现代计算机网络安全的体系与策略

### 一、现代计算机网络安全体系

（一）网络安全威胁的主要形式

信息安全的本质是保护信息资源，使其免受未经授权的使用、滥用、篡改、拒绝使用。网络安全是确保信息资源不是未经授权使用、滥用、篡改、拒绝使用的措施和手段。为了保证网络的安全，必须首先确保电脑的安全，然后是安全的网络。安全的网络互连包括通信设备的安全，安全的通信介质，网络系统的安全软件，安全的网络应用软件和网络协议的安全等等。

计算机网络面临着许多安全问题，一些来自外部网络，一些可能来自网络的内部。总之，网络安全威胁的基本形式如下。

（1）窃听。攻击者获取敏感信息通过监控数据通过网络传输。

（2）重传。攻击者获得部分或全部提前的信息，然后发送重复的信息给接收器，接收器可以得到正确的数据。

（3）伪造。攻击者发送一个假消息给接收者。

（4）篡改。攻击者修改、删除、插入合法用户之间的通信信息发送给接收者。

（5）拒绝服务攻击。攻击者可以减缓甚至禁用系统，在某种程度上防止合法用户服务。

（6）行为否认。通信实体否认已经发生的任何行动。

（7）非授权访问。未经授权的访问包括在未获得事先许可的情况下使用网络或计算机资源。这种行为可能涉及多种形式，例如，攻击者可能通过假身份攻击来冒充合法用户，以获取非法访问权限。此外，未经授权的用户可能尝试非法进入网络系统，或者合法用户可能进行未经授权的操作。所有这些行为都被认为是对网络安全的威胁，需要通过适当的安全措施来防范。

（8）传播病毒。计算机病毒通过网络传播，它的伤害非常大，用户很难避免。

网络安全是一个广泛的研究领域，涵盖了保护信息网络中的机密性、完整性、可用性、真实性和可控性所需的技术和理论。这个领域既包括技术层面的措施，如预防外部攻击和非法用户入侵，也包括管理层面的策略，如内部人为因素的管理。技术与管理相辅相成，共同构成了网络安全的基础。随着信息技术的发展，如何有效保护重要信息和提升计算机网络系统的安全性，已经成为一个重要且紧迫的问题。为了解决这个问题，我们必须综合考虑技术防护和管理控制，确保网络环境的安全性和稳定性，从而为计算机网络应用提供坚实的安全保障。

总之，网络安全是一个综合性学科，它涵盖了技术、管理、使用等多个方面。为了确保信息系统的安全，人们必须采取包括物理和逻辑层面的技术措施。然而，每种技术手段通常只能解决特定的问题。因此，为了实现全面的网络安全，制定严格的保密政策和明确的安全策略是必不可少的。此外，拥有一支专业的、高素质的网络管理团队对于执行这些政策和策略，以及确保计算机网络信息的完整性和正确性至关重要。通过综合运用技术防护、管理控制和人员培训，人们可以有效地实现网络安全保护的终极目标，保障信息系统的安全和稳定运行。

### （二）网络安全架构的基本模型

计算机网络安全是一个系统性概念，它不仅包括技术问题，还涉及法律和管理等多个层面。技术虽然在网络安全中扮演着重要角色，但单独依靠技术无法确保网络的全面安全。网络安全是一个涉及人与计算机系统的复杂问题，需要技术、法律和管理措施的协同作用。只有合理调整这三者之间的关系，才能实现有效的网络安全保护。为了构建一个安全的网络环境，必须通过科学的方法和完善的网络安全架构来设计和规划。这包括从整体规划的角度出发，建立一个综合性的网络安全机制框架。尽管可以采取多种措施来提高网络安全性，但人应该认识到，没有任何方法能够一次性解决所有问题。网络安全是一个持续的过程，需要我们不断地评估、调整和改进。通过这种全面的方法，我们可以更有效地应对网络安全挑战，保护网络系统免受威胁。

1. **网络安全架构的基本定义**

网络技术的不断进步、网络规模的扩展以及网络带宽的增加，带来了许多新的网络应用问题，尤其是安全漏洞的发现。网络攻击和欺诈手段在软硬件平台上变得越来越复杂和先进。一旦网络受到入侵，可能会造成严重的破坏。根据经验，单一的网络安全产品无法全面保障网络安全，仅仅依靠增加安全产品的数量并不能直接提升网络安全性能。因此，构建一个全面的网络安全系统至关重要。这个系统需要综合考虑安全架构的各个方面，包括多层次防御、风险评估、安全策略制定、技术更新、人员培训、应急响应、监控审计以及合规性检查。通过这种综合性的网络安全策略，可以更有效地应对网络安全挑战，保护网络环境的安全和稳定。

网络安全架构的定义：以网络安全战略为核心，将网络安全产品有机结合，形成智能、联动、互动、协作的网络安全系统，通过网络安全管理，确保网络安全系统的实施，全面保证网络系统的安全性能。

2. **动态网络安全架构模型**

网络安全体系结构应该被视为一个动态的概念，它随着时间的推移和技术的发展而不断演进。为了维护网络和信息系统的安全，构建一个动态的、多层次的网络安全架构至关重要。

一个成熟的动态网络安全模型应该包括以下几个关键要素：基于对网络安全状况的持续评估；以战略为核心的安全政策和计划；运用保护、监测、响应和恢复等技术手段和工具；采用安全管理作为执行和监督安全措施的手段。通过这些要素的整合，我们可以构建一个能够适应变化、有效应对各种安全威胁的动态多层次网络安全系统。

（1）评估。评估计划的基础网络安全体系结构。通过科学分析整个网络安全结构和技术，实际的网络安全性能评估，以便计划建设方案可行的网络安全架构。

（2）策略。安全政策的核心是网络浏览器的安全体系结构。一个成功的网络安全体系结构施工方法始于一个全面的安全策略。这是所有安全技术和措施的基础，也是整个网络安全体系结构的核心。

（3）防护。保护是提高安全性能，抵抗入侵的主动防御手段。但是安全保护系统要建立起对网络的安全设置进行检查和重新检查的机制，同时评估整个网络的安全风险和弱点，确保各种安全策略的实施可以相互配合，而不是相互冲突，确保与整个网络安全策略的一致性。另外，在网络安全保护系统中，使用扫描工具及时发现网络安全漏洞并进行修复，使用保护工具（如防火墙、VPN 等），使用 S 技术进行抗破坏技术和系统安全优化等，全面提高网络抵御外部攻击的能力。

（4）监测。监测是网络安全体系结构中一个重要的手段，用来检测网络攻击或网络伤害。为了及时应对网络安全问题，监控是网络安全体系结构的一个关键部分。IDS 是基于网络和基于主机的入侵检测系统。为了防止黑客发现网络配备防护手段，从而破坏监控系统，通常采用隐蔽的检测技术，并能及时检测攻击行为，购买时间响应。目前，一些高级 IDS 可以互连防火墙相互作用，从而形成一个监测和保护的整体战略，强调技术合作，而不是单一的战斗，实现各种安全系统的实际效率最大化。

（5）响应。监控是网络安全的一种手段，反应是网络安全的一种目标。尤其是当发现网络入侵时，网络安全监控系统的架构必须及时、准确地回应，及时防止入侵，采取相应的步骤和措施，以防止进一步损害网络资源。完善的网络安全体系，包括响应屏蔽系统，攻击源追踪系统，取证系统和必要的反击系统。通过这些系统可以确保准确、有效和及时的响应，防止再次发生类似安全事故，能够捕获攻击者。

（6）恢复。复苏是另一个重要的预防系统的一部分，通常被视为 de-polarizing 网络安全的含义。复苏在任何网络安全体系结构中都是至关重要的。因为无论多么严密的安全体系结构，都很难万无一失。所以仍然需要恢复策略。在实践中，借助先进的网络自动回收系统，可以迅速恢复或修复网络系统资源，将损失降到最低。

链接在网络安全体系结构是相互联系、相互补充，形成一个有机的整体，形成一个循环。通过实施安全管理、全方位和动态多级闭环网络安全架构，最终实现了对网络安全的有效管理和保护。

通过以上分析，可以看出该模型通过保护、网络安全监控、响应和恢复来实现目标，并构成一个循环。实施网络安全体系结构的每个部分由网络动态限制政策，并且应该通过网络实现安全管理，确保网络安全策略的实现。然而，网络安全技术的实现将继续发现新的问题，这就要求网络安全架构系统，可以重新评估网络安全的状态和性能。网络安全状态的重新评估和性能要求网络安全政策必须重置。这样一个全面的动态闭环网络安全体系结构转换可以保证开发一个全面的网络安全解决方案。

**3. 安全管理是网络安全架构的关键**

网络安全架构模型实际上是一个网络安全管理架构模型。在一个正确的网络安全体系结构中，安全管理是通过各级网络安全运行。实践经验一再表明，只有安全技术，但没有严格的安全管理系统支持网络安全将是空的。因此，在网络安全体系结构中网络安全管理占有非常重要的地位。

在构建网络安全体系结构的过程中，我们必须综合考虑并制定一系列的安全管理体系。①全局性的安全管理策略：从整个网络的角度出发，制定全面的安全管理策略，以确保网络的整体安全性。②技术层面的加强：在技术管理方面，我们需要加强网络安全的配置和管理，以提高对网络威胁的预防和响应能力。③人事管理的规范：在人事管理方面，应制定统一的网络安全管理规范，明确用户角色和权限，实施角色划分策略，确保用户行为与安全要求相一致。通过这些措施，我们可以从不同维度加强网络安全管理，提高网络的安全性和抵御风险的能力。

**4. 建立现代计算机网络安全架构原则**

在实现网络安全体系结构中，安全管理系统的实施必须遵循以下原则。

（1）可操作性原则。

（2）全局性原则。

（3）动态性原则。

（4）管理与技术的有机结合原则。

（5）责权分明原则。

（6）分权制约原则。

（7）安全管理的制度化原则。

### （三）网络安全服务与安全管理

网络安全机制指的是通过特定的方法和手段来实现网络安全。网络安全机制通常分为两类：一个是网络安全与安全服务相关的方法和手段，用于实现网络安全服务；另一个是有关网络管理功能，用于加强网络安全的管理。

**1. 网络安全服务**

网络安全服务提供以下技术手段和方法。

（1）加密。加密是保护信息安全的最基本手段。加密允许信息改变，使攻击者无法读取内容信息，从而保护它。随着网络技术的发展，加密技术已成为信息安全的核心技术。任何交流的敏感信息，包括身份验证，必须结合加密技术来防止伪造和抄录。加密机制可以用来加密数据或信息在通信技术中，单独或结合其他机制。加密方法一般分为单关键系统和公共密钥系统。

（2）隐藏。将有用信息隐藏在其他信息中，使攻击者不能找到它。信息隐私类不仅保护信息的机密性本身，也保护通信本身。

（3）认证。身份认证是网络安全的基本机制之一。传统的计算机主机启动或访问系统的用户名和密码验证，是一个典型的身份验证机制。然而，如果工作站登录到网络完全的控制下，用户可以改变操作系统甚至是计算机本身欺骗网络浏览器。此外，网络设备还需要验证对方的身份，以确保双方合法的相互访问权限和访问限制数据。

一个完整的身份验证机制包括两个过程：签署的过程和验证签名信息的过程。签名者需要使用私人信息（如私有密钥），而后者使用公共信息（如公共秘密）。两者的结合可以识别签名信息是否由签名者生成的私人信息，确保信息不会改变，实际上来自签名者。

（4）审计。审计的基础调查和证据能防止内部犯罪和安全事故。通过记录一些重要事件，系统定位误差和能找到攻击成功的原因。审计信息应当有能力防止非法删除和修改。

（5）完整性保护。完整性保护可用于防止信息被非法篡改。纠错码是一种数据完整性保护通道错误代码。然而，因为错误检测代码是非常简单的数学实现，它是无用的，用它来处理人工干预。加密理论执行防篡改功能，密码理论的完整性保护可用于处理非法修改。因此，加密理论可以用来实现完整性保护的要求。

完整性的另一个用途是提供不可否认性服务。当信息源的完整性可以验证但不能模仿时，接收方可以识别信息的发送者。活体签名是一种非常有效的方式。

（6）权限管理和存取控制。权限管理和访问控制是网络主机系统安全的必要条件。网络系统根据正确的身份验证、授权赋予用户网络特定主机资源相应的操作权限，用户可以访问网络资源和设备，但必须在一定的限制条件下，无法进行授权操作。

访问控制可以分为自由访问控制和强制访问控制。自由访问控制是一个相对宽松的访问控制措施，即通过控制管理项目表的对象和主题。强制访问控制是一个更加严格的访问控制措施，主要用于军事或分类应用程序和系统。强制访问控制通常是建立在机密性和完整性之上的基础模型。信息的识别和分类是实现强制访问控制的一个重要组成部分。

（7）业务填充。空闲时发送无用的随机数据业务不仅增加了攻击者通过通信流量获取信息的困难，但是也会增加解码密码通信的难度。

（8）路由控制。路由控制机制通常是网络服务提供者的责任。路由控制允许通过安全子网传播重要信息，确保在网络或节点间安全传递。调整很重要，当信息被发现或怀疑要被监视或非法处理时。适当的路由控制保持敏感数据的高风险节点和链接。当路线受阻，重建路由允许消息到达目的地。

（9）公证机制。公证机制是一种数字签名机制和第三方的参与。它是基于第三方的绝对信任，所以它可以减少双方之间的信息共享。这可以防止收件人伪造签名，或拒绝接收消息的发送，也可以阻止消息的发送方的否认。在通信和电子商务活动中，公证机制提供了第三方智能，意味着证据。它可以用来确认源、时间、目的和内容的信息，并提供基于可信第三方的不可否认性服务。

（10）冗余和备份。冗余和备份是保障网络高可用性和安全性的关键策略。其核心在于通过部署额外的设备或资源，即使在部分组件失效的情况下，也能维持网络的正常运行。冗余是一种设计原则，旨在通过增加额外的网络组件来提升系统的可靠性和安全性。这意味着不仅要有足够的设备以备不时之需，而且这些额外的设备必须能够迅速接管任何因故障而停止工作的组件的任务。最基本的冗余形式体现在存储设备上，例如使用 RAID（独立磁盘冗余阵列）技术，可以在单个硬盘故障时保持数据的完整性和网络的连续运行。

热备份冗余进一步提升了自动化水平，确保网络的持续运行和数据的安全。在这种配置下，关键设备会有完全相同的备份，并且它们处于待命状态，随时准备接替主设备的工作。这些备份设备虽然与主设备同时开启，但在没有故障发生时并不参与实际服务提供。一旦主设备发生故障，热备份设备会立即自动切换，无缝接管服务，保证业务不受影响。

实施冗余和备份策略意味着网络架构中有多个设备准备就绪，但并非所有设备都在同一时刻承担负荷。这种设计确保了即便部分设备出现故障，整个系统的运行也不会受到干扰，从而显著增强了网络的稳定性和用户体验。

（11）防火墙。防火墙是一种共同安全的互联网连接，是内部网络和互联网的“接口”，第一个保护网络设施。防火墙的使用可以增加攻击的难度，提高网络安全性能。详细描述提供的防火墙将在以下部分中。

**2. 网络安全管理**

网络安全管理通过以下 5 个网络安全机制，以实现特定的目标。

（1）可信功能机制。扩大其他安全机制的适用范围，或其他安全机制的效用，可以直接提供可靠的安全机制。

（2）安全标签机制。细化的安全，说明敏感性或安全对象的保护水平。

（3）事件探测机制。检测与安全相关项目，检测安全漏洞事件和正常的项目。

（4）安全审核机制。独立的检查记录和活动安全系统测试系统控制信息是否正常，确保正常安全策略的实施。

（5）安全恢复机制。从故障状态到恢复安全。有三种类型的复苏活动：直接、临时和长期的。

### （四）网络安全体系

根据计算机网络安全模型，现代计算机网络安全体系结构将包括三个网络安全系统。

（1）网络安全策略体系。

（2）网络安全技术体系。

（3）网络安全管理体系。

其中，网络安全策略系统是网络安全的核心架构，网络安全管理系统是网络安全体系结构的关键，网络安全技术系统是网络安全体系结构的技术和手段。

因此，网络安全架构的规划不仅包括各种网络安全产品和技术，而且还建立了一个连贯的保障体系。更重要的是使安全策略系统、安全管理制度和安全技术系统可以有机结合，以便各种技术方法和手段在网络安全系统中可以发挥很大的作用。

#### 1. 网络安全策略体系

网络安全政策体系包括多种政策、法律法规、规章制度和竞争制度、技术标准、管理标准等，安全政策的制定主要以国家标准为依据，根据本单位的实际情况确定安全级别，然后根据安全级别的要求确定安全技术措施和实施步骤。同时，建立人事管理系统，定期检查实施、记录和处理安全问题。安全策略是网络体系结构的一个核心问题，这是整个网络安全体系建设的基础。

#### 2. 网络安全技术体系

网络安全技术系统包括工具、产品和服务。网络安全是一个强大的保证实现网络安全性能的计划，通过网络安全架构来实现。一个良好的网络安全体系结构要求：客观、权威、全面的网络安全技术。

#### 3. 网络安全管理体系

安全管理不仅仅是一个管理概念，网络管理员参与日常，在明确的安全策略的指导下，根据国家或行业安全标准和规范，实施专门的安全管理。因此，网络安全管理的主要任务是制定和实施安全策略，同时实现网络安全体系结构的措施。

### （五）网络安全目标

从一般的应用程序需求来看，实现网络安全的目标是确保网络中的信息不损坏，不非法使用，不被非法改变，可以正确并迅速在网络传播。

从技术的角度来看，实现网络安全，要求计算机网络系统能够真正全面和有效地保护网络资源，确保可靠性、保密性、完整性、可控性、可用性和不可抵赖性的网络信息和资源。这是网络安全的目标。

1. **可靠性**

可靠性是指网络信息系统在指定条件下和在指定的时间内可以完成指定的功能的特点。可靠性是网络系统安全的最基本的元素。它的基本标准是所有网络信息系统的建设和运营。网络系统的性能主要在于三个方面：破坏性、生存能力和有效性。

（1）破坏性指的是盒装网络系统被人工破坏的特征。加强网络的破坏性可以有效地避免大型计算机网络故障引起的各种灾害（地震、火灾和战争等）。

（2）生存能力是指系统在面对不可预见的损害时的应对和恢复能力。生存能力主要反映了随机故障和网络拓扑结构对系统可靠性的影响。例如，随机失败可能是自然的一部分，网络系统由于自然老化，导致网络系统故障或性能下降。

（3）有效性主要体现在其在网络系统组件的失败下仍然可以满足应用程序的性能需求。例如，尽管部分网络的故障不会导致连通性故障，但它确实会导致网络通信或服务质量的降低，例如平均延迟、线路阻塞等的增加，这是网络性能不足而导致的网络安全故障。

对于一个实际的计算机网络系统，网络可靠性的影响不止在一个方面，主要在硬件可靠性、软件可靠性、环境可靠性和人员的可靠性。其中，硬件可靠性是最直观、最常见的，这直接反映在硬件产品的质量和制造商的质量保证体系；软件可靠性是指在指定的时间内成功操作的概率；人员可靠性是指通过网络成功完成的工作或任务的概率；环境可靠性是指在指定的环境中网络的成功操作的概率。这里的环境主要是指自然环境和电磁环境。

然而，人员可靠性在网络安全系统中扮演更重要的角色，由于网络系统的可靠性和绝大多数的失败，大部分是由人为错误造成的。“人”一词指的是所有人（包括网络管理人员和一般网络用户等等）参与整个网络系统。

因此，在这里强调一点，网络安全的所有元素，人们是最重要的。当人们运用和管理网络，他们不仅应该受到他们的技术能力、责任感和道德品质的影响，也受到他们的生理和心理的影响。因此，教育、培养、训练和管理人员和合理的人机界面的网络应用程序尤其重要，提高网络系统的可靠性。

2. **可用性**

可用性指的是功能，网络信息可以被网络用户授权访问并按需求使用。

当网络系统提供相关的服务，只有经过授权的用户或网络实体有资格获得相应的服务。

这是最大的性能和特征。然而，能够为授权用户提供一个可行的服务当网络部分受损或当网络即将退化也属于网络可用性。

可用性需求表面上是有针对性的用户。事实上，许多方面的网络限制网络可用性的提高。特定的可用性需求如下。

（1）合法性验证机制：身份识别和确认。

（2）访问控制机制：控制用户的权利，限制用户对资源的访问与相应的权利，防止或限制非法访问通过隐藏的渠道，包括自主访问控制和强制访问控制。

（3）业务流量控制机制：使用分区负载的方法，以防止业务流过度集中造成的网络拥塞。

（4）路由控制机制：选择子网，稳定可靠的干线或链路。

（5）审计跟踪机制：所有发生在网络信息系统的安全事件信息存储在安全审计跟踪之中，以便分析原因，明确责任，并采取相应的措施。审计跟踪的信息主要包括：事件类型、管理对象、事件时间、事件信息、事件响应和事件统计数据。

**3. 保密性**

机密性是指网络信息不被泄露给未经授权的用户、实体或过程，或供其使用的特性。

网络保密是一个网络安全特性。这是一个重要的手段和方法，确保现代计算机网络信息安全。

常见的网络安全技术如下。

（1）防侦测：可以防止非法用户检测有用的信息。

（2）防辐射：以不同的方式防止有用信息辐射出来。

（3）信息加密：关键的控制下，使用加密算法加密信息。即使对方得到被加密的信息，也无法阅读有效的信息因为没有钥匙。

（4）物理保密：使用各种各样的物理方法，如限制、隔离、屏蔽、控制措施保护被披露的信息。

**4. 完整性**

网络安全完整性的直接目的是确保网络信息不能擅自改变。诚信是网络安全的重要目标之一。信息完整性保护的日常工作包括确保网络信息不被偶然或有意地删除、修改、伪造、乱序、重放、插入。正如你所看到的，诚信是信息化安全的特性，需要信息保持不变，以确保信息可以在生成、存储和传输网络的生命周期期间正确。

完整性和机密性不同，机密性要求信息不被泄露给未经授权的人，而完整性要求信息不受各种原因影响和未被授权的变化。影响网络信息的完整性的主要因素如下。

（1）设备故障。

（2）误码：包括信息传输、处理和存储过程中生成的错误代码，降低系统稳定性所产生的错误代码提示和错误代码引起的各种干扰源。

（3）人为攻击。

（4）计算机病毒等。

通常保护网络信息完整性的主要方法有以下几种。

①协议：通过各种安全协议可以有效地检测出被复制的信息、被删除的字段、无效的字段和被修改的字段。

②纠错编码：用于检测和纠正编码错误。最简单和最常见的纠错编码方法是奇偶校验法。

③密码校验：这是一个重要的手段用来抵制框篡改和传输失败。

④数字签名：保障信息的真实性。

⑤公证：请求网络管理或中介机构证明信息的真实性。

### 5. 不可抵赖性

在电子商务快速发展的时代，网络的不可抵赖性是非常重要的。网络安全的不可抵赖性特点确保各方身份的真实性和身份参与交互的信息。网络的不可抵赖性机制要求所有参与者不能否认和抵赖曾经完成的操作和承诺。

有两种基本方法来实现网络安全的不可抵赖性目标。

（1）源证据的使用可以防止发送者错误地否认发送的信息。

（2）使用接收响应的证据防止接收方否认它已收到的信息。

### 6. 可控性

可控性的特点是控制网络信息的传播和内容。可控性更依赖于网络技术，可以有效地控制信息传输的方向和目的，通过相关技术，限制和过滤信息的内容在网络上传播。然而，网络的可控性通常取决于网络安全的相关政策。

总之，现代计算机网络安全的目标是确保可靠性、可用性、机密性、完整性、不可抵赖性和可控性。

## 二、现代计算机网络安全策略

### （一）网络安全策略概述

网络安全策略是维护网络空间安全的核心策略，旨在全面防御未授权访问、恶意攻击及数据泄露等风险。此策略包括深度分析潜在威胁、精心设计预防措施、严密构建监控体系以及制定高效应急响应方案，从而构建一个多层防御体系，保障网络环境的安全、稳定和合规性，为信息资产提供坚实的保护屏障。

网络安全政策，严格来说，不属于一个网络，但拥有它的组织。有很多种安全策略在一个组织。对于每一个安全策略，通常包含三个方面：目的、范围和责任。

**1. 网络安全策略的目的**

网络安全策略的核心宗旨在于构筑一道坚不可摧的防线，确保网络系统及其承载的数据免受非法侵扰与损害。这涵盖了对敏感信息的严密守护，防范黑客、病毒、勒索软件等网络威胁的侵袭，同时保证网络服务的稳定运行，以支撑业务连续性和高效运营。通过精心策划与执行网络安全策略，组织能够强化对网络生态的全面掌控与保护，显著提升整体安全防御的效能与层级。

**2. 网络安全策略的范围**

网络安全策略的覆盖面极为广泛，它深入网络环境的每一个细微角落。这既包括了物理层面的安全，如数据中心的严格访问控制；也涵盖了网络层面的安全，如利用防火墙、入侵检测系统等先进技术构建防护网；还涉及系统层面的安全，确保操作系统、数据库及应用程序的安全配置与及时更新。面对云计算、物联网等新兴技术的崛起，网络安全策略还需与时俱进，积极应对云端数据保护、物联网设备安全接入等新型挑战。

**3. 网络安全策略的责任**

网络安全策略的有效实施依赖于各相关方明确职责与协同努力。高层管理者需高瞻远瞩，为网络安全策略设定清晰的愿景与目标，并调动资源全力支持。信息安全或IT部门则需化身执行者，细化安全措施，评估安全风险，组织安全培训，并快速响应安全事件。每位员工都是网络安全的守护者，需积极遵循安全政策与操作规范，共筑安全防线。在与外部伙伴的合作中，也应清晰界定双方在网络安全领域的责任界限，携手共筑安全的供应链环境。

从这个工作界面，你可以清楚地看到一些常见的网络安全政策的内容和功能。

事实上，计算机网络安全策略不仅反映在技术层面，更重要的是，它还规定使用网络资源应该负责相关责任。当网络用户使用网络资源或网络失败时，网络政策指定了多种方

不可或缺的手段。随着技术的发展，加密算法和方法也在不断演进，以应对日益复杂的威胁环境。

## 六、入侵检测系统

入侵检测系统（Intrusion Detection System，IDS）和入侵防御系统（Intrusion Prevention System，IPS）是网络安全领域中用于监测和响应网络攻击的关键技术。尽管它们的目标相似，即保护网络免受恶意活动的影响，但它们的工作方式和功能存在显著差异。

### （一）IDS

IDS 专注于监控网络通信和系统活动，旨在发现可疑或恶意行为的迹象。一旦检测到潜在威胁，IDS 会触发警报，及时通知安全管理人员，但通常不会自动采取行动来阻止攻击。IDS 可以分为几类，具体如下。

**1. 基于主机的入侵检测系统（HIDS）**

这种类型的 IDS 安装在单独的计算机或服务器上，专注于监视所在主机的文件、日志和系统调用，以便捕捉内部或外部入侵尝试。

**2. 基于网络的入侵检测系统（NIDS）**

NIDS 部署在网络中的关键位置，如路由器或交换机，负责分析流经的网络数据包，查找与已知攻击模式相符的特征，或异常的流量行为。

**3. 异常检测 IDS**

异常检测 IDS 通过持续分析和学习网络或系统的行为模式，建立一个正常操作的基准。随后，它会持续监测活动，并对比基准，任何显著偏离正常模式的行为都可能被视为潜在的入侵活动。

**4. 签名检测 IDS**

签名检测 IDS 利用数据库中存储的已知攻击特征或“签名”，对网络流量进行实时检查。当数据包与某个签名匹配时，系统就会发出警告，表明可能正在进行已知类型的攻击。

通过这些不同的方法，IDS 提供了多层次的安全监测，帮助组织防御各种网络威胁。

### （二）IPS

IPS 是在 IDS 的基础上发展而来的，它不仅具备监测网络流量和系统活动的功能，而且能够主动响应检测到的威胁。IPS 的工作原理是实时分析网络数据，一旦识别出潜在的恶意行为，它会立即采取措施阻止或减轻攻击的影响，而不仅仅是报告事件。以下是 IPS

的主要功能和特点。

1. 实时阻断

当 IPS 检测到攻击行为时，它可以立即执行一系列预设的响应动作，例如丢弃含有恶意代码的数据包、封锁攻击源的 IP 地址、重定向流量至蜜罐（honeypot）或应用更严格的防火墙规则等。

2. 深度包检测（Deep Packet Inspection，DPI）

除了检查数据包的头部信息，IPS 还能深入检查数据包的有效载荷，这有助于发现那些试图隐藏在合法通信中的恶意内容。DPI 技术对于检测加密流量中的威胁尤其重要。

3. 协议分析

IPS 能够分析网络通信中使用的各种协议，确保它们遵循标准的协议规范。任何偏离正常协议行为的通信都可能被标记为可疑，并进一步检查是否存在恶意意图。

4. 自适应学习

高级的 IPS 系统具有学习能力，它们可以分析网络的日常行为模式，创建一个正常操作的基线，并据此自动调整其防御策略。这种自适应机制使得 IPS 能够更快地识别并应对新出现的威胁。

IPS 系统可以是基于主机的（Host-based IPS，HIPS），专门保护特定的计算机或服务器；也可以是基于网络的（Network-based IPS，NIPS），部署在网络的关键路径上，监测整个网络的流量。通过结合这些特性，IPS 提供了比传统 IDS 更为强大的防护能力，能够有效抵御各种网络攻击。

## 第二节　数据安全技术

### 一、数据完整性简介

数据完整性是指数据的精确性和可靠性。它是为了防止数据库中存在不符合语义规定的数据和防止因错误信息的输入输出造成无效操作或错误信息而提出的。

数据完整性包括数据的正确性、有效性和一致性。

（1）正确性。数据在输入时要保证其输入值与定义的类型一致。

（2）有效性。在保证数据有效的前提下，系统还要约束数据的有效性。

（3）一致性。当不同的用户使用数据库时，保证他们取出的数据必须一致。

（一）数据完整性

**1. 数据完整性组成**

数据完整性分为 4 类：实体完整性、域完整性、参照完整性和用户定义的完整性。

（1）实体完整性。

实体完整性规定表的每一行在表中是唯一的实体，不能出现重复的行。表中定义的 UNIQUE 约束、PRIMARY KEY 约束和 IDENTITY 约束就是实体完整性的体现。

（2）域完整性。

域完整性是指数据库表中的列必须满足某种特定的数据类型或约束。其中约束又包括取值范围、精度等规定。表中的 CHECK 约束、FOREIGN KEY 约束和 DEFAULT 约束、NOT NULL 定义都属于域完整性的范畴。

（3）参照完整性。

参照完整性是指两个表的主关键字和外关键字的数据对应一致。它确保了有主关键字的表中的对应其他表的外关键字的行存在，既保证了表之间的数据的一致性，又防止了数据丢失或无意义的数据在数据库中扩散。参照完整性是建立在外关键字和主关键字之间或外关键字和唯一性关键字之间的关系上的。

（4）用户定义的完整性。

不同的关系数据库系统根据其应用环境的不同，往往还需要一些特殊的约束条件。用户定义的完整性即是针对某个特定关系数据库的约束条件，它反映某一具体应用所涉及的数据必须满足的语义要求。

**2. 数据完整性的影响因素**

数据完整性的目的就是保证计算机系统，或网络系统上的信息处于一种完整和未受损坏的状态。这意味着数据不会由于有意或无意的事件而被改变或丢失。数据完整性的丧失意味着发生了导致数据被丢失或被改变的事情。为此，首先应该检查导致数据完整性被破坏的常见原因，以便采用适当的方法予以解决，从而提高数据完整性的程度。

一般来说，影响数据完整性的因素主要有 5 种：硬件故障、网络故障、逻辑问题、意外的灾难性事件和人为的因素。

（1）硬件故障。

任何一种高性能的机器都可能发生故障，当然也包括计算机。常见的影响数据完整性的硬件故障有以下几种。

①磁盘故障。

② I/O 控制器故障。

③电源故障。

④存储器故障。

⑤介质、设备和其他备份的故障。

⑥芯片和主板故障。

（2）网络故障。

网络上的故障通常由以下问题引起。

①网络接口卡和驱动程序的问题。

②网络连接上的问题。

③辐射问题。

一般情况下，网络接口卡和驱动程序的故障对数据没有损害，而仅仅是无法对数据进行访问。但是，当网络服务器上的网络接口卡发生故障时，服务器一般会停止运行，这就很难保证被打开的那些文件是否被损坏。

网络中传输的数据可以对网络造成很大的压力。对网络设备来说，例如，路由器和网桥中的缓冲区空间不够大就会出现操作阻塞的现象，从而导致数据包的丢失。相反，如果路由器和网桥的缓冲容量太大，那么调度如此大量的信息流所造成的延时极有可能导致会话超时。此外，网络布线上的不正确也可能影响到数据的完整性。

传输过程中的辐射可能给数据造成一定的损坏。控制辐射的办法是采用屏蔽双绞线或光纤系统进行网络的布线。

（3）逻辑问题。

软件也是威胁数据完整性的一个重要因素，由于软件问题而影响数据完整性有下列几种途径。

①软件错误。

②文件损坏。

③数据交换错误。

④容量错误。

⑤不恰当的需求。

⑥操作系统错误。

在这里，软件错误包括形式多样的缺陷，通常与应用程序的逻辑有关。

文件损坏是由于一些物理的或网络的问题。文件也可能由于系统控制或应用逻辑中一些缺陷而造成损坏。如果被损坏的文件又被其他的过程调用就会生成新的数据。

在文件转换过程中，如果生成的新文件不具有正确的格式，也会产生数据交换错误。在软件运行过程中，系统容量如内存不够也是导致出错的原因。

任何操作系统都不是完美的，都有自己的缺点。另外，系统的应用程序接口（Application Programming Interface，API）被第三方用来为用户提供服务，第三方根据公开发布的API功能来编写其软件产品，如果这些API工作不正常就会产生破坏数据的情况。

在软件开发过程中，需求分析、需求报告没有正确地反映用户要求做的工作，系统可能生成一些无用的数据。如果出错检查程序未能发现这一情况，程序就会产生错误的数据。

（4）灾难性事件。

常见的灾难性事件有以下几种。

①火灾。

②水灾。

③龙卷风、台风、暴风雪等。

④工业事故。

⑤蓄意破坏/恐怖活动。

（5）人为因素。

人类的活动对数据完整性所造成的影响是多方面的，它给数据完整性带来的常见的威胁包括以下几种。

①意外事故。

②缺乏经验。

③压力、恐慌。

④通信不畅。

⑤蓄意的报复破坏和窃取。

（二）提高数据完整性的办法

提高数据完整性的解决办法有两个方面的内容。首先，采用预防性的技术，防范危及数据完整性的事件的发生；其次，一旦数据的完整性受到损坏应采取有效的恢复手段，恢复被损坏的数据。下面列出的是一些恢复数据完整性和防止数据丢失的方法。

①备份。

②镜像技术。

③归档。

④转储。

⑤分级存储管理。

⑥奇偶检验。

⑦灾难恢复计划。

⑧故障发生前的预前分析。

⑨电源调节系统。

备份是用来恢复出错系统或防止数据丢失的一种最常用的办法。通常所说的Backup是一种备份的操作，它是把正确、完整的数据复制到磁盘等介质上，如果系统的数据完整性受到了不同程度的损坏，可以用备份系统将最近一次的系统备份恢复到机器上去。

镜像技术是物理上的镜像原理在计算机技术上的具体应用，它所指的是将数据从一台计算机（或服务器）上原样复制到另一台计算机（或服务器）上。

镜像技术在计算机系统中具体执行时一般有以下两种方法：①逻辑地将计算机系统或网络系统中的文件系统按段复制到网络中的另一台计算机或服务地址；②严格地在物理层上进行，例如，建立磁盘驱动器、I/O驱动子系统和整个机器的镜像。

在计算机及其网络系统中，归档有两层意思。其一，把文件从网络系统的在线存储器上复制到磁带或光学介质上以便长期保存；其二，在文件复制的同时删除旧文件，使网络上的剩余存储空间变大一些。

转储是指将那些用来恢复的磁带中的数据转存到其他地方。这是与备份最大的不同之处。

分级存储管理（Hierarchical Storage Management，HSM）与归档很相似，它是一种能将软件从在线存储器上归档到靠近在线存储器上的自动系统，也可以进行相反的过程。从实际使用的情况来看，它对数据完整性比使用归档方法具有更多的好处。

奇偶校验提供一种监视的机制来保证不可预测的内存错误，防止服务器出错造成的数据完整性的丧失。

灾难给计算机网络系统带来的破坏是巨大的，而灾难恢复计划是在废墟上如何重建系统的指导性文件。

故障前预兆分析是根据部件的老化或不断出错所进行的分析。因为部件的老化或损坏需要有一个过程，在这个过程中，出错的次数不断增加，设备的动作也开始变得异常。因此，通过分析可判断问题的症结，以便做好排除的准备。

电源调节系统中的电源指的是不间断电源，它是一个完整的服务器系统的重要组成部分，当系统失去电力供应时，这种备用的系统开始运作，从而保证系统的正常工作。

除了不间断电源以外，电源调节系统还为网络系统提供恒定平衡的电压。因为，当负载变化时，电网的电压会有所波动，这样可能影响到系统的正常运行，因此，这种电源调节的稳压设备是很有价值的。

## 二、容错与网络冗余

备份对网络管理员来说应该是每天必须完成的工作，它的真正目的是保证系统的可用性。要提高网络服务器的可用性，应当配置容错和冗余部件来减少它们的不可用时间。当系统发生故障时，这些冗余配置的部件就可以介入并承担故障部件的工作。

### （一）容错技术的产生及发展

性能、价格和可靠性是评价一个网络系统的三大要素，为了提高网络系统的可靠性，人们进行了长期的研究，并总结了两种方法。一种叫作弊，人们试图构造一个不包含故障的“完美”的系统，其手段是采用正确的设计和质量控制尽量避免把故障引进系统，要完美地做到这一点实际上是很困难的。一旦系统出现故障，则通过检测和核实来消除故障的影响，进而自动地或人工地恢复系统。另一种叫作容错，所谓容错是指当系统出现某些指定的硬件或软件的错误时，系统仍能执行规定的一组程序，或者说程序不会因系统中的故障而中断或被修改，并且执行结果也不包含系统中故障所引起的差错。

容错的基本思想是在网络系统体系结构的基础上精心设计的，利用外加资源的冗余技术来消除故障的影响，从而自动地恢复系统或达到安全停机的目的。

随着计算机网络系统的进一步发展，网络可靠性变得越来越重要，其主要原因如下。

（1）网络系统性能的提高，使系统的复杂性增加，服务器主频的加快，将导致系统更容易出错，为此，必须进行精心的可靠性设计。

（2）网络应用的环境已不再局限于机房，这使系统更容易出错，因此，系统必须具有抗恶劣环境的能力。

（3）网络已走向社会，使用的人也不再是专业人员，这要求系统能够容许各种操作错误。

（4）网络系统的硬件成本日益降低，维护成本相对增高，需要提高系统的可靠性以降低维护成本。

因此，容错技术将向以下几个方向发展。

①随着超大规模集成电路（Very Large Scale Integration Circuit，VLSI）线路复杂性增高，故障埋藏深度增加，芯片容错将应运而生，动态冗余技术将应用于 VLSI 的设计和生产。

②由于网络系统的不断发展，容错系统的结构将利用网络的研究，在网络中注入全局管理、并行操作、自治控制、冗余和错误处理是研究高性能、高可靠性的分布式容错系统的途径。

③对软件可靠性技术将进行更多的研究。

④在容错性能评价方面，分析法和实验法并重。

⑤在理论研究方面将提出一套容错系统的综合方法论。

### （二）容错系统的分类

容错系统的最终目标直接影响到设计原理和设计方案的选择，因而必须根据容错系统的应用环境的差别设计出不同的容错系统。

从容错技术的实际应用出发，可以将容错系统分成以下 5 种不同的类型。

#### 1. 高可用度系统

可用度是指系统在某时刻可运行的概率。高可用度系统一般面向通用计算，用于执行各种各样无法预测的用户程序。因为这类系统主要面向商业市场，所以它们对设计都做尽量少的修改。

#### 2. 长寿命系统

长寿命系统在其生命期中（通常在 5 年以上）不能进行人工维修，常用于宇宙飞船、卫星等控制系统中。长寿命系统的特点是必须具有高度的冗余和足够的备件，能够经受得住多次出现的故障的冲击，冗余管理可以自动或遥控进行。

#### 3. 延迟维修系统

这种系统与长寿命系统密切相关，它能够在进行周期性维修前暂时容忍已经发生的故障从而保证系统的正常运行。这类容错系统的特点是现场维修非常困难或代价昂贵，增加冗余比准备随时维修所付出的代价要少。例如，在飞机、轮船、坦克的运行中难以维修，通常都要在返回基地后才能进行维修。车载、机载和舰载计算机系统都采用延迟维修容错计算机系统。

#### 4. 高性能计算系统

高性能计算系统（如信号处理机）对瞬时故障和永久故障（由复杂性引起）均很敏感，

要提高系统性能，增加平均无故障时间和对瞬时故障的自动恢复能力，必须进行容错设计。

5. 关键任务计算系统

对容错计算要求最严的是在实时应用环境中，因为错误的出现可能危及人的生命或造成重大的经济损失。在这类系统中，不仅要求处理方法正确无误，而且要求从故障中恢复的时间最短，不致影响到应用系统的执行。

（三）容错系统的实现方法

根据执行任务以及用户所能承受的投资能力的不同，实现容错系统的常用方法有以下几种。

1. 空闲备件

空闲备件，是指在系统中配置一个处于空闲状态的备用部件。该方法是提供容错的一条途径，当原部件出现故障时，该空闲备件就不再“空闲”，它就取代原部件的功能。这种类型的容错的一个简单例子是将一台慢速打印机连到系统上，只有在当前所使用的打印系统出现故障时才使用该打印机。

2. 负载平衡

负载平衡是另一种提供容错的途径，使用两个部件共同承担一项任务，一旦其中的一个部件出现故障，另一个部件立即将原来由两个部件负担的任务全部承担下来，负载平衡方法通常在双电源的服务器系统中使用。如果一个电源出现了故障，另一个电源就承担原来两倍的负载。

在网络系统中常见的负载平衡是对称多处理。在对称多处理中，系统中的每一个处理器都能执行所有工作。这意味着，这种系统在不同的处理器之间竭尽全力保持负载平衡。由于这个原因，对称多处理才能在 CPU 级别上提供容错的能力。

3. 镜像

在容错系统中镜像技术是常用的一种实现容错的方法。在镜像技术中，两个部件要求执行完全相同的工作，如果其中的一个出现故障，另一个系统则继续工作。通常这种方法用在磁盘子系统中，两个磁盘控制器对同样型号的磁盘的相同扇区内写入完全相同的数据。

在镜像技术中，要求两个系统完全相同，而且都完成同一个任务。当故障发生时，系统将其识别出来并切换到单个系统操作状态。

事实证明，对磁盘系统而言，镜像技术能很好地工作，但如果要实现整个系统的镜像是比较困难的。其原因是在两台机器上对内部总线传输和软件产生的系统故障等事件使用镜像技术是存在一定的难度的。

### 4. 复现

复现又称延迟镜像，它是镜像技术的一个变种。在复现技术中，需要有两个系统：辅助系统和原系统。辅助系统从原系统中接收数据，当原系统出现故障时，辅助系统就接替原系统的工作。利用这种方式用户就可以在接近出故障的地方重新开始工作。复现与镜像的主要不同之处在于，重新开始工作以及在原系统上建立的数据被复制到辅助系统上时存在着一定的时间延迟。换句话来说，复现并非是精确的镜像系统。尽管如此，在高可用性系统中还使用复现技术的原因是保证系统的正常运行。

复现系统如要代替原系统在网络系统中充分发挥其作用，就必须复现原系统的安全信息和机制，包括用户 ID、登录初始化、用户名和其他授权过程。

### 5. 冗余系统配件

在系统中重复配置一些关键的部件可以增强故障的容错性。被重复配置的部件通常有如下几种：主处理器、电源、I/O 设备和通道。

采用冗余系统配件的措施，有些必须在系统设计之时就得考虑进去，有的则可以在系统安装之后再加进去。

（1）电源。

目前，在网络系统中使用双电源系统已经较普遍，这两个电力供应系统应是负载平衡的，当系统工作时它们都为系统提供电力，而且，当其中的一个电源出现故障时，另一个电源就得自动承担起整个系统的电力供应，以确保系统的正常运行。这样必须保证每一个供电系统都有独自承受整个负载的供电能力。

通常，在配有双电源系统的网络系统中，也可能配置其他的一些冗余部件，如网卡、I/O 卡和磁盘等。所有这些增加的冗余设备也都消耗额外的功率，同时，也产生了更多的热量。因此，必须考虑系统的散热问题，保证系统的通风良好。

（2）I/O 设备和通道。

从内存向磁盘或其他的存储介质传输数据是一个很复杂的过程，而且，这个过程是非常频繁的。因此，这些存储设备的故障率普遍都比较高。

使用冗余设备和 I/O 控制器可以防止出现设备故障而丢失数据的情况，常用的方法是采用冗余磁盘对称镜像和冗余磁盘对称双联。前者是接在单个控制器上的，后者是连接在冗余控制器上的。双联较镜像具有更高的安全性能和处理速度，这是因为额外的控制器可以在系统的磁盘控制器发生故障时接替工作，并且两个控制器可以同时读入以提高系统的性能。

（3）主处理器。

在网络系统中，虽然主处理器不会经常发生故障，但是，主处理器一旦发生故障，整个网络系统将处于崩溃状态。因此，为了提高系统的可靠性，可在系统中增加辅助 CPU。辅助 CPU 必须能精确地追踪原 CPU 的操作，同时又不影响其操作。实现的方法是在辅助处理器中应用镜像技术跟随原处理器的状态。如果原处理器出了故障，辅助处理器在内存存储器中已装载了必要的信息就能接过对系统的控制权。

对称多处理器在某种程度上提供了系统的容错性。例如，在双 CPU 机器中，如果其中一个 CPU 发生了故障，系统仍能在另一个 CPU 上运行。

**6. 存储系统的冗余**

存储系统是网络系统中最易发生故障的部分。下面介绍实现存储系统冗余的最为流行的几种方法，即磁盘镜像、磁盘双联和冗余磁盘阵列。

（1）磁盘镜像。

磁盘镜像是常见的，也是常用的实现存储系统容错的方法之一。使用这种方法时两个磁盘的格式需相同，即主磁盘和辅助磁盘的分区大小应当是一样的。如果主磁盘的分区大于辅助磁盘，那么当主磁盘的存储容量达到辅助磁盘的容量时就不再进行镜像操作了。

使用磁盘镜像技术对磁盘进行写操作时有些额外的性能开销。只有当两个磁盘都完成了对相同数据的写操作后才算结束，所用的时间较一个磁盘写入一次数据的要长一些。利用磁盘镜像技术对一个磁盘进行读数据操作时，另一个磁盘可以将其磁头定位在下一个要读的数据块处，这样，比起用一个磁盘驱动器进行读操作要快得多，其原因是等待磁头定位所造成的时间延迟减少了。

（2）磁盘双联。

在镜像磁盘对中增加一个 I/O 控制器便称为磁盘双联。由于对 I/O 总线争用次数的减少而提高了系统的性能。I/O 总线实质上是串行的，而非并行的，这意味着连在一条总线上的每一个设备是与其他设备共享该总线的，在一个时刻只能有一个设备被写入。

（3）冗余磁盘阵列。

冗余磁盘阵列（RAID）是一种能够在不经历任何故障时间的情况下更换正在出错的磁盘或已发生故障的磁盘的存储系统，它是保证磁盘子系统非故障时间的一条途径。

RAID 的另一个优点是在其上面传输数据的速率远远高于单独在一个磁盘上传输数据。即数据能够从 RAID 上较快地读出来。

① RAID 级别。冗余磁盘阵列的实现有多种途径，这完全取决于它的种类、费用以

及所需的非故障时间。目前所使用的 RAID 是以它的级别来描述的，共分 7 个级别：0 级 RAID（RAID0）、1 级 RAID（RAID1）、2 级 RAID（RAID2）、3 级 RAID（RAID3）、4 级 RAID（RAID4）、5 级 RAID（RAID5）和 6 级 RAID（RAID6）。

0 级 RAID 并不是真正的 RAID 结构，没有数据冗余。RAID0 连续地分割数据且并行地读 / 写于多个磁盘上，因此具有很高的数据传输率。但 RAID0 在提高性能的同时，并没有提供数据可靠性，如果一个磁盘失效，将影响整个数据。因此，RAID0 不可应用于数据可用性要求高的关键应用。

1 级 RAID 系统是磁盘镜像。RAID1 通过数据镜像实现数据冗余，在两对分离的磁盘上产生互为备份的数据。RAID1 可以提高读的性能，当原始数据繁忙时，可直接从镜像复制中读取数据。RAID1 是磁盘阵列中费用最高的，但也提供了最高的数据可用率。当一个磁盘失效时，系统可以自动地切换到镜像磁盘上，而不需要重组失效的数据。

从概念上讲，RAID2 同 RAID3 类似，两者都是将数据条块化分布于不同的硬盘上，条块单位为位或字节。然而 RAID2 使用“加重平均纠错码”的编码技术来实现错误检查及恢复。这种编码技术需要多个磁盘存放检查及恢复信息，使得 RAID2 技术实施更复杂。因此，在商业环境中很少使用。

3 级 RAID 系统在 4 个磁盘之间进行条状数据写入，它有专用的校验磁盘，即校验信息写入的第 5 个磁盘。在这类系统中，如果其中的一个磁盘损坏，可以将一个新的磁盘插入 RAID 插槽中，然后可以通过计算其余 3 个磁盘和校验磁盘上的数据重新在新的磁盘上建立数据。

4 级 RAID 系统同 RAID2、RAID3 一样，RAID4、RAID5 也同样将数据条块化分布于不同的磁盘上，但条块单位为块或记录。RAID4 使用一块磁盘作为奇偶校验盘，但每次写操作都需要访问奇偶盘，成为提高写操作效率的瓶颈，在商业应用中很少使用。

5 级 RAID 系统没有单独指定的奇偶盘，而是交叉地存取数据及奇偶校验信息于所有磁盘上。在 RAID5 上，读 / 写指针可同时对阵列设备进行操作，提供更高的数据流量。RAID5 更适合于小数据块和随机读写的数据。RAID3 与 RAID5 相比，主要的区别在于 RAID3 每进行一次数据传输，需涉及所有的阵列盘。而对于 RAID5 来说，大部分数据传输只对一块磁盘操作，可进行并行操作。在 RAID5 中有“写损失”，即每一次写操作，将产生 4 个实际的读 / 写操作，其中两次读旧的数据及奇偶信息，两次写新的数据及奇偶信息。

6 级 RAID 系统与 RAID5 相比，增加了第二个独立的奇偶校验信息块。两个独立的奇偶系统使用不同的算法，数据的可靠性非常高。即使两块磁盘同时失效，也不会影响数据的使用。但需要分配给奇偶校验信息更大的磁盘空间，相对于 RAID5 有更大的“写损失”。RAID6 的写性能非常差，较差的性能和复杂的操作使得 RAID6 很少使用。

②校验。在上述几种 RAID 实现方法中，除 1 级 RAID 和 0 级 RAID 系统不用校验外，其余都采用了校验磁盘。冗余磁盘阵列系统中使用异或算法建立写到磁盘上的校验信息。它是通过硬件芯片而不是处理存储空间来完成的。因此，具有相当快的计算速度。

校验的主要功能是当系统中某一个磁盘发生故障需要更换时，使用校验重建算法由其他磁盘上的数据重建故障磁盘上的数据。

RAID 控制器采用校验相类似的方法，可以在插入 RAID 插槽中新的替换磁盘上重建丢失的数据，这种方法称校验重建。

校验重建是一种复杂的过程，重建进程需要记住它被中断时已经重建的磁道，记住这些磁盘都是同步运转的，写入操作必须同步进行。如果这时有新的数据需要更新写入磁盘，情况就会变得复杂。校验重建在重建开始时将会导致系统性能的大幅下降。

③设备更换。RAID 系统提供两种更换设备的方法：热更换和热共享。

热更换指在冗余磁盘阵列接入系统给系统提供磁盘 I/O 功能时，可以从其插槽中插入或拔出设备的能力。热共享设备是指在 RAID 系统的插槽中的一个额外的驱动器，它可以在任何磁盘出现故障时自动地被插入到 RAID 阵列中去（即热共享）。这种设备常用于安装了多个 RAID 阵列的 RAID 插槽中。

④ RAID 控制器。冗余磁盘阵列系统是由多个磁盘组成的一个系统，但是，从宿主主机的 I/O 控制器来看，RAID 系统仿佛是一个磁盘。在 RAID 系统中还有另一个控制器，它才是真正执行所有磁盘 I/O 功能的部件，它负责多种操作，其中包括写入操作时重建校验信息和校验重建的操作。RAID 系统的很多功能是由该控制器来决定的。

冗余的 RAID 控制器能够提供容错，也能为冗余磁盘阵列系统提供容错的功能。

（四）网络冗余

在网络系统中，作为传输数据介质的线路和其他的网络连接部件都必须有持续正常运行时间的备用途径。下面将讨论提高主干网和网络互联设备的可靠性的途径。

**1. 主干网的冗余**

主干网的拓扑结构应考虑容错性。网状的主干拓扑结构、双核心交换机和冗余的配线连接等，这些都是保证网络中没有单点故障的途径。

主干被用来连接服务器或网络上其他的服务设备。通常，这些主干都具有较高的网络速度，如此才能使服务器发挥更强大的性能。因此，当为服务器提供网络服务时，如果它发生了故障，即使服务器仍能运行，但实际上已经不能用了，因为对其的访问被切断了。因此建议使用双主干网络来保证网络的安全。

在使用双主干网络的网络系统中，如果原网络发生故障，辅助网络就会承担数据传输的服务。双主干网络在具体实施时，对辅助网络最好是沿着与原网络不同的线路铺设。

**2. 开关控制设备**

在网络系统中，集线器、集中器都用作网段开关设备。在由开关控制的网络系统中，每一台机器与网络的连接都是通过一些开关设备实现的。在这些网络中，可以通过在设备之间提供辅助的高速连接来建立网络冗余。这种网络设备具有能精确地检测出发生故障段的能力，以及可用辅助路径分担数据流量。

网络开关控制技术是可以通过网络管理程序进行管理的。这意味着网络中部件故障发生时可以立即显示在控制程序的界面上，并且很快地对其响应。此外，开关控制可以通过对数据流量或误码率的分析提前发现出故障的网段。一旦发现数据流量有异常的情况或误码率超过了某一数值时，就马上可以知道某一网络段将发生故障。

通常，网络开关控制设备都设计成模块式、可热插拔的电路板插件，这种设计的优点是当发现设备中某个电路板上的芯片损坏时，可立即用新的电路板来替换它。

开关控制设备使用了双电源和电池后备后，能够起到延长网络非故障时间的作用。

**3. 路由器**

路由器是网络系统中最为灵活的网络连接设备之一，它为网络中数据的流向指明方向。目前，在网络系统中大多数采用交换式路由器。交换式路由器支持虚拟路由冗余协议（Virtual Router Redundancy Protocol，VRRP）和开放式最短路径（Open Shortest Path First，OSPF）协议，前者用两个交换式路由器互为备份，后者用于旁路出故障的连接。

此外，交换式路由器通过复杂的队列管理机制来保证对时间敏感的应用（其数据流一般也是高优先级别的）优先被转发出目的端口。合理的队列管理机制也可以进行流量控制和流量整形，保证数据流不会拥塞交换机，同时获得平稳的数据流输出。交换式路由器的另一个功能是通过资源保留协议（Resource ReSer Vation Protocol，RSVP）可以动态地为特定的应用保留所需的带宽和对应用层的信息流进行控制，可以分辨出不同的信息流并为它们提供服务质量保证。

在网络系统中，如果服务器发生了故障需要启动备用服务器或备份中心的服务器，此时，用户应如何访问更换了地点的服务器呢？这种在用户设备和服务器之间没有直接网络连接的情况下，可以通过改变路由器的设置，来连接新位置的服务器。

## 三、网络备份系统

网络备份系统的功能是尽可能快地恢复计算机或计算机网络系统所需要的数据和系统信息。

网络备份实际上不仅是指网络上各计算机的文件备份，还包含了整个网络系统的一套备份体系，主要包括如下几个方面。①文件备份和恢复。②数据库备份和恢复。③系统灾难恢复。④备份任务管理。

由于LAN系统的复杂性随着各种操作平台和网络应用软件的增加而增加，所以要对系统做完全备份的难度也随之增大，并非简单的复制就能解决，需要经常进行调整。

### （一）备份与恢复

对于大多数网络管理员来说，备份和恢复是一项繁重的任务。而备份的最基本的一个问题是：为保证能恢复全部系统，需要备份多少以及何时进行备份？

**1. 备份**

备份包括全盘备份、增量备份、差别备份、按需备份和排除。

所谓全盘备份是将所有的文件写入备份介质。通过这种方法网络管理员可以很清楚地知道从备份之日起便可以恢复网络系统上的所有信息。

增量备份指的是只备份那些上次备份之后已经做过更改的文件，即备份已更新的文件。增量备份是进行备份的最有效的方法。如果每天只需做增量备份，除了可大大节省时间外，系统的性能和容量也可以得到有效的提升。

一个有经验的网络管理员通常把增量备份和全盘备份结合使用，这样可以进行快速备份。这种方法可以减少恢复时所需的磁带数。

差别备份是对上次全盘备份之后更新过的所有文件进行备份的一种方法。它与增量备份相类似，所不同的只是在全盘备份之后的每一天中它都备份在那次全盘备份之后所更新的所有文件。因此，在下一次全盘备份之前，日常备份工作所需要的时间会一天比一天更长一些。

差别备份可以根据数据文件属性的改变，也可以根据对更新文件的追踪来进行。

差别备份的主要优点是全部系统只需两组磁带就可以恢复——最后一次全盘备份的磁带和最后一次差别备份的磁带。

按需备份是指在正常的备份安排之外额外进行的备份操作，这种备份操作实际上经常会遇到。例如，只想备份若干个文件或目录，也可能只要备份服务器上的所有必需的信息，以便能进行更安全的升级。

按需备份也可以弥补冗余管理或长期转储的日常备份的不足。

严格来说排除不是一种备份的方法，它只是把无须备份的文件排除在需要备份的文件之外的一类方法。原因是，这些文件可能很大，但并不重要，也可能出于技术上的考虑，因为在备份这些文件时总是导致出错而又没有排除这种故障的办法。

**2. 恢复操作**

恢复操作通常可以分成以下 3 类：全盘恢复、个别文件恢复和重定向恢复。

①全盘恢复。

全盘恢复通常用在灾难事件发生之后或进行系统升级和系统重组及合并时。

使用的办法较简单，只需将存放在介质上的给定系统的信息全部转储到它们原来的地方。根据所使用的备份办法的不同可以使用几组磁带来完成。

根据经验，一般将用来备份的最后一个磁带作为恢复操作时最早使用的一个磁带。这是因为这个磁带保存着现在正在使用的文件，而最终用户总是急于在系统纠错之后使用它们。然后再使用最后一次全盘备份的磁带或任何有最多的文件所在的磁带。在这之后，使用所有有关的磁带，顺序就无所谓了。

恢复操作之后应当检查最新的错误登记文件，以便及时了解有没有发生文件被遗漏的情况。

②个别文件恢复。

个别文件恢复的操作比要求进行全盘恢复常见得多。其原因是最终用户的水平不高。

通常，用户需要存储在介质上的文件的最后一个版本，因为，用户刚刚弄坏了或删除了该文件的在线版本。对于大多数的备份产品来说，这是一种相对简单的操作，它们只需浏览备份数据库或目录，找到该文件，然后执行一次恢复操作即可达到恢复的目的。也有不少产品允许从介质日志的列表中选择文件进行恢复操作。

③重定向恢复。

所谓的重定向恢复指的是将备份文件恢复到另一个不同位置或不同系统上去，而不是进行备份操作时这些信息或数据所在的原来的位置。重定向恢复可以是全盘恢复或个别文件恢复。

一般来说，恢复操作较备份操作容易出问题。备份操作只是将信息从磁盘上复制出来，而恢复操作需要在目标系统上建立文件，在建立文件时，往往有许多其他错误出现，其中包括容量限制、权限问题和文件被覆盖等。

备份操作不必知道太多的系统信息，只需复制指定的信息。恢复操作则需要知道哪些文件需要恢复、哪些文件不需要恢复。例如，一个大型应用软件被删除了，一个新安装的应用软件又占据了它原来的位置。又如，系统出了问题，需要从磁带进行恢复，旧的应用软件的删除对恢复操作而言是十分重要的，这样，它就不会既恢复旧的应用软件又恢复新的应用软件了。

（二）备份的设备与介质

备份系统中用于备份与恢复的介质主要有：磁带介质和光学介质。

1. **磁带介质**

磁带介质具有以下特点。①磁带具有较好的磁化特性，容易在它上面读、写数据。②磁带上的数据不会同与之相邻的磁带上的数据互相影响。③磁带的各层不能相互分开或出现剥落现象。④磁带具有很好的抗拉强度，不容易被拉断。⑤磁带具有很好的柔软度，这样确保了通过磁带机时可以卷得很紧并很容易地被弯曲。正由于上述的原因，磁带被专用于数据记录。

用于数据的磁带记录方法需要采用一些完善的纠错技术以保证数据能正确无误地读写。通常 30% 的磁带表面被用于保存纠错信息。当数据被成功地写入磁带时，纠错数据也和其一起写入，以防磁带在使用它进行恢复工作之前出现失效现象。如果磁带上的原始数据不能正确地被读出，纠错信息就被用来计算丢失字节的值；如果磁带机驱动器无法重建数据，就会给 SCSI 控制器发出一条出错信息，警告系统出现了介质错误。

在对磁带进行写的过程中，需要用另一个磁头进行一种写后读取的测试以保证刚被写入的数据可以被正确读出。一旦这种测试失败，磁带就会自动进到一个新的位置并再一次开始写尝试。重写了数次后，驱动器就会放弃并向 SCSI 控制器发出一个致命介质错误的出错信息。这时备份操作就失败了，直到新的磁带装入驱动器中。

磁带从其技术上来说可以分为如下几种。① 1/4 英寸盒式磁带，简称 QIC。这种介质被看成是独立备份系统的低端解决方案，其容量小且速率较低，不能用于 LAN 系统。② 4 mm 磁带，简称 DDS。这种磁带的存储容量能达到 4 GB。DDS Ⅲ 可达到 8 GB 的容量。③ 8 mm 磁带，其容量未经压缩可达到 7 GB。超长带（160 m）可达 14 GB。这种磁带的数据可交换性较 4 mm 磁带更强。④数字线性磁带（Digital Linear Tape，DLT），这种磁带的性能和容量较好。DLT 2000 可写入 10 GB 数据，在压缩情况下，可达 20 GB；DLT 4000 则有 20 GB 的容量，使用压缩技术可存储 40 GB 数据。⑤ 3480/3490 磁带，它是用于主机系统中的高速设备介质。

保存在磁带上的数据是一种财富，一种资源，因此，对磁带设备介质的保养、维护工作也是非常重要的。通常对磁带设备介质的维护应注意如下几点。①定期清洗磁带驱动器。②存储搁置的磁带至少每年“操作”一次，这样可以保持磁带的柔软性并提高其可靠性。③当备份系统收到越来越多的磁带错误信息时，首先应怀疑磁头是否发生故障，将磁头清洗数遍，如仍发生大量错误，则需要考虑更换磁头。

**2. 光学介质**

光学介质技术是将从介质表面反射回来的激光识别成信息。光学介质上的 0 和 1 以不同的方式反射激光，这样光驱可以向光轨上发射一束激光并检测反射光的不同。

常见的光学介质有：磁光盘和可读 CD（Compact Disc Read-Only Memory，CD-ROM）。

磁光盘（MO）是现有介质中持久性和耐磨性最好的一种介质。它允许进行非常快速的数据随机访问，正是这种特性，MO 特别适合于分级存储管理应用。但由于 MO 的容量至今仍不能与磁带相比，因此，它未被广泛用于备份系统。

可读 CD，目前因为速度太慢和进行多进程介质写入困难，还不能适应于网络备份的要求。

**3. 提高备份性能的技术**

当对大量的信息进行备份时，备份性能便成了非常重要的问题。被用于提高网络备份性能的技术有：RAID 技术、设备流、磁带间隔和压缩。

（1）RAID 技术。

磁带是备份系统常用的一种设备介质。磁带在记录磁头上移动所需的时间是一个瓶颈口，是影响备份速度的一个重要因素，而解决这类瓶颈问题的行之有效的办法是采用磁带 RAID 系统。

磁带 RAID 的概念与磁盘 RAID 相类似，数据“带状”通过多个磁带设备，因此，可以获得特别快的传输速率。但是，由于磁带在操作过程中总是走走停停，当驱动器清空了缓冲器后等待下一次数据到来时，往往会导致速率的大幅下降，这是 RAID 方法的一大不足之处。此外，这种方法在进行数据恢复操作时还存在可靠性问题，因为要正确地恢复数据就要对多台磁带设备进行精确的定位和计时，这是一件较为困难的任务。不过，该技术仍然有希望用于需要更高速率和更大容量的情况下。

（2）设备流。

设备流指的是在读写数据时，磁带驱动器以最优速率移动磁带时所处的状态，磁带驱动器只有处在流状态才能达到最佳的性能。显然，这需要使磁带 RAID 系统中的所有设备都处于流状态下工作。

为此，SCSI 主机适配器必须持续地向设备缓冲器传输数据。然而，大多数 LAN 的传输能力还不能足够快地为备份应用程序提供足够多的数据。这就是说，设备流技术可以提高备份的性能，但要将设备保持在 100% 的流状态是有一定的困难的。

（3）磁带间隔。

磁带间隔将来自几个目标的数据连接在一起并写入同一个驱动器中的同一盘磁带上。这实际上是它将数据一起编写在磁带上，这样便解决了上面提到的问题。

（4）压缩。

有内置压缩芯片的设备能够提高备份的性能。这些设备在往介质上写数据时首先对数据进行压缩。对于 PCLAN 上的大多数数据来说，压缩率可达到 2 ∶ 1，这就是说，设备的流速在压缩数据时是不压缩的两倍。

此外，可以通过网络自身的性能来提高备份的性能。在大型的备份系统中可采用 SCSI 控制器提高 SCSI 设备的运行效率，但在 SCSI 主机适配器上安装过多的设备反而影响其性能，通常所接的设备数不宜超过 3 个。

（三）磁带轮换

磁带轮换实际上是在备份过程中使用磁带的一种方法，它是根据某些领先制定的方法决定应该使用哪些磁带。由于数据是存放在磁带之中，一旦需要对数据进行恢复时，如果信息量不大，存放信息的磁带相应来说也不多，在这种情况下使用备份磁带可能问题不大；如果存储数据的磁带数量较多，那么建立一个管理磁带的系统十分有用，对数据的恢复也很有帮助。

磁带轮换的主要功能是决定什么时候可以使用新的数据覆盖磁带上以前所备份的数据，或反过来说，在哪一个时间段内的备份磁带不能被覆盖。例如，磁带轮换策略规定每月最后一天的备份要保存 3 个月，那么，磁带轮换策略就可以帮助保证 3 个月过去之前数据不会被写到这些磁带上。

磁带轮换的另一个好处是能够使用自动装带系统。把自动装带系统和磁带轮换规则联合起来使用可以减少由人为而引起的错误，使得恢复操作可以预测。

磁带轮换主要有如下几种模式。

（1）A/B 轮换，在这种方式中，把一组磁带分为 A、B 两组。“A”在偶数日使用，“B”在奇数日使用，或反之。这种方式不能长时间保存数据。

（2）每日轮换，它要求每一天都得更换磁带，即需要有 7 个标明星期一到星期日的磁带。这种方式，在联合使用全盘备份和差别备份或增量备份时较为有效。

（3）每周轮换，这种方法每周换一次磁带。当数据较少时很有效。

（4）每月轮换，它通常的实现方法是每月的开始进行一次全盘备份，然后在该月余下的那些天里在其他的磁带上进行增量备份。

（5）祖、父、孙轮换，它是前面所讲的每日、每周、每月轮换的组合。

（6）日历规则轮换方法，它是按照日历安排介质的轮换。根据此方法，可以为每次操作设定数据保存的时间。

（7）混合轮换，这是一种按需进行的备份，作为日常备份的一种补充。

（8）无限增量，该模式的方法只需做一次全盘备份，也就是在第一次运行该系统以后只需执行增量备份。在恢复操作时，该系统能合并多次备份的数据并写到其他更大的介质上。这种模式要正常运行就得用精确的数据库操作。

除上述所讲的磁带轮换模式外，还有基于差别操作、汉诺依塔轮换模式等，这里不一一介绍。

## 第三节　网络实体安全

### 一、网络硬件系统的冗余

网络系统中有一些后援设备或后备技术等措施，在系统中某个环节出现故障时，这些后援设备或后备技术能够“站出来”承担任务，使系统正常运行下去。这些能提高系统可靠性、确保系统正常工作的后援设备或后备技术就是冗余设施。

#### （一）网络系统的冗余

系统冗余就是重复配置系统的一些部件。当系统某些部件发生故障时，冗余配置的其他部件介入并承担故障部件的工作，由此提高系统的可靠性。也就是说，冗余是将相同的功能设计在两个或两个以上设备中，如果一个设备有问题，另外一个设备就会自动承担起正常的工作。

冗余就是利用系统的并联模型来提高系统可靠性的一种手段。采用“冗余技术”是实现网络系统容错的主要手段。

冗余主要有工作冗余和后备冗余两大类。工作冗余是一种两个或两个以上的单元并行工作的并联模型，平时由各处单元平均负担工作，因此工作能力有冗余；后备冗余是平时只需一个单元工作，另一个单元是储备的，用于待机备用。

从设备冗余角度看，按照冗余设备在系统中所处的位置，冗余又可分为元件级、部件级和系统级；按照冗余设备的配备程度又可分为 1 ∶ 1 冗余、1 ∶ 2 冗余、1 ∶ $n$ 冗余等。在当前元器件可靠性不断提高的情况下，与其他形式的冗余方式相比，1 ∶ 1 的部件级冗余是一种有效、相对简单、配置灵活的冗余技术实现方式，如 I/O 卡件冗余、电源冗余、主控制器冗余等。

网络系统大多拥有“容错”能力，容错即允许存在某些错误，尽管系统硬件有故障或程序有错误，仍能正确执行特定算法和提供系统服务。系统的“容错”能力主要是基于冗余技术的。

### （二）网络设备的冗余

网络系统的主要设备有网络服务器、核心交换机、供电系统、链接以及网络边界设备（如路由器、防火墙）等。为保证网络系统正常运行和提供正常的服务，在进行网络设计时要充分考虑主要设备的冗余或部件的冗余。

#### 1. 网络服务器系统冗余

由于服务器是网络系统的核心，因此，为了保证系统安全、可靠地运行，应采用一些冗余措施，如双机热备份、存储设备冗余、电源冗余和网卡冗余等。

（1）双机热备份。

对数据可靠性要求高的服务（如电子商务、数据库），其服务器应采用双机热备份措施。服务器双机热备份就是设置两台服务器（一个为主服务器，另一个为备份服务器），装有相同的网络操作系统和重要软件，通过网卡连接。当主服务器发生故障时，备份服务器接替主服务器工作，实现主、备服务器之间容错切换。在备份服务器工作期间，用户可对主服务器的故障进行修复，并重新恢复系统。

（2）存储设备冗余。

存储设备是数据存储的载体。为了保证存储设备的可靠性和有效性，可在本地或异地设计存储设备冗余。目前数据的存储设备多种多样，根据需要可选择刻录光驱、磁带机、磁盘镜像和独立 RAID 等。下面主要介绍磁盘镜像和 RAID。

①磁盘镜像。每台服务器都可实现磁盘镜像（配备两块硬盘），这样可保证当其中一块硬盘损坏时另一块硬盘继续工作，不会影响系统的正常运行。

② RAID。RAID 可采用硬件或软件的方法实现。磁盘阵列由磁盘控制器和多个磁盘驱动器组成，由磁盘控制器控制和协调多个磁盘驱动器的读写操作。可以这样来理解，RAID 是一种把多块独立的硬盘（物理硬盘）按不同方式组合起来形成一个硬盘组（逻辑硬盘），从而提供比单个硬盘更高的存储性能和提供数据冗余的技术。组成磁盘阵列的不同方式称为 RAID 级别。在用户看起来，组成的磁盘组就像是一个硬盘，用户可以对它进行分区、格式化等。总之，对磁盘阵列的操作与单个硬盘一样。不同的是，磁盘阵列的存储性能比单个硬盘高很多，而且在很多 RAID 模式中都有较为完备的相互校检 / 恢复措施，甚至是直接相互的镜像备份，从而大大提高了 RAID 系统的容错度和系统的稳定冗余性。RAID 技术经过不断的发展，现在已拥有了多种级别。不同的 RAID 级别代表着不同的存储性能、数据安全性和存储成本。常用的 RAID 级别有 RAID0、RAID1、RAID5 等。

（3）电源冗余。

高端服务器普遍采用双电源系统（即服务器电源冗余）。这两个电源是负载均衡的，在系统工作时它们都为系统供电。当其中一个电源出现故障时，另一个电源就会满负荷地承担向服务器供电的工作。此时，系统管理员可以在不关闭系统的前提下更换损坏的电源。有些服务器系统可实现直流（Direct Current，DC）冗余，有些服务器产品可实现交流（Alternating Current，AC）和 DC 全冗余。

（4）网卡冗余。

网卡冗余技术原为大、中型计算机上使用的技术，现在也逐渐被一般服务器所采用。网卡冗余是指在服务器上插两块采用自动控制技术控制的网卡。在系统正常工作时，双网卡将自动分摊网络流量，提高系统通信带宽；当某块网卡或网卡通道出现故障时，服务器的全部通信工作将会自动切换到无故障的网卡或通道上。因此，网卡冗余技术可保证在网络通道或网卡故障时不影响系统的正常运行。

**2. 核心交换机冗余**

核心交换机在网络运行和服务中占有非常重要的地位，在冗余设计时要充分考虑该设备及其部件的冗余，以保证网络的可靠性。

核心交换机中电源模块的故障率相对较高。为了保证核心交换机的正常运行，一般考虑在核心交换机上增配一个电源模块，实现该部件的冗余。为了保证核心交换机的可靠运行，可在本地机房配备双核心交换机或在异地配备双核心交换机，通过链路的冗余实行核心交换设备的冗余。同时针对网络的应用和扩展需要，还需在网络的各类光电接口以及插槽数上考虑有充分的冗余。

#### 3. 供电系统冗余

电源是整个网络系统得以正常工作的动力源，一旦电源发生故障，往往会使整个系统的工作中断，从而造成严重后果。因此，采用冗余的供电系统备份方案，保持稳定的电力供应是极有必要的，因为供电系统的安全可靠是保证网络系统可靠运行的关键。

通常城市供电相对比较稳定，如果停电也是区域性停电，且停电时间不会很长，因此可考虑使用 UPS 作为备份电源，即采用市电 +UPS 后备电池相结合的冗余供电方式。正常情况下，市电通过 UPS 稳频稳压后，给网络设备供电，保证设备的电能质量。当市电停电时，网络操作系统提供的 UPS 监控功能，在线监控电源的变化，当监测到电源故障或电压不稳时，系统会自动切换到 UPS 给网络系统供电，使网络正常运行，从而保证系统工作的可靠性和网络数据的完整性。

#### 4. 链接冗余

为避免某个端口、某台交换机或某块网卡的损坏导致网络链路中断，可采用网络链路冗余措施，每台服务器同时连接到两台网络设备，每条骨干链路都应有备份线路（冗余链路）。

#### 5. 网络边界设备冗余

比较重要的网络系统或服务系统，对路由器和防火墙等网络边界设备的可靠性要求也非常高，一旦该类设备出现故障则影响内部网和外部网的互联。因此，在必要时可对部分网络边界设备进行冗余设计。

## 二、网络机房设施与环境安全

保证网络机房的实体环境（即硬件和软件环境）安全是网络系统正常运行的重要保证。因此，网络管理部门必须加强对机房环境的保护和管理，以确保网络系统的安全。只有保障机房的安全可靠，才能保证网络系统的日常业务工作正常进行。

网络机房的设施与环境安全包括机房场地的安全，机房的温度、湿度和清洁度控制，机房内部的管理与维护，机房的电源保护，机房的防火、防水、防电磁干扰、防静电、防电磁辐射等。

### （一）机房的安全保护

#### 1. 机房场地的安全与内部管理

通常，在选择网络机房环境及场地时，应采用以下措施。

（1）为提高计算机网络机房的安全可靠性，机房应有一个良好的环境。因此，机房的场地选择应考虑避开有害气体来源以及存放腐蚀、易燃、易爆物品的地方，避开低洼、潮湿的地方，避开强振动源和强噪音源，避开电磁干扰源。

（2）机房内应安装监视和报警装置。在机房的隐蔽处安装监视器和报警器，用来监视和检测入侵者，预报意外灾害等。

同时，可采取以下机房及内部管理措施。

（1）制定完善的机房出入管理制度，通过特殊标志、口令、指纹、通行证等标识对进入机房的人员进行识别和验证，对机房的关键通道应加锁或设置警卫等，防止非法人员进入机房。

（2）外来人员（如参观者）要进入机房，应先登记申请进入机房的时间和目的，经有关部门批准后由警卫领入或由相关人员陪同。进入机房时应佩戴临时标志，且要限制一次性进入机房的人员数量。

（3）机房的空气要经过净化处理，要经常排除废气，换入新风。

（4）工作人员进入机房要穿着工作服，佩戴标志或标识牌，并经常保持机房的清洁卫生。

（5）要制定一整套可行的管理制度和操作人员守则，并严格监督执行。

**2. 机房的环境设备监控**

随着社会信息化程度的不断提高，机房计算机系统的数量与日俱增，其环境设备也日益增多，机房环境设备必须时时刻刻为网络系统提供正常的运行环境。因此，对机房设备及环境实施监控就显得尤为重要。

机房的环境设备监控系统主要是对机房设备（如供配电系统、UPS 电源、防雷器、空调系统、消防系统、安保系统等）的运行状态、温度、湿度、洁净度，供电的电压、电流、频率，配电系统的开关状态等进行实时监控并记录历史数据，为机房高效管理和安全运行提供有力的保证。

**3. 机房的温度、湿度和洁净度**

为保证计算机网络系统的正常运行，对机房工作环境中的温度、湿度和洁净度都要有明确要求。为了使“三度”达到要求，机房应配备空调系统、去 / 加湿机、除尘器等设备。特殊场合甚至要配备比公用空调系统在加湿、除尘等方面有更高要求的专用空调系统。

机房的温度和湿度过高、过低或变化过快，都将对设备的元器件、绝缘件、金属构件以及信息存储介质产生不良影响，其不仅影响系统工作的可靠性，还会影响工作人员的身心健康。一般情况下，机房的温度应控制在 18 ~ 25 ℃，更严格的要求为 20 ℃ ±2 ℃，变化率为 2 ℃/h。机房的相对湿度应为 30% ~ 80%，更严格的要求为 40% ~ 65%，变化率为 25%/h。温度控制和湿度控制最好都与空调联系在一起，由空调集中控制。机房内应安装温度、湿度显示仪，随时观察和监测温度、湿度。

此外，机房灰尘会造成设备接插件的接触不良、发热元器件的散热效率降低、电子元件的绝缘性能下降、机械磨损增加、磁盘数据的读写出错且可能划伤盘片等危害。因此，机房必须有防尘和除尘设备及措施，保持机房内的清洁卫生，从而保证设备的正常工作。通常，机房的洁净度要求灰尘颗粒直径小于 0.5 μm，平均每升空气含尘量少于 18 000 粒。

#### 4. 机房的电源保护

电源是计算机网络系统的命脉，电源系统的稳定可靠是网络系统正常运行的先决条件。电源系统电压的波动、电流浪涌或突然断电等意外事件的发生不仅可能使系统不能正常工作，还可能造成系统存储信息的丢失、存储设备损坏等。因此，电源系统的安全是网络系统安全的重要组成部分。电源系统安全包括外部供电线路的安全和电源设备的安全。

网络机房负载分为主设备负载和辅助设备负载。主设备负载指计算机及网络系统、计算机外部设备及机房监控系统，主设备的配电系统称为“设备供配电系统”，其供电质量要求高，应采用不间断电源（Uninterruptible Power Supply，UPS）供电来保证主设备负载供电的稳定性和可靠性。

UPS 主要由 UPS 主机和 UPS 电池组构成。它能够提供持续、稳定、不间断的电源供应。当系统交流电网（市电）一旦停止供电时，UPS 就会立即启动，为系统继续供电，并保持一段时间的供电，使用户有充分的时间保存信息并正常关机。在 UPS 供电期间，还可启动备用发电机，以保证更长时间的不间断供电。此外，UPS 还有滤除电压的瞬变和稳压作用。按工作原理的不同 UPS 可分为后备式、在线式和在线互动式。普通计算机可选用后备式 UPS，可靠性要求高或高端设备可选用在线式 UPS。一般情况下，UPS 的功率大小应为负载功率的 1.2 ~ 1.8 倍，其值越高可靠性越好。

#### 5. 机房的防火和防水

机房发生火灾将会使网络机房建筑、计算机设备、通信设备及软件和数据备份等毁于一旦，造成巨大的财产损失。通常，在人们视觉不及的顶棚之上、地板之下及电源开关、插线板、插座等处往往是火灾的发源地。引起火灾的原因主要有：电器设备或电线起火、空调电加热器起火、人为事故起火或其他建筑物起火殃及机房等。机房火灾的防范要以预防为主、防消结合。平时加强防范，消除一切火灾隐患；一旦失火，要积极扑救；灾后做好弥补、恢复工作，减少损失。机房防火的主要措施有建筑物防火、设置报警系统及灭火装置和加强防火安全管理等。

机房一旦受到水浸，将使网络电缆和电气设备的绝缘性能大大降低，甚至不能正常工作。因此，机房应有相应的预防、隔离和排水措施。一般可采取的防水措施有：在机房地面和墙壁使用防渗水和防潮材料、在机房四周筑有水泥墙脚（防水围墙）、对机房屋顶进行防水处理、在地板下的区域设置合适的排水设施、机房内或附近及楼上房间不应有用水设备、机房必须设置水淹报警装置等。

（二）机房的静电和电磁防护

**1. 机房的静电防护**

静电是物体表面存在过剩或不足的静止电荷（留存在物体表面的电能），它是正、负电荷在局部范围内失去平衡的结果。静电具有高电位、低电量、小电流和作用时间短等特点。

静电是一种客观的自然现象，产生的方式有很多（如接触、摩擦等）。机房内的静电主要是两种不同起电序列的物体通过摩擦、碰撞、剥离等方式，在一种物体上积聚正电荷，在另一种物体上积聚等量的负电荷而形成的。

静电是机房发生最频繁、最难消除的危害之一。静电对网络设备的影响主要表现为两点，一是可能造成元器件（中大规模集成电路、双极性电路）损坏，二是可能引起计算机误操作或运算错误。静电放电会造成电路的潜在损伤，进而使其参数变化、品质劣化、寿命降低。静电可使设备在运行一段时间后，随温度、时间、电压的变化出现各种故障，影响系统的正常运行（如误码率增大、设备误动作等）。静电对计算机的外部设备也有明显的影响，如带阴极射线管的显示设备在受到静电干扰时，会引起图像紊乱、模糊不清。静电还会造成调制解调器、网卡、传真机等工作失常，打印机的打印不正常等故障。此外，静电还会影响机房工作人员的身心健康。

静电问题很难查找，有时会被认为是软件故障。对静电问题的防护，不仅涉及网络的系统设计，还与网络机房的结构和环境条件有很大关系。

通常，机房采取的防静电措施有以下几种。

（1）机房建设时，在机房地面铺设防静电地板。

（2）工作人员在工作时穿戴防静电衣服和鞋帽。

（3）工作人员在拆装和检修机器时应在手腕上佩戴防静电手环（该手环可通过柔软的接地导线放电）。

（4）保持机房内相应的温度和湿度。

2. 机房的电磁干扰防护

电磁干扰和电磁辐射不是一回事。电磁干扰是系统外部电磁场（波）对系统内部设备及信息的干扰；而电磁辐射是电的基本特性，是系统内部的电磁波向外部的发射。电磁辐射出的信息不仅容易被截收并破译，而且当发射频率高到一定程度时还会对人体有害。

网络机房周围电磁场的干扰会影响系统设备的正常工作，而计算机和其他电气设备的组成元器件容易受电磁干扰的影响。电磁干扰会增加电路的噪声，使机器产生误动作，严重时将导致系统不能正常工作。

电磁干扰主要来自计算机系统外部。系统外部的电磁干扰主要来自无线电广播天线、雷达天线、工业电气设备、变电设备，以及大自然中的雷击和闪电等。另外，系统本身的各种电子组件和导线通过电流时，也会产生不同程度的电磁干扰，这种影响可在机器制作时采用相应的工艺来降低和解决。

通常可采取选择远离电磁干扰源的地方、建造机房时采用接地和屏蔽等措施防止和减少电磁干扰的影响。

3. 机房的电磁辐射防护

电磁辐射是网络设备在工作时通过地线、电源线、信号线等将所处理的信息以电磁波或谐波形式放射出去而形成的。

电磁辐射会产生两种不利因素：一是由电子设备辐射出的电磁波通过电路耦合到其他电子设备中会形成电磁波干扰，或通过连接的导线、电源线、信号线等耦合而引起相互间的干扰，当这些电磁干扰达到一定程度时，就会影响设备的正常工作；二是这些辐射出的电磁波本身携带着有用信号，如这些辐射信号被截收，再经过提取、处理等过程即可恢复出原信息，造成信息泄露。

利用网络设备的电磁辐射窃取机密信息是国内外情报机关截获信息的重要途径，因为用高灵敏度的仪器截获计算机及外部设备中辐射的信息，比用其他方法获得的情报更准确、可靠和及时，而且隐蔽性好，不易被对方察觉。

为了防止电磁辐射引起有用信息的扩散，通常是在物理上采取一定的防护措施以减少或干扰辐射到空间中的电磁信号。

对电磁辐射的保护可按设备防护、建筑物防护、区域防护、通信线路防护和 TEMPEST（电磁辐射防护和抑制技术）防护几个层次进行。

通常，可采取抑源法、屏蔽法和噪声干扰法等措施防止电磁辐射。抑源法是从降低电磁辐射源的发射强度出发，对计算机设备内部产生和运行串行数据信息的部件、线路和区域采取电磁辐射抑制措施和传导发射滤波措施，并视需要在此基础上对整机采取整体电磁屏蔽措施，以减小全部或部分频段信号的传导和辐射。电磁屏蔽技术包括设备屏蔽和环境屏蔽，它是从阻断电磁辐射源辐射的角度采取措施，将涉密设备或系统放置在全封闭的电磁屏蔽室内，采用的屏蔽材料为金属板和金属网，目前已有满足不同防护需求的屏蔽机柜、屏蔽舱和屏蔽包等产品。噪声干扰法是在信道上增加噪声，降低接收信号的信噪比，使其难以将辐射信息还原。可见，抑源法通过降低或消除计算机电磁辐射源的辐射来从根本上解决问题，屏蔽法通过阻断发射和传导途径来达到电磁辐射防护的目的，而噪声法则是通过添加与信息相关的噪声，增大辐射信息被截获后还原的难度。

## 三、路由器安全

路由器是网络的神经中枢，是众多网络设备的重要一员，它担负着网间互联、路由走向、协议配置和网络安全等重任，是信息出入网络的必经之路。广域网就是靠一个个路由器连接起来组成的，局域网中也已经普遍应用到了路由器，在很多企事业单位，已经用路由器来接入网络进行数据通信，可以说，路由器现在已经成为大众化的网络设备了。

路由器在网络的应用和安全方面具有极重要的地位。随着路由器的广泛普及，它的安全性也成为一个热门话题。路由器的安全与否，直接关系到网络是否安全。

### （一）路由协议与访问控制

路由器是网络互连的关键设备，其主要工作是为经过路由器的多个分组寻找一个最佳的传输路径，并将分组有效地传输到目的地。路由选择是根据一定的原则和算法在多结点的通信子网中选择一条从源结点到目的结点的最佳路径。当然，最佳路径是相对于几条较好的路径而言的，一般是选择时延长、路径短、中间结点少的路径作为最佳路径。通过路由选择，可使网络中的信息流量得到合理的分配，从而减轻拥挤，提高传输效率。

#### 1. 路由选择及协议

路由算法包括静态路由算法和动态路由算法。静态路由算法很难算得上是算法，只不过是开始路由前由网管建立的映射表。这些映射关系是固定不变的。使用静态路由的算法较容易设计，在简单的网络中使用比较方便。由于静态路由算法不能对网络改变做出反应，因此其不适用于现在的大型、易变的网络。动态路由算法根据分析收到的路由更新信息来适应网络环境的改变。如果分析到网络发生了变化，路由算法软件就重新计算路由并发出新的路由更新信息，这样就会促使路由器重新计算并对路由表做相应的改变。

在路由器上利用路由选择协议主动交换路由信息，建立路由表并根据路由表转发分组。通过路由选择协议，路由器可动态适应网络结构的变化，并找到到达目的网络的最佳路径。静态路由算法只有在网络业务量或拓扑结构变化不大的情况下，才能获得较好的网络性能。在现代网络中，广泛采用的是动态路由算法。在动态路由选择算法中，分布式路由选择算法是很优秀的，并且得到了广泛的应用。在该类算法中，最常用的是距离向量路由选择（Distance Vector Routing，DVR）算法和链路状态路由选择（Link State Routing，LSR）算法。前者经过改进，成为目前应用广泛的路由信息协议（Routing Information Protocol，RIP），后者则发展成为开放式最短路径优先（OSPF）协议。

2. ACL

路由器访问控制列表（ACL）是 Cisco IOS 所提供的一种访问控制技术，初期仅在路由器上应用，近些年来已经扩展到三层交换机，部分最新的二层交换机也开始提供 ACL 支持。在其他厂商的路由器或多层交换机上也提供类似技术，但名称和配置方式可能会有细微的差别。

ACL 技术在路由器中被广泛采用，它是一种基于包过滤的流控制技术。ACL 在路由器上读取第三层及第四层包头中的信息（如源地址、目的地址、源端口、目的端口等），根据预先定义好的规则对包进行过滤，从而达到访问控制的目的。ACL 增加了在路由器接口上过滤数据包出入的灵活性，可以帮助管理员限制网络流量，也可以控制用户和设备对网络的使用。它根据网络中每个数据包所包含的信息内容决定是否允许该信息包通过接口。

ACL 有标准 ACL 和扩展 ACL 两种。标准 ACL 把源地址、目的地址及端口号作为数据包检查的基本元素，并规定符合条件的数据包是否允许通过，使用的局限性大，其序列号是 1 ~ 99。扩展 ACL 能够检查可被路由的数据包的源地址和目的地址，同时还可以检查指定的协议、端口号和其他参数，具有配置灵活、控制精确的特点，其序列号是 100 ~ 199。

这两种类型的 ACL 都可以基于序列号和命名进行配置。最好使用命名方法配置 ACL，因为这样对以后的修改是很方便的。配置 ACL 要注意两点：一是 ACL 只能过滤流经路由器的流量，对路由器自身发出的数据包不起作用；二是一个 ACL 中至少有一条允许语句。

ACL 的主要作用就是一方面保护网络资源，阻止非法用户对资源的访问，另一方面限制特定用户所能具备的访问权限。它通常应用在企业内部网络的出口控制上，通过实施 ACL，可以有效地部署企业内部网络的出口策略。随着企业内部网络资源的增加，一些企业已开始使用 ACL 来控制对企业内部网络资源的访问，进而保障这些资源的安全性。

### 3. 路由器安全

（1）用户口令安全。

路由器有普通用户和特权用户之分，口令级别有十多种。如果使用明码，在浏览或修改配置时容易被其他无关人员窥视到。可在全局配置模式下使用 service password-encryption 命令进行配置，该命令可将明文密码变为密文密码，从而保证用户口令的安全。该命令具有不可逆性，即它可将明文密码变为密文密码，但不能将密文密码变为明文密码。

（2）配置登录安全。

路由器的配置一般有控制口（Console）配置、Telnet 配置和 SNMP 配置三种方法。控制口配置主要用于初始配置，使用中英文终端或 Windows 的超级终端；Telnet 配置方法一般用于远程配置，但由于 Telnet 是明文传输的，很可能被非法窃取而泄露路由器的特权密码，从而会影响安全；SNMP 的配置则比较麻烦，故使用较少。

为了保证使用 Telnet 配置路由器的安全，网络管理员可以采用相应的技术措施，仅让路由器管理员的工作站登录而不让其他机器登录到路由器。

使用 IP 标准访问列表控制语句，在路由器的全局配置模式下，输入：

#access-list20permithost 192.120.12.20

该命令表示只允许 IP 为 192.120.12.20 的主机登录到路由器。为了保证 192.120.12.20 这一 IP 地址不被其他机器假冒，可以在全局配置模式下输入：

#arp 192.120.12.20xxxx.xxxx.xxxx arpa

此命令可将该 IP 地址与其网卡物理地址绑定，xxxx.xxxx.xxxx 为机器的网卡物理地址。这样就可以保证在用 Telnet 配置路由器时不会泄露路由器的口令。

（3）路由器访问控制安全策略

在利用路由器进行访问控制时可考虑如下安全策略。

①严格控制可以访问路由器的管理员，对路由器的任何一次维护都需要记录备案，要有完备的路由器的安全访问和维护记录日志。

②建议不要远程访问路由器。若需要远程访问路由器，则应使用访问控制列表和高强度的密码控制。

③要严格地为 IOS 做安全备份，及时升级和修补 IOS 软件，并迅速为 IOS 安装补丁。

④要为路由器的配置文件做安全备份。

⑤为路由器配备 UPS 设备，或者至少要有冗余电源。

⑥为进入特权模式设置强壮的密码，可采用 enable secret（不要采用 enable password）

命令进行设置，并且启用 service password-encryption，操作如下。

Router（config）#service password-encryption

Router（config）=enable secret

⑦如果不使用 AUX 端口，则应禁止该端口，使用如下命令即可（默认时未被启用）。

Router（config）#line aux O

Router（config-line）#transport input none

Router（config-line）#no exec

⑧若要对权限进行分级，则采用权限分级策略，可进行如下操作。

Router（Config）#username test privilege 10 xxxx

Router（Config）#privilege EXEC leve 110 telnet

Router（Config）#privilege EXEC level 10 show ip access-list

## （二）VRRP

### 1. VRRP 概述

虚拟路由器冗余协议（VRRP）是一种选择性协议，它可以把一个虚拟路由器的责任动态分配到局域网上的 VRRP 路由器中的一台。控制虚拟路由器 IP 地址的 VRRP 路由器称为主路由器，它负责转发数据包到虚拟 IP 地址上。一旦主路由器不可用，这种选择过程就会提供动态的故障转移机制，这就允许虚拟路由器的 IP 地址可以作为终端主机的默认第一跳路由器。使用 VRRP 的优点是有更高默认路径的可用性而无须在每个终端主机上配置动态路由或路由发现协议。

使用 VRRP 可以通过手动或 DHCP 设定一个虚拟 IP 地址作为默认路由器。虚拟 IP 地址在路由器间共享，其中一个指定为主路由器而其他的则为备份路由器。如果主路由器不可用，这个虚拟 IP 地址就会映射到一个备份路由器的 IP 地址（该备份路由器就成了主路由器）。

### 2. VRRP 原理

通常，一个网络内的所有主机都设置一条默认路由，这样主机发出的目的地址不在本网段的报文将被通过默认路由发往路由器 RouterA，从而实现主机与外部网络的通信。当路由器 RouterA 故障时，本网段内所有以 RouterA 为默认路由下一跳的主机将断掉与外部的通信。

VRRP 是一种容错协议，它是为解决上述问题而提出的。VRRP 将局域网的一组路由器（包括一个 Master 路由器和若干个 Backup 路由器）组织成一个虚拟路由器，称为一个备份组。该虚拟路由器拥有自己的 IP 地址 10.100.10.1（该 IP 地址可以和备份组内的某路由器接口地址相同），备份组内的路由器也有自己的 IP 地址（如 Master 路由器的 IP 地址为 10.100.10.2，Backup 路由器的 IP 地址为 10.100.10.3）。局域网内的主机仅仅知道这个虚拟路由器的 IP 地址为 10.100.10.1，而不知道 Master 路由器的 IP 地址和 Backup 路由器的 IP 地址，它们将自己的默认路由下一跳地址设置为该虚拟路由器的 IP 地址 10.100.10.1。于是，网络内的主机就通过该虚拟路由器与其他网络进行通信。如果备份组内的 Master 路由器出现故障，Backup 路由器将会通过选举策略选出一个新的 Master 路由器，以便继续向网络内的主机提供路由服务，从而实现网络内的主机不间断地与外部网络进行通信。

在 VRRP 路由器组中，按优先级选举主控路由器，VRRP 协议中的优先级范围是 0 ~ 255。若 VRRP 路由器的 IP 地址和虚拟路由器的接口 IP 地址相同，则称该虚拟路由器为 VRRP 组中的 IP 地址所有者，IP 地址所有者自动具有最高优先级（255）。优先级的配置原则可以依据链路速度和成本、路由器性能和可靠性以及其他管理策略设定。在主控路由器选举中，高优先级的虚拟路由器将获胜，因此，如果在 VRRP 组中有 IP 地址所有者，那么它总是作为主控路由器的角色出现。对于相同优先级的候选路由器，则按照 IP 地址的大小顺序选举。为了保证 VRRP 的安全性，提供了明文认证和 IP 头认证两种安全认证措施。明文认证要求在加入一个 VRRP 路由器组时，必须同时提供相同的 VRID 和明文密码。IP 头认证则提供了更高的安全性，能够防止报文重放和修改等攻击。

VRRP 的工作机理与 Cisco 公司的 HSRP 协议有许多相似之处。但二者之间的主要区别是在 Cisco 的 HSRP 中，需要单独配置一个 IP 地址作为虚拟路由器对外体现的地址，这个地址不能是组中任何一个成员的接口地址。

使用 VRRP，不用改造目前的网络结构，从而最大限度地保护了当前投资，只需最少的管理费用，却大大提升了网络性能，具有重大的应用价值。

## 四、服务器与客户机安全

### （一）服务器安全

#### 1. 网络服务器

网络服务器（硬件）是一种高性能计算机，再配以相应的服务器软件系统（如操作系统）就构成了网络服务器系统。网络服务器系统的数据存储和处理能力均很强，是网络系统的灵魂。在基于服务器的网络中，网络服务器担负着向客户机提供信息数据、网络存储、科学计算和打印等共享资源和服务，并负责协调管理这些资源。由于网络服务器要同时为网络上所有的用户服务，因此，要求网络服务器具有高可靠性、高吞吐能力、大内存容量和较快的处理速度等性能。

根据网络的应用和规模，网络服务器可选用高档微机、工作站、PC 服务器、小型机、中型机和大型机等。按照服务器用途，可分为文件服务器、数据库服务器、Internet/Intranet 通用服务器、应用服务器等。

因特网上的应用服务器又有 HDCP 服务器、Web 服务器、FTP 服务器、DNS 服务器和 SMTP 服务器等。上述服务器主要用于完成一般网络和因特网上的不同功能。应用服务器用于在通用服务器平台上安装相应的应用服务软件并实现特定的功能，如流媒体点播服务器、电视会议服务器和打印服务器等。

2. 服务器的安全策略

（1）对服务器进行安全设置（包括 IS 的相关设置、因特网各服务器的安全设置等），提高服务器应用的安全性。

（2）进行日常的安全检测（包括查看服务器状态、检查当前进程情况、检查系统账号、查看当前端口开放情况、检查系统服务、查看相关日志、检查系统文件、检查安全策略是否更改、检查目录权限、检查启动项等），以保证服务器正常、可靠地工作。

（3）加强服务器的日常管理（包括服务器的定时重启、安全和性能检查、数据备份、监控、相关日志操作、补丁修补和应用程序更新、隐患检查和定期的管理密码更改等）。

（4）采取安全的访问控制措施，保证服务器访问的安全性。

（5）禁用不必要的服务，提高安全性和系统效率。

（6）修改注册表，使系统更强壮（包括隐藏重要文件 / 目录、修改注册表实现完全隐藏、启动系统自带的 Internet 连接防火墙、防止 SYN 洪水攻击、禁止响应 ICMP 路由通告报文、防止 ICMP 重定向报文攻击、修改终端服务端口、更改 TTL 值、删除默认共享等）。

（7）正确划分文件系统格式，选择稳定的操作系统安装盘。

（8）正确设置磁盘的安全性（包括系统盘权限设置、网站及虚拟机权限设置、数据备份盘和其他方面的权限设置）。

（二）客户机安全

在企业、单位的内部网络中，除了一些提供网络服务的服务器外，应用更多的是客户机。网络管理人员可以考虑制定标准的客户机安全政策，利用一些安全设定与保护机制来管理这些有潜在风险的客户机系统。

客户机是对企业网络进行内部攻击的最常见的攻击源头，其对系统安全管理员的工作构成了挑战：一是因为网络中客户机的数量很多；二是因为许多用户没有接受过网络安全教育，或不关心网络安全问题。虽然阻止外部对网络内部客户机的访问相对容易，但要防止内部的攻击却困难得多。

**1. 客户机的安全策略**

网络安全管理员为客户机制订合理的、切实可行的安全策略，利用相关的安全产品，提高客户机的安全性是非常必要的。

（1）客户机系统安全。

①下载和安装软件开发厂商提供的补丁程序，并执行修补作业。

②安装防毒软件并定期更新病毒码。

③定期执行文件和数据的备份。

④关闭或移除不必要的应用程序。

⑤合理使用客户机管理程序。

⑥不随意下载或执行来源不明的文档或程序。

（2）客户机安全设定。

①设定使用者授权机制。在企业、单位内部网络环境里，可以明确唯有授权的使用者方可使用内部网的客户机。另外，使用者可以启动屏幕保护程序来限制非授权人的使用，以保护客户机中存放的数据。

②设定访问控制权限。对于客户机中机密或重要的文档 / 目录进行权限控制，非授权人无法读取重要的文件，或利用密码保护功能进行控制。

③限制远程访问。仅允许信任的设备和用户进行远程访问，并使用 VPN 等安全方式。

④监控系统日志。定期检查系统和应用程序日志，以便发现并响应可疑活动。

**2. 客户机的风险防护**

（1）对身份认证风险的防护。

从操作系统安全方面来看，身份认证是最先考虑的环节，获得一个用户的身份就掌握了所登录计算机的所有资源，同时也很容易获得各应用系统的使用权限，因此身份认证方式的安全有效是非常重要的。目前，从技术上看，身份认证主要有用户名 + 复杂口令、电子密钥 +PIN 码和人体生理特征识别三种方式。

通常情况下，主机采用用户名和设置复杂口令的身份认证方式。该方式一般要求口令长度达到 12 位或更多，由字母、数字、特殊符号混合组成，并定期更换。然而，这种方式存在一些缺点，如口令容易被破解，且终端用户在遵守口令更换周期和复杂性要求方面存在难度，导致日常管理变得复杂。对于 Windows 10 或 Windows 11 客户机操作系统，可以使用组策略管理方法，由网络管理员直接配置系统密码策略和账户锁定策略。这些策略可以对密码长度、更换周期、锁定时长和无效登录尝试次数等进行具体限制，从而提高安全性并简化管理流程。

电子密钥和 PIN 码的身份认证方式是在电子密钥中存入数字证书等身份识别文件，定期更换 PIN 码（类似动态口令卡），PIN 码一般设为 6 位或更多，用户只有在同时拥有电子密钥和知道 PIN 码的情况下才能登录系统。数字证书是目前在网上银行、政府部门等应用比较广泛的技术手段，其安全性优于用户名 + 复杂口令方式。数字证书身份认证方式需要购买相应的软硬件产品。

以个人生理特征进行验证时，有多种技术为验证机制提供支持，如指纹识别、声音识别、血型识别、视网膜识别等。个人生理特征识别方法的安全性最好，但验证系统也最复杂。指纹识别是常用于客户机的生理特征识别方法。指纹识别技术基于人体生理特征，安全性相对较高，但缺点是成本高，每台客户机均要安装指纹传感器及相应软件。对于非常重要的客户机可以采取生理特征识别 + 复杂口令的技术措施来保证安全。

（2）对信息泄露风险的防护。

根据网络模式、安全保密需求等具体情况的不同，用户权限的管理在各应用场合的要求也不同。在安全保密要求较高的部门，客户机的 I/O 端口应该是受到控制的。通常可利用相关安全产品对客户机的光驱、USB 口、COM 口、LPT 口以及打印机（本地打印机和网络打印机）等 I/O 端口进行使用权限控制。同时出于安全性和保护内部机密的需要，相关安全产品提供审计功能以加强对内部网络中客户机的监控和管理。就审计功能而言，可以有如下审计内容。

①审计客户机的身份认证内容，如每天用户登录尝试次数、登录时间等信息。

②审计客户机与移动存储设备间的文件操作，包括复制、删除、剪切、粘贴、文件另存为等。

③审计客户机的打印机使用情况，记录打印文件名称、打印时间、打印页数等信息。

④禁止客户机以无线方式接入互联网，并部署审计策略记录客户机未成功的联网行为。

（3）对内部攻击风险的防护。

对于来自内部网络的攻击，除了加强口令强度预防外，还应采取及时安装系统补丁、进行策略设置和安装病毒防护系统等安全措施。

（4）对移动存储介质风险的防护。

为了降低移动存储介质带来的安全风险，应在企业内部对所有移动存储介质进行统一管理。对不同的存储介质采取不同的技术和管理措施。通过技术手段使外来移动存储介质无法接入企业内部网络，内部网络中认证过的移动存储介质也仅能在授权的客户机上使用，对涉密的移动存储介质应采取加密等技术使其在授权之外的计算机上无法使用，从而降低因介质丢失或管理不严带来的安全风险。

# 第四章 计算机网络信息安全管理的技术

## 第一节　计算机信息安全管理中的防火墙技术

### 一、防火墙的基本概念

在被计算机世界使用之前，防火墙这个词早已被广泛使用。在建筑物中使用不易燃烧的材料建造一些坚固的墙，以阻止火灾的蔓延，这就是防火墙的含义。在计算机世界中，防火墙是一种设备，可使内部网络不受公共网络（互联网）的影响。后来，将计算机防火墙简称为防火墙，它连接受保护的内部网络和互联网。

防火墙作为网络防护的第一道防线，它由软件或由软件和硬件设备组合而成，位于企业等单位的内部网络与外界网络的边界，限制着外界用户对内部网络的访问以及管理内部用户访问外界网络的权限。

防火墙是一种必不可少的安全增强点，它将不可信任的外部网络同可信任的内部网络隔离开。防火墙筛选两个网络间所有的连接，决定哪些传输应该被允许，而哪些应该被禁止，这取决于网络制定的某一形式的安全策略。

防火墙是在内部网络和外部网络之间实施安全防范的系统。可以认为它是一种访问控制机制，用于确定哪些内部服务对外部开放，以及允许哪些外部服务对内部开放。它可以根据网络传输的类型决定 IP 包是否可以进出企业网、防止非授权用户访问企业内部、允许使用授权机器的用户远程访问企业内部、管理企业内部人员对 Internet 的访问。

防火墙通过逐一审查收到的数据包，判断它是否有相匹配的过滤规则，即按规则的先后顺序以及每条规则的条件逐项进行比较，直到满足某一条规则的条件，并做出规定的动作（中止或向前转发），从而保护网络的安全。

防火墙主要提供以下 4 种服务。

（1）服务控制：确定可以访问的网络服务类型。

（2）方向控制：特定服务的方向流控制。

（3）用户控制：内部用户、外部用户所需的某种形式的认证机制。

（4）行为控制：控制如何使用某种特定的服务。

防火墙有个人防火墙与网络防火墙两大类，前者用于个人用户的PC，通常由软件实现，后者则用于保护一个内部网络，可以用软件实现，但通常是专门的硬件设备。绝大多数硬件防火墙都具有路由器的功能，可以作为路由器使用，配置方法也与路由器等网络设备类似。不同防火墙的功能差别很大，好的防火墙不仅可以过滤病毒，还可以对BT等常见P2P软件限制下载速度。

防火墙不是万能的，某些精心设计的攻击能够躲过防火墙的过滤，进入内部网络。另外，有统计数据指出，攻击很多来自内部网络，在某些单位甚至超过了来自外部网络的攻击，所以使用防火墙并不就意味着万无一失。

## 二、防火墙的类型

### （一）包过滤防火墙

包是网络上信息流动的基本单位，它由数据负载和协议头两部分组成。包过滤作为最早、最简单的防火墙技术，正是基于协议头的内容进行过滤的，它通过将每一个输入/输出包中发现的信息同访问控制规则相比较来决定阻塞或放行包。通过检查数据流中每一个数据包的源地址、目的地址、所用端口号、协议状态等因素，或它们的组合来确定是否允许该数据包通过。一般的路由器就可充当包过滤防火墙。

包过滤路由器与门卫有些相似，当装载包的运输卡车到达时，“包过滤门卫”快速地查看卡车的标识信息以确保它是正确的，接着卡车就被允许通过关卡传递包，门卫并不查看包中的内容。虽然这种方法比没有关卡更安全，但它还是比较容易通过，并且会使整个内部网络暴露于危险之中。

包过滤防火墙是最快的防火墙，这是因为它们的操作处于网络层与运输层，并且只是粗略地检查。例如，HTTP通常为Web服务连接使用80号端口，如果公司的安全策略允许内部职员访问外部网站，包过滤防火墙可能设置允许所有的连接通过80号端口。但这样可能会造成实质上的安全危机，包过滤防火墙只能假设来自80号端口的传输通常是标准的Web服务连接，但它并不知道应用层中的数据到底是什么。任何意识到这一缺陷的人都可以在80号端口传输任意数据，而不会被阻塞。

另外，因为端点之间可以通过防火墙建立直接连接，所以一旦防火墙允许某一连接，就会允许外部计算机直接连接到防火墙后的目标，从而潜在地暴露了内部网络，使之容易遭到攻击。

（二）应用代理防火墙

在包过滤防火墙出现后不久，许多安全专家开始寻找更好的防火墙安全机制。他们相信真正可靠的安全防火墙应该禁止所有通过防火墙的直接连接——在协议栈的最高层检验所有的输入数据。由此产生了应用代理防火墙。应用代理防火墙提供了十分先进的安全控制机制，它在协议栈的最高层（应用层）检查每一个包，能够看到所有的数据，从而实现各种安全策略。例如，这种防火墙很容易识别重要的应用程序命令，像 FTP 的 put 上传请求和 get 下载请求，同时还能够看到传输文件的内容。

应用代理防火墙也具有内建代理功能的特性，即在防火墙处终止连接并初始化一条新的连接（通常是 TCP 连接），这样就有了内部连接与外部连接两条连接。这一内建代理机制提供额外的安全，这是因为它将内部和外部系统隔离开来，从外面只看到应用代理防火墙，而看不到任何内部资源，而且应用代理防火墙只允许被代理的服务通过。这使得系统外部的黑客要探测防火墙内部系统变得更加困难。

考虑前面安全门卫的类比，和仅查看卡车的信息不同，“应用代理安全门卫”打开每个包并检查其中的所有内容。如果每个包都通过了这种细致的检查，那么门卫就会将包卸下，并装上新的卡车，由新的司机运送至接收用户，原来的卡车及司机不能进入。这种安全检查不仅更可靠，而且司机看不到内部网络。尽管这些额外的安全机制将花费更多处理时间，但可疑行为绝不会被允许通过“应用代理安全门卫”。

应用代理防火墙安全性高，可以过滤多种协议，通常认为它是最安全的防火墙类型。其不足主要是不能完全透明地支持各种服务与应用，同时一种代理只提供一种服务。另外需要消耗大量的 CPU 资源，导致性能较低。

（三）电路级网关防火墙

电路级网关防火墙起一定的代理服务作用，它监视两台主机建立连接时的握手信息，从而判断该会话请求是否合法。一旦会话连接有效，该网关仅复制、传递数据。它在 IP 层代理各种高层会话，具有隐藏内部网络信息的能力，且透明性高。但由于其对会话建立后所传输的具体内容不再做进一步的分析，因此安全性稍低。

电路级网关不允许进行端点到端点的 TCP 连接，而是建立两个 TCP 连接。一个在网关和内部主机的 TCP 用户程序之间，另一个在网关和外部主机的 TCP 用户程序之间。一旦建立两个连接，网关通常就只是把 TCP 数据包从一个连接转送到另一个连接中去而不检验其中的内容。其安全功能就是确定哪些连接是允许的。

电路级网关防火墙介于包过滤防火墙与应用代理防火墙之间，它同包过滤防火墙一样，都是依靠特定的逻辑来判断是否允许数据包通过，但并不检测包中的内容；它又同应用代理防火墙一样，不允许内外计算机建立直接的连接。

（四）状态检测防火墙

为了克服基本包过滤模式所带有的明显安全问题，一些包过滤防火墙厂商提出了所谓的状态检测概念。上面提到的包过滤技术只是简单地查看每一个单一的输入包信息，而状态检测模式则增加了更多的包和包之间的安全上下文检查，以达到与应用代理防火墙相类似的安全性能。状态检测防火墙在网络层拦截输入包,并利用足够的状态信息做出决策（通过对高层的信息进行某种形式的逻辑或数学运算）。

状态检测防火墙的具体机制是查看完前面的包后，把它记在状态信息库中，并与后面的包建立联系，来确定对后面的包采取的动作。例如，状态检测防火墙可以实现这样的功能：只有在内部网中的计算机 A 向因特网上的计算机 B 发送 UDP 报文段后，才允许 B 向 A 发送的 UDP 报文段进入内部网。而包过滤防火墙无法实现这样的功能。

状态检测防火墙可以抵御 SYN 洪水攻击，如果接收到的 TCP 第一次握手数据速率超过设定值，就阻止 TCP 第一次握手数据通过。状态检测防火墙还可以抵御 TCP 端口扫描，如果发现某个 IP 地址向另一 IP 地址的多个不同端口发送 TCP 报文段的速率超过设定值，就阻止来自该 IP 地址的 TCP 报文段。

状态检测防火墙工作在协议栈的较低层，通过防火墙的所有数据包都在网络层与运输层处理，不需要应用层来处理任何数据包，因此减少了开销，也大大提高了执行效率。另外，一旦一个连接在防火墙中建立起来，就不用再对该连接进行更多的处理，系统就可以去处理其他连接，执行效率可以得到进一步的提高。

尽管状态检测防火墙显著地增强了简单包过滤防火墙的安全性，但它仍然不能提供与应用代理防火墙相似的安全性。这是因为应用代理防火墙对应用层内容有足够的能见度，从而可以准确地知道它的意图，而状态检测防火墙必须在没有这些信息的情况下做出安全决策。

## 三、防火墙基本技术

包过滤技术与应用代理技术是防火墙中最重要的基本技术，下面加以介绍。

（一）包过滤技术

包过滤防火墙是最原始的防火墙，现在的绝大多数路由器都具有包过滤功能，因此路由器就可以作为包过滤防火墙。使用包过滤防火墙前要制订规则，这些规则说明什么样的数据能够通过，什么样的数据禁止通过，多条规则组成一个访问控制列表（ACL）。对所有数据，防火墙都要检查它与 ACL 中的规则是否匹配。在确定过滤规则之前，需要做如下决定。

（1）打算提供何种网络服务，并以何种方向（从内部网络到外部网络，或者从外部网络到内部网络）提供这种服务。

（2）是否限制内部主机与因特网进行连接。

（3）因特网上是否存在某些可信任主机，它们需要以什么形式访问内部网。

包过滤防火墙根据每个包头部的信息来决定是否要将包继续传输，从而增强安全性。对于不同的包过滤防火墙，用来生成规则进行过滤的包头部信息不完全相同，但通常都包括以下信息。

（1）接口和方向：包是流入还是离开网络，这些包通过哪个接口。

（2）源和目的 IP 地址：检查包从何而来（源 IP 地址）、发往何处（目的 IP 地址）。

（3）IP 选项：检查所有选项字段，特别是要阻止源路由选项。

（4）高层协议：使用 IP 包的上层协议类型，例如 TCP 或 UDP。

（5）TCP 包的 ACK 位检查：这一字段可帮助确定是否有及以何种方向建立连接。

（6）ICMP 的报文类型：可以阻止某些刺探网络信息的企图。

（7）TCP 和 UDP 包的源和目的端口：此信息帮助确定正在使用的是哪些服务。

创建包过滤防火墙的过滤规则时，要注意以下重要事项。

（1）在规则中要使用 IP 地址，而不要使用主机名或域名。虽然进行 IP 地址欺骗和域名欺骗都不是非常难的事，但在很多攻击中，IP 地址欺骗常常是不容易做到的，因为黑客想要真正得到响应并非易事。然而只要黑客能够访问 DNS 数据库，进行域名欺骗就是很容易的事。这时，域名看起来是真实的，但它对应的 IP 地址却是另一个虚假的地址。

（2）不要回应所有从外部网络接口来的 ICMP 数据，因为它们很可能给黑客暴露信息，特别是哪种包可以流入网络，哪种包不可以流入网络的信息。响应某些 ICMP 数据可能等于告诉黑客，在某个地方确实有一个包过滤防火墙在工作。在这种情况下，对黑客来说有信息总比没有好。防火墙的主要功能之一就是隐藏内部网络的信息。黑客通过对信息的筛选处理，可以发现什么服务不在运行，而最终发现什么服务在运行。如果不响应

ICMP 数据，就可以限制黑客得到可用的信息。

（3）要丢弃所有从外部进入而其源 IP 地址是内部网络的包。这很可能是有人试图利用这些包进行 IP 地址欺骗，以达到通过网络安全关口的目的。

（4）防火墙顺序使用 ACL 中的规则，只要有一条规则匹配，就采取规则中规定的动作，后面的规则就不再使用。所以，规则的顺序非常重要，错误的顺序可能使网络不能正常工作，或可能导致严重的安全问题。

**1. 用于包过滤的 IP 头信息**

通常，包过滤防火墙只根据包的头部信息来操作。由于在每个包里有多个不同的协议头，所以需要检查那些对包过滤非常重要的协议头。但大多数包过滤防火墙不使用以太网帧的头部信息，帧里的源物理地址和其他信息没有太大用处，因为源物理地址一般是包通过因特网的最近一个路由器的物理地址。

**2. 用于包过滤的 TCP 头信息**

TCP 是因特网服务使用最普遍的协议，例如，Telnet、FTP、SMTP 和 HTTP 都是以 TCP 为基础的服务。TCP 提供端点之间可靠的双向连接。进行 TCP 传输就像打电话一样，必须先建立连接，之后才能和被叫的用户建立可靠的连接。

主要过滤以下几种 TCP 的头部信息。

（1）端口号。有时仅仅依靠 IP 地址进行数据过滤是不可行的，因为目标主机上往往运行多种网络服务。如果仅仅基于包的源或目的地址来拒绝和允许该包，就会造成要么允许全部连接，要么拒绝全部连接的后果，而端口号可帮助我们有选择地拒绝或允许个别服务。例如，我们不想让用户采用 Telnet 的方式连接到系统，但这不等于同时禁止用户访问同一台计算机上的 WWW 服务。所以，在 IP 地址之外我们还要对 TCP 端口进行过滤。

（2）SYN 位。在 TCP 协议头中，有一个控制比特位：SYN。在三次握手建立连接的前两次握手期间，该位要置 1。SYN 洪水是一种拒绝服务攻击，黑客不断发送 SYN 位已经置 1 的包，这样目标主机就要浪费宝贵的 CPU 周期建立连接，并且分配内存。检查 SYN 位虽然不可能过滤所有 SYN 位已经置 1 的包，但是可以监视日志文件，发现不断发送这类包的主机以便让其不能通过防火墙。

这种过滤机制只适用于 TCP 协议，对 UDP 包而言就无效了，因为 UDP 包没有 SYN 位。

（3）ACK 位。TCP 是一种可靠的通信协议，采用滑动窗口实现流量控制，每个发送出去的包必须获得一个确认，在响应包中，ACK 位置 1 就表示确认号有效。在包过滤防火墙中，通过检查这一位以及通信的方向，可以只允许建立某个方向的连接。

3. UDP 包的过滤

现在回过头来看看怎么解决 UDP 问题。UDP 包没有 SYN 位与 ACK 位，所以不能据此过滤。UDP 是发出去就不管的“不可靠”通信，这种类型的服务通常用于广播、路由、多媒体等广播形式的通信任务。有一个最简单的可行办法，防火墙设置为只转发来自内部接口的 UDP 包外出，来自外部接口的 UDP 包则禁止进入内部网络。但这显然不太合理，因为绝大多数应用都是双向通信。

状态检测防火墙可以通过“记忆”出站的 UDP 包来解决这个问题：如果入站 UDP 包匹配最近出站 UDP 包的地址和端口号就让它进来；如果在内存中找不到匹配的出站信息就拒绝它。

与 TCP 类似，UDP 包中的端口号也是很好的过滤依据。

4. ICMP 包的过滤

TCP/IP 协议族使用网际控制报文协议（Internet Control Message Protocol，ICMP）在双方之间发送控制和管理信息。例如，有一种 ICMP 报文称为源抑制报文，计算机发送这种报文告诉连接的发送方停止发送包。这样可以进行数据流控制，从而连接的接收端不会因不堪重负而丢包。数据过滤中很有可能不需要阻止该报文，因为源抑制报文很重要。重定向报文用于告诉主机或路由器使用其他的路径到达目的地，利用这类报文，黑客可以向路由器发送错误数据来搅乱路由表。

ICMP 数据很有用，但也很有可能被利用收集网络的有关信息，我们必须区别对待。

防火墙的一个重要功能就是让外部得不到网络内部主机的信息。为做到这一点，需要阻止以下几种报文类型。

（1）流入的 echo 请求和流出的 echo 响应——允许内部用户使用 ping 命令测试外部主机的连通性，但不允许相反方向的类似报文。

（2）流入的重定向报文——这些信息可以用来重新配置网络的路由表。

（3）流出的目的不可到达报文和流出的服务不可用报文——不允许任何人刺探网络。通过找出那些不可到达或不可提供的服务，黑客就更加容易锁定攻击目标。

5. 包过滤防火墙的优缺点

包过滤防火墙是最简单的一种防火墙，与应用代理防火墙相比较，包过滤防火墙有其优缺点。以下是包过滤防火墙的一些优点。

（1）包过滤是“免费的”，如果已经有了路由器，它很可能支持包过滤。在小型局域网内，单个路由器用作包过滤防火墙就足够了。

（2）理论上只需要在局域网连接到因特网或外部网的地方设置一个过滤器，这里是网络的一个扼流点。

（3）使用包过滤防火墙，不需要专门培训用户或使用专门的客户端和服务器程序。包过滤防火墙会为网络用户透明地完成各种工作。

当然，包过滤防火墙也有不足之处。

（1）使路由器难以配置，特别是使用大量规则进行复杂配置的时候。在这种情况下容易出错，并且很难进行完全的测试。

（2）当包过滤防火墙出现故障，或者配置不正确的时候，对网络产生的危害比应用代理防火墙大得多。当路由器的过滤规则没有正确配置时，会允许不该通过的包通过，当代理应用程序出现故障时，不直接让包通过。代理的故障对连接会产生安全漏洞。

（3）包过滤防火墙只对少量数据，如 IP 包的头部信息进行过滤。由于仅使用这些信息来决定是否让包通过防火墙，所以包过滤防火墙的工作限制在它力所能及的范围之内。状态检测技术改进了这一点，但对于一个完整的防火墙解决方案，除了考虑仍然使用包过滤防火墙之外，还需考虑使用应用代理防火墙。

（4）很多具有包过滤功能的防火墙缺少健壮的日志功能，因此当系统被渗入或被攻击时，很难得到大量有用的信息。

### （二）应用代理技术

#### 1. 应用代理技术原理

包过滤防火墙工作在网络层与传输层，通过检查 IP 和其他协议的头部信息来实现过滤，而应用代理防火墙工作在应用层，它能提供多种服务。网络中所有的包必须经过应用代理防火墙来建立一个特别的连接，因而应用代理防火墙提供了客户和服务器之间的通路。

在我们上网的时候，经常使用一类特殊的服务器，叫作代理服务器，简称代理，其就是代替用户去完成某些功能，形象地说，它是网络信息的中转站。一般情况下，当使用浏览器访问某网站时，请求直接由浏览器发给网站服务器，网站服务器则把响应直接返回给浏览器；当使用代理服务器时，浏览器把请求发给代理服务器，代理服务器再转发给网站服务器，返回响应时，也是经代理服务器中转才到达浏览器。

除浏览器外，其他很多软件，如 QQ 等都可以使用代理服务器。代理服务器既可以是专门的网络设备，也可以是一台计算机，只不过计算机要安装专门的代理服务器软件。

如果代理服务器在代替用户访问目的服务器的过程中，能够检查应用层的数据，并执行一些操作，就成为应用代理防火墙。应用代理防火墙既可以是专门的硬件防火墙，也可以是一台安装了代理服务器软件的计算机。

包过滤防火墙和应用代理防火墙的主要区别就是，应用代理防火墙能够理解各种高层应用。包过滤防火墙只能基于包头部中的有限信息，通过编程来决定通过或者丢弃网络包；应用代理防火墙是与特定的应用服务相关，它根据用户想要执行的功能，编程决定是允许或者拒绝对一个服务器的访问。例如，一个想要浏览某个 Web 页面的用户从工作站向因特网中的该页面发出一个请求，因为用户的浏览器被设置为向应用代理防火墙发送 HTTP 请求，因此这个请求不会直接传送到实际的 Web 服务器，而是传送到应用代理防火墙，再由应用代理防火墙向 Web 服务器发送请求。

实际上，应用代理防火墙从它连接到本地网络的网络适配器上接收请求，然而它并不将包含该请求的 IP 包路由（或者转发）到因特网中实际的目标服务器上。运行于应用代理防火墙中的代理应用程序根据一系列被管理员确认的规则来决定是否允许该请求。如果允许，应用代理防火墙就生成一个对该页面的请求，并使用其他的（连接到因特网上的）网络适配器地址作为请求的源地址。当因特网上的 Web 服务器接收到该请求后，它只能认为应用代理防火墙是请求该页面的客户，然后它就将数据发送回应用代理防火墙。

当应用代理防火墙接收到所请求的 Web 页面后，它并不是将这个 IP 包发往最初的请求客户，而是对返回的数据进行一些管理员所设置的安全检查。如果通过了检查，应用代理防火墙就用它的本地网络适配器地址作为源地址创建一个新的 IP 包，将页面数据发送给客户。

由此可见，客户与目标服务器间没有直接的 IP 包通信，也没有建立直接的 TCP 连接。这并不是使用应用代理防火墙的唯一好处，它还可以针对请求类型执行某些检查，并检查返回数据的内容。另外，根据设置的一系列规则，可以让应用代理防火墙接受或拒绝某些数据。

对于允许客户通过防火墙访问的每一种网络服务，可能都需要一个独立的应用代理防火墙应用程序。标准的代理应用程序对于典型的 TCP/IP 应用，例如 FTP、Telnet 以及像 HTTP 这样流行的服务已经足够。不过对于那些新的服务或者很少使用的服务，可能找不到代理软件。

应用代理防火墙的工作是双向的。可以使用应用代理防火墙来控制网络内部哪些用户可以建立因特网请求，也可以用它来决定哪些外部客户或者主机可以向内部网络发送服务请求。在这两种情况下，这两个网络之间都没有直接的 IP 包通过。

**2. 内容屏蔽和阻塞**

屏蔽因特网访问是近年来一个很热门的话题，它允许管理员阻塞内部网络的用户对某些站点的访问。一些产品允许详细指明要阻塞的网站，而另一些产品阻塞网络通信的内容，可以设置要阻塞的词语或者数据。毕竟，对于一个商业网络来说，老板可能希望员工将时间花在工作上，而不是让员工欣赏“有意思”的站点。

因为应用代理防火墙位于客户和提供网络服务的服务器之间，所以有很多方法来进行内容屏蔽或阻塞。

（1）URL 地址阻塞。可以指定哪些 URL 地址会被阻塞（或者允许访问）。这种方法的缺点是因特网中的 URL 地址会经常改变，每天都有成千上万的页面被添加进来，让一个繁忙的管理员审查所有新页面是不可能的。

（2）类别阻塞。这种方法可以指定阻塞含有某种内容的数据包。例如，含有不良内容或者暴力内容的数据包，或是包括木马或病毒的数据包。

（3）嵌入的内容。一些代理软件应用程序能够设置为阻塞 Java、ActiveX 控件，或者其他嵌入在 Web 请求的响应里的对象。这些对象可以在本地计算机上运行应用程序，因此可能会被黑客利用来获得访问权限。

应用代理防火墙并不是完美的，它不应该是阻塞某些数据流入内部网络的唯一方法。尽管可以列出一长串的 URL 地址来阻塞用户的访问，但是有经验的用户可以在 HTTP 请求中不使用主机名，而是直接使用网站服务器的 IP 地址来通过这一检查。更有趣的是，IP 地址并不一定要写成点分十进制记法。一个 IP 地址实际上是一个 32 bit 的数字，点分十进制记法只是一种通常的简便记法。

**3. 日志和报警措施**

应用代理防火墙一个不可忽视的重要功能就是能够记录用户的各种行为信息。在事先可预测的条件下，一些行为还可以设置为触发一个警报，例如一封发送给管理员的 E-mail；一条在控制台上弹出的消息。应用代理防火墙通常比其他类型的防火墙提供更多的记录信息，因为应用代理防火墙能理解用户使用的服务和应用层协议，能得到更多的协议信息。

审查日志是审查任何一个系统的重要组成部分，所以一定要尽可能多地记录各种事件，仔细观察记录的数据，力争从中发现不正常的现象。

**4. 应用代理防火墙的优缺点**

应用代理防火墙只是好的防火墙系统中的一个组件。就像包过滤防火墙有其优缺点一样，应用代理防火墙也有其优缺点。如果将两者结合起来，就能解决更多的安全问题，更好地保护内部网络。使用应用代理防火墙可以得到如下的好处。

（1）隐藏受保护网络中计算机的网络信息，如内部网络中的 IP 地址，因为外部计算机只能看到应用代理防火墙的 IP 地址。

（2）应用代理防火墙是能够对受保护网络和因特网之间的网络服务进行控制的唯一点。即使应用代理防火墙瘫痪，也只是会使网络不通，而不会使非法数据进出内部网络。

（3）应用代理防火墙可以被设置为记录所提供的服务的相关信息，并且对可疑活动和未授权的访问进行报警。

（4）应用代理防火墙可以筛选返回数据的内容，并阻塞对某些站点的访问。它们也能够阻塞包含已知病毒和其他可疑对象的包。

应用代理防火墙的缺点主要包括以下几点。

（1）尽管应用代理防火墙提供了进行访问控制的唯一点，但它也是导致整个系统瘫痪的唯一点。

（2）每一个网络服务都需要它自己的代理服务程序，即 HTTP 协议需要一个代理程序，而 FTP 协议需要另一个代理程序。虽然存在一样的解决方案，但是它没有提供与应用代理防火墙相同级别的安全性。

（3）在客户使用应用代理防火墙之前可能需要被修改或者重新配置。

也有一些应用代理防火墙不需要客户做任何设置。应用代理防火墙作为内部网络与外部网络的唯一出入口，会截获经过它的所有数据，自动进行中转。这叫作透明代理，因为客户根本感觉不到它的存在。

## 第二节　计算机信息安全管理中的病毒防治

### 一、计算机病毒概述

#### （一）计算机病毒的定义

计算机病毒是一种特殊的计算机程序，它具有与生物学病毒相类似的特征，具有独特的复制能力，可以很快蔓延，又常常难以根除。它们能把自身附着在各种类型的文件上，当文件被复制或从一个用户传送到另一个用户时，它们就随同文件一起蔓延。

随着计算机病毒的不断发展，人们对它有了更清楚的认识。有人认为计算机病毒寄生于磁盘、光盘等存储介质当中，并通过这些存储介质传染到其他的程序中。有人认为计算机病毒是能够自身复制的具有潜在性、传染性和破坏性的程序。还有人认为病毒是在某种条件成熟的时候才会发生，使计算机的资源受到破坏等。

计算机病毒，是指编制或者在计算机程序中插入的破坏计算机功能或者毁坏数据、影响计算机使用，并能自我复制的一组计算机指令或者程序代码。

（二）计算机病毒的危害

随着计算机网络的不断发展，病毒的种类也是越来越多，如果没有为系统加上安全防范措施，那么计算机病毒可能会破坏系统的数据甚至导致系统瘫痪。归纳起来，计算机病毒的危害大致有如下几个方面。

（1）破坏磁盘文件分配表，使磁盘的信息丢失。这时使用 DIR 命令查看文件，就会发现文件还在，但是文件的主体已经失去联系，文件已经无法再使用。

（2）删除软盘或磁盘上的可执行文件或数据文件，使文件丢失。

（3）修改或破坏文件中的数据，这时文件的格式是正常的，但是内容发生了变化。这对于军事或金融系统的破坏是致命的。

（4）产生垃圾文件，占据磁盘空间，使磁盘空间逐渐减少。

（5）破坏硬盘的主引导扇区，使计算机无法启动。

（6）对整个磁盘或磁盘的特定扇区进行格式化，使磁盘中的全部或部分信息丢失。

（7）破坏计算机主板上的 BIOS 内容，使计算机无法正常工作。

（8）破坏网络中的资源。

（9）占用 CPU 运行时间，使运行效率降低。

（10）破坏屏幕正常显示，干扰用户的操作。

（11）破坏键盘的输入程序，使用户的正常输入出现错误。

（12）破坏系统设置或对系统信息加密，使用户系统工作紊乱。

（三）计算机病毒的特征

计算机病毒是一种特殊的程序，除与其他正常程序一样可以存储和执行之外，还具有传染性、潜伏性、破坏性、触发性等多种特征。

**1. 传染性**

计算机病毒的传染性是计算机病毒的再生机制，即病毒具有把自身复制到其他程序中的特性。带有病毒的程序一旦运行，那些病毒代码就成为活动的程序，它会搜寻符合其传染条件的程序或存储介质，确定目标后再将自身代码插入其中，与系统中的程序连接在一起，达到自我繁殖的目的。被感染的程序有可能被运行，并再次感染其他程序，特别是系统命令程序。被感染的软盘、移动硬盘等存储介质被移到其他的计算机中，或者是通过计算机网络，只要有一台计算机感染，若不及时处理，病毒就会迅速扩散。正常的程序一般是不会将自身的代码强行连接到其他程序之上的，而病毒却能使自身的代码强行传染到一切符合其传染条件的程序之上，有些病毒甚至会对一个程序进行多次传染。可以说，传染性是病毒的根本属性，也是判断一个程序是否被病毒感染的主要依据。

**2. 潜伏性**

计算机病毒的潜伏性是指计算机感染病毒后并非马上发作，而是要潜伏一段时间。从病毒感染某个计算机系统开始到该病毒发作为止的这段时期，称为病毒的潜伏期。不同病毒的潜伏性差异很大。有的病毒非常外露，每次病毒程序运行的时候都企图进行感染，但是这种病毒的编制技巧比较粗糙，易被人发现，因此它往往以较高的感染率来换取较短的生命周期；有的病毒却不容易被发现，它通过降低感染发作的频率来隐蔽自己，侵入系统后不露声色，看上去像是利用偶然的机会进行感染，以获得较大的感染范围。与外露型病毒相比，这种隐蔽型的病毒更加可怕。这些病毒在平时隐藏得很好，只有在发作日才会露出本来的面目。

**3. 破坏性**

破坏性是计算机病毒的最终表现，只要它侵入计算机系统，就会对系统及应用程序产生不同程度的影响。由于病毒就是一种计算机程序，程序能够实现对计算机的所有控制，所以病毒也一样可以做到，其破坏程度的大小完全取决于该病毒编制者的意愿。良性病毒可能只显示提示信息或出点声音等，或者不做任何破坏性的工作，但会占用系统资源，从而降低计算机的工作效率，使系统运行变慢甚至死机。恶性病毒则可以修改系统的配置信息、删除数据、破坏硬盘分区表、引导记录等，甚至格式化磁盘、导致系统崩溃，对数据造成不可挽回的破坏。

**4. 隐蔽性**

计算机病毒为了隐藏，会将病毒代码设计得非常短小精悍，一般只有几百个字节或1 KB大小，所以病毒瞬间就可将短短的代码附加到正常程序中或磁盘中较隐蔽的地方，使人不易察觉。其设计微小的目的也是尽量使病毒代码与受传染的文件或程序融合在一起，具有正常程序的一切特性，隐藏在正常程序中，在不经过特殊代码分析的情况下，病毒程序与正常程序是不易区别开来的。通常在没有预防措施的情况下，病毒程序取得系统控制权后，可以在很短的时间里传染大量程序。而且受到传染后，计算机系统仍能正常运行，使用户不会感到任何异样。正是由于计算机病毒这种不露声色的特点，使得它可以在用户没有丝毫察觉的情况下扩散到上百万台计算机中。

一个编制巧妙的计算机病毒程序，可以在几周、几个月甚至几年内都隐藏在程序中，并不断地对其他系统进行传染，而不易被人发觉。病毒的潜伏性越好，在系统中存在的时间就会越长，传染范围也就会越大。

5. 触发性

计算机病毒因某个事件的出现进行感染或破坏，称为病毒的触发。病毒为了隐蔽自己，通常会潜伏下来，少做动作，但是如果完全不动，也就失去了自身的意义，因此病毒为了既隐蔽自己又保持杀伤力，就必须给自己设置合理的触发条件。每个病毒都有自己的触发条件，这些条件可能是时间、日期、文件类型或某些特定的数据。如果满足了这些条件，病毒就进行感染或破坏；如果还没有满足条件，就继续潜伏。

6. 衍生性

衍生性表现为两个方面：一方面，有些计算机病毒本身在传染过程中会通过一套变换机制，产生出许多与原代码不同的病毒；另一方面，有些恶作剧者或恶意攻击者人为地修改病毒的源代码。这两种方式都有可能产生不同于原病毒代码的病毒——变种病毒，使人们防不胜防。

7. 寄生性

寄生性是指病毒对其他文件或系统进行一系列非法操作，使其带有这种病毒，并成为一个新的传染源的过程。这也是病毒的最基本特征。

8. 持久性

持久性是指计算机病毒被发现以后，数据和程序的恢复都非常困难。特别是在网络操作的情况下，病毒程序由一个受感染的程序通过网络反复传播，这样就使得病毒的清除非常麻烦。

## 二、计算机病毒的分类

### （一）按照病毒的传染途径分类

按传染途径可划分为引导型病毒、文件型病毒和混合型病毒。

1. 引导型病毒

引导型病毒的感染对象是计算机存储介质的引导扇区。病毒将自身的全部或部分程序取代正常的引导记录，而将正常的引导记录隐藏在介质的其他存储空间中。由于引导扇区是计算机系统正常工作的先决条件，所以此类病毒会在计算机操作启动之前就获得系统的控制权，因此其传染性较强。此类病毒主要是通过软盘在DOS操作系统里传播。引导型病毒首先感染软盘中的引导区，并蔓延到用户硬盘，然后传播到硬盘中的主引导记录（Master Boot Record，MBR）。一旦MBR或硬盘中的引导区被病毒感染，病毒就会试图感染每一个插入该计算机的软盘的引导区，从而使自身得以传播。

由于病毒一般隐藏在软盘的第一扇区，所以它可以在系统文件装入内存之前先进入内存，从而获得对DOS的完全控制，这就使它得以传播并造成危害。这些病毒常常用它们的程序内容来替代MBR或DOS引导区中的源程序，又移动扇区到软盘的其他存储区域。清除引导区病毒时，可以用一个没有被病毒感染的系统软盘来启动计算机。

2. **文件型病毒**

文件型病毒通常感染带有.com、.exe、.drv、.ovl、.sys等扩展名的可执行文件。它们在每次激活时，感染文件把自身复制到其他可执行的文件中，并能在内存中保存很长的时间，直到病毒被激活。当用户调用感染了病毒的可执行文件时，病毒首先被运行，然后病毒驻留在内存中以等待或直接感染其他文件。这种病毒的特点是依附于正常文件中，成为程序文件的一个外壳或部件，如宏病毒等。

文件型病毒的种类比较多，多数病毒也是活动在DOS和Windows系统的平台上。

3. **混合型病毒**

混合型病毒兼有引导型病毒和文件型病毒的特点，既感染引导区又感染文件，因此这种病毒的传染途径扩大了。这种病毒通常都具有复杂的算法，使用非常规的办法入侵系统，同时使用加密和变形的算法，其破坏力比前两种病毒更大，而且也难以根除。

（二）按照病毒的传播媒介分类

按照计算机病毒的传播媒介来划分，可以分为单机病毒和网络病毒。

1. **单机病毒**

单机病毒就是DOS病毒、Windows病毒和能在多操作系统下运行的宏病毒。单机病毒常用的传播媒介是磁盘，通常病毒是从软盘传入硬盘，再感染操作系统，接着传染给其他的软盘，最后软盘又传染给其他的操作系统，循环往复，使病毒得以传播。

DOS病毒就是在MS-DOS及其兼容系统上编写的病毒程序，例如“黑色星期五”病毒。它运行在DOS平台上，但是由于Win3.x/Win9x含有DOS的内核，所以这类病毒仍然会感染Windows操作系统。

Windows病毒是在Win3.x/Win9x上编写的纯32位病毒程序，例如1999年4月26日爆发的CIH病毒等，这类病毒只感染Windows操作系统，发作时破坏硬盘引导区、感染系统文件和破坏用户资料等。

**2. 网络病毒**

网络病毒是通过计算机网络来传播感染网络中的可执行文件，这种病毒的传播媒介不再是软盘、光盘和移动硬盘等存储介质，而是通过计算机网络或邮件等进行传播。此种病毒具有传播速度快、危害性大、变种多、难以控制、难以根治等特点。利用网络传播的病毒，一旦在网络中传播、蔓延，就很难控制，往往是防不胜防。由网络病毒所带来的灾难也是举不胜举。有的造成网络拥塞，甚至瘫痪；有的造成数据丢失；还有的造成计算机内存储的机密信息被窃等。

（三）按照病毒的表现性质分类

按照病毒的表现性质可分为良性病毒和恶性病毒。

**1. 良性病毒**

良性病毒是指那些仅想表现自己，而不想破坏计算机系统资源的病毒。这些病毒多是出自一些恶作剧人之手，病毒发作时常常是在屏幕上出现提示信息或者是发出声音等，病毒的编写者不是为了对计算机系统进行恶意的攻击，仅仅是为了显示他们在计算机编程方面的技巧和才华。尽管它不会对系统造成巨大的损失，但是它也会占用一定的系统资源，从而干扰计算机系统的正常运行，如小球病毒、巴基斯坦病毒等。因此，这种病毒也有必要引起人们的注意。

**2. 恶性病毒**

恶性病毒就像是计算机系统的恶性肿瘤，它们的目的就是为了破坏计算机系统的资源。常见的恶性病毒的破坏行为就是删除计算机中的数据与文件，甚至还会格式化磁盘；有的不是删除文件，而是让磁盘乱作一团，表面上看不出有什么破坏痕迹，其实原来的数据和文件都已经改变了；甚至还有更严重的破坏行为。例如CIH病毒，它不仅破坏计算机系统的资源，甚至还擦除主板BIOS，造成主板损坏。如黑色星期五病毒、磁盘杀手病毒等，这种病毒的破坏力和杀伤力都很大，人们一定要做好预防工作。

（四）按照病毒的破坏能力分类

按病毒的破坏能力可以划分为无害型病毒、无危险型病毒、危险型病毒和非常危险型病毒。

**1. 无害型病毒**

无害型病毒仅仅是占用磁盘的可用空间，没有其他的破坏行为。

2. 无危险型病毒

无危险型病毒通常会占用内存空间，在屏幕上显示提示信息、图像或者是发出声音等。

3. 危险型病毒

危险型病毒通常会使系统的操作出现严重的错误。

4. 非常危险型病毒

非常危险型病毒通常会删除数据或文件，清除操作系统中的重要信息。这类病毒会对操作系统造成巨大的损失，因此一定要严格加以防范。

（五）按照病毒的攻击对象分类

按病毒的攻击对象分为攻击 DOS 的病毒、攻击 Windows 的病毒和攻击网络的病毒。

1. 攻击 DOS 的病毒

在已发现的病毒中，攻击 DOS 的病毒不仅种类最多，数量也是最多的，并且每种病毒都有变种，所以这种病毒传播得最广泛。例如，小球病毒就是国内发现的第一个 DOS 病毒。

2. 攻击 Windows 的病毒

Windows 操作系统从 Windows3.x 到 Windows 98，再到 Windows XP、Windows 7，直到如今的 Windows 11，可以说 Windows 操作系统是大多数人所使用的系统，在人们享受到 Windows 操作系统的简单易用等种种好处的同时，也感受到了各种病毒潜入 Windows 操作系统所带来的痛苦。攻击 Windows 的病毒多种多样，例如 CIH 病毒、宏病毒等。其中感染 Word 的宏病毒最多，Concept 病毒就是世界上首例感染 Word 的宏病毒。

3. 攻击网络的病毒

随着 Internet 的迅猛发展，上网已经成为一种普遍现象。随着网络用户的增加，网络病毒的传播也日益猖獗，病毒造成的危害难以估量，并且难以根除，给人们带来了很大困扰。震网病毒就是世界上第一个专门攻击网络的病毒。

## 三、反病毒技术

（一）计算机病毒的防范

用户在日常使用中，可以通过以下几种措施防范计算机病毒的入侵。

1. 培养日常良好的安全习惯

从小事做起，注意细节。首先，在日常应用中，网络上的下载内容要谨慎处理，尤其是应用程序的下载应该选择可靠的网站；其次，对不熟悉或来历不明的电子邮件及附件不要轻易打开，对邮件附件是安装程序的更要加倍注意，应当直接删除；最后，关闭或者删除操作系统中不需要的服务。

**2. 安装杀毒软件**

计算机内要运行实时的监控软件和防火墙软件。当然，这些软件必须是正版的。目前，国产的个人杀毒软件大多是免费的且提供升级服务，例如金山毒霸、瑞星杀毒软件、360安全软件等杀毒软件。安装杀毒软件后，用户还要注意在日常使用中，应保证杀毒软件的各种防病毒监控始终处于打开状态，及时更新杀毒软件的病毒库。现在的杀毒软件基本上都提供基于云计算技术的杀毒服务，用户可以在联网的状态下使用云端对计算机进行病毒扫描。

**3. 安装操作系统的安全补丁**

如果使用的是 Windows 操作系统，则最好经常到微软网站查看有无最新发布的补丁，以便及时升级，防患于未然。

**4. 隔离处理**

一旦发现计算机感染病毒，或是使用过程中计算机出现异常，应当首先断开网络连接，然后尽快采取有效查杀计算机病毒的方法来清除计算机病毒，最后待病毒处理完成后，再接入网络。这样可以防止计算机受到更多的感染，也防止感染其他的计算机。

**5. 远程文件**

接收远程文件时，不要直接将文件写入硬盘，最好将远程文件先存入 U 盘或其他外接存储设备，然后对其进行杀毒，确认无毒后再复制到硬盘中。

**6. 及时备份，减少共享**

首先，对重要的数据和文件做好备份，最好是设定一个特定的时间，例如每天凌晨12:00，系统自动对当天的数据进行备份；其次，尽量不要共享文件或数据，给计算机病毒留下可乘之机。

当然，上述几点还远远不能防止计算机病毒的攻击，但是做了这些准备，在一定程度上会使系统更安全一些。在这场没有硝烟的战争中，人们一定要做好与计算机病毒抗争到底的准备。

### （二）计算机病毒的检测方法

对于引导型病毒、文件型病毒，检测的原理是一样的，但是由于二者的存储方式不同，其检测方法还是有区别的。

1. 比较法

比较法是使用原始备份与被检测的引导扇区或是被检测的文件进行比较。这种方法简单易行，比较时不需要专业的查杀计算机病毒的程序，使用常规的DOS软件及其他工具软件就可以完成。比较法可以发现没有被明确判断的计算机病毒。使用比较法可以发现文件的异常，如文件的长度有变化，或是虽然文件的长度没有发生变化，但是文件内的程序代码发生了变化。由于要进行比较，因此保留原始备份是非常重要的，制作备份时必须在无计算机病毒的环境里进行，制作好的备份必须妥善保管。

比较法的优点是简单、方便，不需要使用专用软件。缺点是无法确认计算机病毒的种类及名称。另外，造成被检测程序与原始备份之间差别的原因尚需进一步验证，在DOS环境中，突然停电、程序失控、恶意程序都可能造成文件变化，而这些变化并不是由于计算机病毒造成的。另外，当原始备份丢失时，比较法就不起作用了。

2. 加总比对法

根据每个程序的档案名称、大小、时间、日期及内容，加总得到一个检查码，再将检查码放在程序的后面，或是将所有检查码放在同一个数据库中，再利用加总对比系统，追踪并记录每个程序的检查码是否遭篡改，以此判断是否感染了计算机病毒。这种技术可以侦测到各种计算机病毒，但最大的缺点是误判断率高，且无法确认是哪种计算机病毒感染的，对于隐形计算机病毒也作用不明显。

3. 搜索法

搜索法是用每一种计算机病毒体含有的特定字符串对被检测的对象进行扫描。如果在被检测对象内部发现了某一种特定字节串，则表明该字节串包含计算机病毒。计算机病毒扫描软件由两部分组成：一部分是计算机病毒代码库，含有经过特别选定的各种计算机病毒的代码串；另一部分是利用该代码库进行扫描的扫描程序。目前常见的杀毒软件对已知计算机病毒的检测大多采用这种方法。计算机病毒扫描程序能识别的计算机病毒的数目完全取决于计算机病毒代码库内所含计算机病毒的种类有多少。因此，病毒代码库中的计算机病毒代码种类越多，扫描程序能认出的计算机病毒就越多。计算机病毒代码的恰当选取也是非常重要的，如果随意选一段作为代表该计算机病毒的特征代码，那么在不同的环境中，该代码可能并不真正具有代表性，也就不能将该特征代码串所对应的计算机病毒检查出来。

扫描法的缺点也是明显的。第一是扫描费时；第二是合适的特征串选择难度较高；第三是特征库要不断升级；第四是怀有恶意的计算机病毒制造者得到代码库后，易改变计算机病毒体内的代码，生成一个新的变种，使扫描程序失去检测它的能力；第五是容易产生误报，只要在正常程序内扫描到有某种计算机病毒的特征串，即使该代码段已不可能被执行，扫描程序仍会报警；第六是难以识别多变种病毒。但是，基于特征代码串的计算机病毒扫描法仍是目前使用最为普遍的查杀计算机病毒的方法。

**4. 分析法**

这种方法一般是查杀计算机病毒的技术人员使用，使用分析法的工作顺序如下。

（1）确认被观察的磁盘引导扇区和程序中是否含有计算机病毒。

（2）确认计算机病毒的类型和种类，判定其是否是一种新的计算机病毒。

（3）明确计算机病毒体的大致结构，提取特征识别用的字节串或特征串，用于增添到计算机病毒代码库供扫描病毒和识别程序用。

（4）详细分析计算机病毒代码，制定相应的防杀计算机病毒措施。

使用分析法要求具有比较全面的计算机、操作系统和网络等的结构和功能调用以及关于计算机病毒方面的各种知识。使用分析法检测计算机病毒，除了要具有相关的知识外，还需要反汇编工具、二进制文件编辑器等分析用的工具程序和专用的试验计算机。因为即使是熟练的查杀计算机病毒的技术人员，使用性能完善的分析软件，也不能保证在短时间内将计算机病毒代码完全分析清楚。而计算机病毒有可能在分析阶段继续传染甚至发作，把硬盘内的数据完全毁坏掉。这就要求分析工作必须在专门设立的试验计算机上进行，不怕其中的数据被破坏。在不具备条件的情况下，不要轻易开始分析工作，很多计算机病毒都采用了自加密、反跟踪等技术，同时与系统的牵扯层次很深，使得分析计算机病毒的工作变得异常艰辛。计算机病毒检测的分析法是防杀计算机病毒工作中不可缺少的重要技术，任何一个性能优良的查杀计算机病毒系统的研制和开发都离不开专门人员对各种计算机病毒的详尽而认真的分析。

### （三）Windows 病毒防范技术

众所周知，由于 Windows 操作系统界面美观、简单易用，因而被大多数用户所青睐。但是，人们也逐步发现需要为此付出代价，那就是 Windows 操作系统经常会受到各种各样的计算机病毒的攻击。普通用户总是在感染了病毒之后，去想办法清除病毒。其实，如果把系统设置得更加安全一些，不让病毒侵入，应该比在感染了计算机病毒之后再去查杀病毒要省事得多了。下面，就从几个方面来介绍一下如何来提高 Windows 操作系统的安全性。

**1. 升级系统并经常浏览微软的网站去下载最新补丁**

具体操作方法：单击“开始”菜单中的“Windows Update”，就可以直接连接到微软的升级网站，然后按照提示一步步做就可以了。

用户还可以根据需要选择 Windows 安装更新的方法和频率。

用户可以查看已经安装的更新程序，如果更新程序和其他应用软件有冲突或者不兼容，用户可以将其卸载，具体方法为打开“控制面板”，接着打开“程序”→“程序和功能”→“已安装更新”。用户可以查看更新程序，并选择卸载更新程序。

**2. 正确配置 Windows 操作系统**

在安装完 Windows 操作系统以后，一定要对系统进行配置，这对 Windows 操作系统防病毒起着至关重要的作用，正确的配置也可以使 Windows 操作系统免遭病毒的侵害。

（1）正确配置网络。

具体操作：右击“本地连接”，选择“属性”快捷菜单命令，在弹出的对话框中，取消选择“Microsoft 网络的文件和打印机共享”复选框。

（2）正确配置服务。

对于一个网络管理员来说，服务打开的越多可能会带来许多方便，但不一定是一件好事，因为服务也可能是病毒的切入点。所以应该将系统不必要的服务关闭。在 Windows7 系统中的具体操作：打开“控制面板”中的“系统和安全”，再选择“管理工具”一项，然后打开“服务”一项。用户可以查看服务的描述来了解服务内容，并根据自己的使用需求，将相应的不必要的服务设置为禁用即可。

## 第三节 计算机信息安全管理中的网络攻击防范

### 一、黑客概述

#### （一）黑客的真正含义

最初的黑客一般都是一些高级的技术人员，他们热衷于挑战，崇尚自由并主张信息的共享。因特网在全球的迅猛发展为人们提供了方便、自由和无限的财富，政治、军事、经济、科技、教育、文化等各个方面都越来越网络化，并且逐渐成为人们生活、娱乐的一部分。可以说，信息时代已经到来，信息已成为物质和能量以外维持人类社会的第三资源，它是未来生活中的重要介质。随着计算机的普及和因特网技术的迅速发展，黑客也出现了。

在国内，许多人对黑客了解不多，所以往往简单地把“黑客”与“网络杀手”联系起来。随着人们对黑客逐渐了解，目前在世界各地，大众对黑客的认识正从模糊、恐惧转向中性。这从各地对黑客的“定义”可以感觉到，例如在东方人眼中，黑客与“侠客”具有相似之处，让网络“江湖”多了一层神秘色彩。

真正含义的黑客是崇尚探索技术奥秘与自由精神的计算机高手，他们拥有高超的计算机应用技术，掌握了一些鲜为人知的“黑客技术”，其目的不是进行破坏和攻击，他们恪守着真正意义的“黑客精神”，其研究与探索也促进了网络技术的完善和发展。

一些黑客们的目的是邪恶的，他们是网络上的黑暗势力，其攻击手法很多，网络的开放性决定了它的复杂性和多样性。随着技术的不断进步，各种各样高明的黑客还会不断诞生，同时，他们使用的手段也会越来越先进，因此对网络安全问题应该给予充分的重视。

人们只要不断加大防火墙等的研究力度，加上平时必要的警惕，是能够防范常见的各种黑客攻击的。随着网络技术的完善及人们网络安全意识和防范技术的提高，黑客们的舞台将会越来越小。

目前，“黑客”和“黑客技术”的存在已经是不争的事实，同时由于互联网世界的开放性，“黑客技术”很容易被非法者利用，所以人们不仅反对将黑客技术用于网络攻击和盗窃活动，也不提倡将黑客技术随意传播发布。

（二）黑客的分类与黑客精神

一般情况下，黑客英文表述可以是 Hacker 和 Cracker。Hacker 就是那些勇于创新、积极进取的人士，而 Cracker 就是一些为了寻求刺激专门搞破坏的人。

从广义上来说，黑客可以分为三类。第一类：破坏者，他们通常是为了找点刺激，从而搞一些恶作剧。第二类：红客，红客是一种精神，它是一种热爱国家、坚持正义、开拓进取的精神，所以只要是拥有这些精神并且热爱计算机技术的人都可以称之为红客。他们是国家的一些隐蔽势力，为国家效力，认为国家的利益高于一切。第三类：间谍，他们主要是为了钱财，谁给的钱多就为谁干活。

对一个黑客来说，学会编程是必需的，计算机可以说就是为了编程而设计的，运行程序是计算机的唯一功能。数学也是不可少的，运行程序其实就是运算，离散数学、线性代数、微积分等。然而成为一名好的黑客，不仅需要一定的技术深度，还必须具备以下四种基本精神：Free 精神、探索与创新精神、反传统精神和合作精神。

**1. Free（自由、免费）精神**

需要在网络上和本国以及国际上一些高手进行广泛的交流，并有一种奉献精神，将自己的心得和编写的工具与其他黑客共享。

2. 探索与创新精神

所有黑客都是喜欢探索软件程序奥秘的人。他们探索程序与系统的漏洞，在发现问题的同时会提出解决问题的方法。

3. 反传统精神

找出系统漏洞，并策划相关的手段，利用该漏洞进行攻击，这是黑客永恒的工作主题，而所有的系统在没有发现漏洞之前都号称是安全的。

4. 合作精神

在目前的形势下，一次成功的入侵和攻击单靠一个人的力量已经没有办法完成了，通常需要数人、数百人的通力协作才能完成任务，互联网提供了不同国家黑客交流合作的平台。

（三）黑客攻击的动机

现在黑客的攻击越来越复杂化、智能化，因为网络上各种攻击工具非常多，可以自由下载，也越来越傻瓜化，对某些黑客的技术水平要求越来越低。随着时间的变化，黑客攻击的动机不再像以前那么简单了：只是对编程感兴趣，或是为了发现系统漏洞。现在黑客攻击的动机越来越多样化，主要有以下几种。

一是贪心。因为贪心而偷窃或者敲诈，由于这种动机，才引发了许多金融案件。

二是恶作剧。计算机程序员制造的一些恶作剧，这是黑客的老传统。

三是名声。有些人为了炫耀其计算机经验和才智以证明自己的能力，获得名气。

四是报复 / 宿怨。被解雇、受批评或者被降级的雇员，或者其他认为自己受到不公平待遇的人，为了报复而进行攻击，而且他也希望通过此方法来获得他人的注意。

五是无知 / 好奇。有些人拿到了一些攻击工具，因为好奇而使用，以至于破坏了信息还不知道。

六是窃取情报。有些黑客喜欢在 Internet 上监视个人、企业或竞争对手的活动信息及数据文件，以达到窃取情报的目的。

七是政治目的。有些政治黑客，他们具有的任何政治想法都会反映到网络领域中，这类黑客不是为了钱，他们的一切行动几乎永远都是为了政治，主要表现在以下方面。

（1）以国家利益为出发点，对其他国家进行监视。

（2）敌对国之间利用网络进行一些破坏活动。

（3）个人及组织对政府不满而产生的破坏活动。

（四）黑客入侵攻击的一般过程

一次成功的攻击可以归纳成基本的五步骤，但是根据实际情况可以随时调整。归纳起来就是“黑客攻击五部曲”。

**1. 隐藏 IP**

这一步必须做，因为如果自己的入侵痕迹被发现了，当警察找上门的时候就一切都晚了。Internet 上的计算机有许多，为了让它们能够相互识别，每一台主机都分配有唯一的 32 位地址，该地址称为 IP 地址，也称作网际地址。IP 地址由 4 个数值部分组成，每个数值部分可取值 0 ~ 255，各部分之间用一个“.”分开。通常隐藏 IP 有以下两种方法。

第一种方法是首先入侵互联网上的一台计算机（俗称“肉鸡”），利用这台计算机进行攻击，这样即使被发现了，也是“肉鸡”的 IP 地址。

第二种方式是做多极跳板“Sock 代理”，这样在入侵的计算机上留下的就是代理计算机的 IP 地址。

比如攻击 A 国的站点，一般选择离 A 国很远的 B 国计算机作为“肉鸡”或者“代理”，这样跨国度的攻击一般很难被侦破。

**2. 踩点扫描**

踩点就是通过各种途径对所要攻击的目标进行多方面的了解（包括任何可得到的蛛丝马迹，但要确保信息的准确），踩点的目的就是探察对方的各方面情况，确定攻击的时机。摸清楚对方最薄弱的环节和守卫最松散的时刻，为下一步的入侵提供良好的策略。

扫描的目的是利用各种工具在攻击目标的 IP 地址或地址段的主机上寻找漏洞。

**3. 获得系统或管理员权限**

得到管理员权限是为了连接到远程计算机，对其进行控制，达到自己的攻击目的。获得系统及管理员权限的方法有：

（1）通过系统漏洞获得系统权限；

（2）通过管理漏洞获得管理员权限；

（3）通过软件漏洞得到系统权限；

（4）通过监听获得敏感信息，进一步获得相应权限；

（5）通过弱口令获得远程管理员的用户密码；

（6）通过穷举法获得远程管理员的用户密码；

（7）通过攻破与目标机有信任关系的另一台机器，进而得到目标机的控制权；

（8）通过欺骗获得权限以及其他有效的方法。

**4. 利用一些方法来保持访问，如后门、特洛伊木马**

后门（BackDoor）是指一种绕过安全性控制而获取对程序或系统访问权的方法。为了长期保持对自己胜利果实的访问权，黑客们会在已经攻破的计算机上种植一些供自己访问的后门。创建后门的主要方法有：

（1）创建具有特权的虚拟用户账户；

（2）建立批处理文件；

（3）安装远程控制工具；

（4）安装木马程序；

（5）安装带有监控机制感染启动文件的程序等。

**5. 隐藏踪迹**

一次成功入侵之后，一般在对方的计算机上已经存储了相关的登录日志，这样就容易被管理员发现，所以在入侵完毕后需要清除登录日志以及其他相关的日志。

## 二、黑客攻击的常用方式

### （一）口令攻击

一般来说有三种方法：一是通过网络监听非法得到用户口令，这类方法有一定的局限性，但危害性极大，监听者往往能够获得其所在网段所有的用户账号和口令，对局域网安全威胁巨大；二是在知道用户的账号后（如电子邮件 @ 前面的部分），利用一些专门软件强行破解用户口令，这种方法不受网段限制，但黑客要有足够的耐心和时间；三是在获得一个服务器上的用户口令文件后，用暴力破解程序破解用户口令，该方法的使用前提是黑客获得口令的 Shadow 文件。此方法危害最大，因为它不需要像第二种方法那样一遍又一遍地尝试登录服务器，而是在本地将加密后的口令与 Shadow 文件中的口令相比较就能非常容易地破获用户密码，尤其对那些口令安全系数极低的用户（如某用户账号为 zys，其口令就是 zys666、666666 或 zys 等），更是在短短的一两分钟内甚至几十秒内就可以将其攻破。

口令破解攻击是指使用某些合法用户的账号和口令登录到目的主机，然后再实施攻击活动。这种方法的前提是必须先得到该主机上某个合法用户的账号，然后再进行合法用户口令的破译。

口令破解常用方法如下。

（1）傻瓜解密法。攻击者通过反复猜测可能的字词（例如用户子女的姓名、用户的出生城市和当地运动队等）来使用用户账户完成登录。

（2）字典取词法。攻击者使用包括字词文本文件的自动程序。通过每次尝试时使用文本文件中的不同字词，该程序反复尝试登录目标系统。

（3）暴力破解法。此类攻击是字典的变体，但其宗旨是破解字典攻击所用文本文件中可能没有包括的密码。尽管可以在联机状态下尝试蛮力攻击，但出于网络带宽和网络等待时间，一般是在脱机状态下将密码中可能出现的字符进行排列组合，并将这些结果放入破解字典。在连接状态下再通过每次尝试时使用文本文件中的不同字词，该程序反复尝试登录目标系统。

（4）混合攻击（Hybrid Attack）将字典攻击和暴力攻击结合在一起。利用混合攻击，将常用字典词汇与常用数字结合起来，用于破解口令。如此可以检查诸如 password123 和 123password 这样的口令。

最常用的工具之一是 L0phtCrack（现在称为 LC4）。L0phtCrack 是允许攻击者获取加密的 WindowsNT/2000 密码并将它们转换成纯文本的一种工具。NT/2000 密码是密码散列格式，如果没有诸如 L0phtCrack 之类的工具就无法读取。它的工作方式是通过尝试每个可能的字母数字组合试图破解密码。另一个常用的工具是协议分析器（最好称为网络嗅探器，如 Sniffer Pro 或 EtherPeek），它能够捕获连接网段上的每块数据。当以混杂方式运行这种工具时，它可以“嗅探”出该网段上发生的每件事，如登录和数据传输。正如稍后将会看到的，这可能严重损害网络安全性，使攻击者捕获密码和敏感数据。

（二）特洛伊木马攻击

第一代木马主要是在 UNIX 环境中通过命令行界面实现远程控制。第二代木马具有图形控制界面，可以进行密码窃取、远程控制，例如 BO2000 和冰河木马。第三代木马通过端口反弹技术，可以穿透硬件防火墙，例如灰鸽子木马，但木马进程外联黑客时会被软件防火墙阻挡。第四代木马通过线程插入技术隐藏在系统进程或者应用进程中，实现木马运行时没有进程，比如广外男生木马。第四代木马还可以实现对硬件和软件防火墙的穿透。第五代木马在隐藏方面比第四代木马又有了进一步提升，它普遍采用了 Rootkit 技术，通过 Rootkit 技术实现木马运行。

一般木马都采用 C/S 运行模式，分为两部分，即客户端和服务器端木马程序。黑客安装木马的客户端，同时诱骗用户安装木马的服务器端。

特洛伊木马程序可以直接侵入用户的计算机并进行破坏，它常被伪装成工具程序或者游戏等诱使用户打开带有特洛伊木马程序的邮件附件或从网上直接下载，一旦用户打开邮件的附件并执行了这些程序之后，它们就会像古特洛伊人在敌人城外留下的藏满士兵的木马一样留在自己的计算机中，并在计算机系统中隐藏一个可以在 Windows 启动时悄悄执行的程序。当连接到因特网上时，这个程序就会通知黑客，来报告你的 IP 地址以及预先设定的端口。黑客在收到这些信息后，再利用这个潜伏在其中的程序，就可以任意地修改计算机的参数设定、复制文件、窥视整个硬盘中的内容等，从而达到控制计算机的目的。

（三）网络监听

网络监听是主机的一种工作模式，在这种模式下，主机可以接收到本网段在同一条物理通道上传输的所有信息，而不管这些信息的发送方和接收方是谁。此时，如果两台主机进行通信时没有加密，只要使用某些网络监听工具，例如 NetXray for windows95/98/nt、Sniffit for linux、Solaries 等，就可以轻而易举地截取包括口令和账号在内的信息资料。虽然网络监听获得的用户账号和口令具有一定的局限性，但监听者往往能够获得其所在网段的所有的用户账号及口令。

（四）端口扫描攻击

网络中的每一台计算机如同一座城堡，网络技术中把这些城堡的“城门”称作计算机的端口。有很多大门对外完全开放，而有些则是紧闭的。端口扫描的目的就是要判断主机开放了哪些服务，以及主机的操作系统的具体情况。端口是为计算机通信而设计的，它不是硬件，不同于计算机中的“插槽”，而是由计算机的通信协议 TCP/IP 定义的，相当于两个计算机进程间的大门。

端口扫描就是得到目标主机开放和关闭的端口列表，这些开放的端口往往与一定的服务相对应，通过这些开放的端口就能了解主机运行的服务，然后就可以进一步整理和分析这些服务可能存在的漏洞，随后采取针对性的攻击。

（五）缓冲区溢出攻击

缓冲区溢出是指向固定长度的缓冲区中写入超出其预先分配长度的内容，造成缓冲区中数据的溢出，从而覆盖缓冲区相邻的内存空间。一般来说，单单的缓冲区溢出（如覆盖的内存空间）只是用来存储普通数据的，并不会产生安全问题。但如果覆盖的是一个函数的返回地址空间且其执行者具有 root 权限，那么就会将溢出送到能够以 root 权限或其他超级权限运行命令的区域去执行某些代码或者运行一个 shell，该程序也将会以超级用户的权限控制计算机。

造成缓冲区越界的根本原因是 C 和 C++ 等高级语言中，程序将数据读入或复制到缓冲区中的任何时候，所用函数缺乏边界检查机制，包括 strcpy（ ）、strcat（ ）、sprintf（ ）、vsprintf（ ）、gets（ ）、scanf（ ）、fscanf（ ）、sscanf（ ）、vscanf（ ）、vsscanf（ ）和 vfscanf（ ）等。

代码段也称文本段（Text Segment），用来存储程序文本，可执行指令就是从这里取得的。

初始化数据段用于存放声明时被初始化的全局和静态数据。该部分存储的变量为整个程序服务，且存储的变量空间大小是固定的。

非初始化数据段未经初始化的全局数据和静态分配的数据存放在进程的 BSS 区域。它和 Data 段一样，都是程序可以改写的，但大小也是固定的。

堆（Heap）位于 BSS 内存段的上边，用来存储程序的其他变量。通常有实时内存分配函数分配内存，例如 new（ ）函数。通常一个 new（ ）就要对应一个 delete（ ）。如果程序员没有释放掉，那么在程序结束后，操作系统就会自动回收。实时内存分配函数分配的内存位于堆的底部，大小是可以变化的。但需要注意的是增长方向，由存储器的低地址向高地址方向增长。栈是一个比较特殊的段，用作中间结果的暂存。它是用来存储函数调用间的传递变量、返回地址等。特点是：存储的变量是先进后出，而且存储段的区域大小是可以变化的。与 Heap 不同，它的增长方向是相反的，即由存储器的高地址向低地址增长。变量存储区由编译器在需要的时候分配，在不需要的时候自动清除。

### （六）拒绝服务攻击

拒绝服务攻击（Denial of Service，DoS）是一种最悠久也是最常见的攻击形式。严格来说，拒绝服务攻击并不是某一种具体的攻击方式，而是攻击所表现出来的结果，最终使得目标系统因遭受某种程度的破坏而不能继续提供正常的服务，甚至导致物理上的瘫痪或崩溃。具体的操作方法可以是多种多样的，既可以是单一的手段，也可以是多种方式的组合利用，其结果都是一样的，即使合法用户无法正常访问系统。

通常拒绝服务攻击可分为以下两种类型。

第一种是使一个系统或网络瘫痪。如果攻击者发送一些非法的数据或数据包，就可以使得系统死机或重新启动。本质上是攻击者进行了一次拒绝服务攻击，因为在受到拒绝服务攻击后没有人能够使用计算机网络资源。从攻击者的角度来看，攻击的刺激之处在于可以只发送少量的数据包就使一个网络系统瘫痪。在大多数情况下，系统重新上线需要管理员的干预，重新启动或关闭系统。所以这种攻击是最具破坏力的。

第二种攻击是向系统或网络发送大量信息，使系统或网络因为要回应和处理这些信息而不能响应其他服务。例如，如果一个网络系统在一分钟之内只能处理 5 000 个数据包，攻击者却每分钟发送10 000个以上的数据包，这时，该网络系统的全部精力和时间都耗费在处理这些数据包上，当合法用户要连接系统时，他将得不到访问权，因为系统资源已经不足。进行这种攻击时，攻击者必须连续地向系统发送数据包。当攻击者停止向该网络系统发送数据包时，攻击就会立即停止，系统也就恢复正常了。用此攻击方法，攻击者要耗费很多精力和时间，因为他必须不断地发送数据。有时，这种攻击会使系统瘫痪，然而在大多数情况下，恢复系统只需要少量人为干预。

## 三、黑客攻击的基本防护技术

（一）选用安全的口令

根据十几个黑客软件的工作原理，参照口令破译的难易程度，以破解需要的时间为排序指标，这里列出了常见的危险口令：用户名（账号）作为口令；用户名（账号）的变换形式作为口令；生日作为口令；常用的英文单词作为口令；5位或5位以下的字符作为口令。因此，我们在设置口令时应遵循以下原则：

（1）口令应该包括大写字母、小写字母及数字，有控制符更好；

（2）口令不要太常见；

（3）口令至少应有8位长度；

（4）应保守口令秘密并经常改变口令。最糟糕的口令是具有明显特征的口令，不要循环使用旧的口令；

（5）至少每90天把所有的口令改变一次，对于那些具有高安全特权的口令更应经常改变；

（6）应把所有的缺省口令都从系统中去掉，如果服务器是由某个服务公司建立的，要注意找出类似GUEST、MANAGER、SERVICE等的口令并立即改变这些口令；

（7）如果接收到两个错误的口令就应断开系统连接；

（8）应及时取消调离或停止工作的雇员的账号以及无用的账号；

（9）在验证过程中，口令不得以明文方式传输；

（10）口令不得以明文方式存放于系统中，确保口令以加密的形式写在硬盘上并且包含口令的文件是只读的；

（11）用户输入的明口令，在内存逗留的时间应尽可能缩短，用后及时销毁；

（12）一次身份验证只限于当次登录，其寿命与会话长度相等；

（13）除用户输入口令准备登录外，网络中的其他验证过程对用户是透明的。

（二）实施存取控制

存取控制规定何种主体对何种客体具有何种操作权力。存取控制是内部网络安全理论的重要方面，它包括人员权限、数据标识、权限控制、控制类型、风险分析等内容。

（三）保证数据的完整性

完整性是在数据处理过程中，在原来数据和现行数据之间保持完全一致的证明手段。一般常用数字签名和数据加密算法来保证。

（四）确保数据的安全

通过加密算法对数据进行加密，并采用数字签名及认证来确保数据的安全。

（五）使用安全的服务器系统

如今可以选择的服务器系统是很多的，如 UNIX、WindowsNT、Novell、Intranet 等，但是关键服务器最好使用 UNIX 系统。

（六）谨慎开放缺乏安全保障的应用和端口

对一些应用和端口的开放要有一定的保障和检测措施，特别是缺乏安全保障的应用和端口。

（七）定期分析系统日志

这类分析工具在 UNIX 中随处可见。NT Server 的用户现在可以利用 Intrusion Detection 公司的 Kane Security Analyst（KSA）来进行这项工作。欲了解其更多的细节可查看地址为 http：//wwwi.ntmsion.com 的 Web 网点。

（八）不断完善服务器系统的安全性能

很多服务器系统都被发现有不少漏洞，服务商会不断在网上发布系统的补丁。为了保证系统的安全性，应随时关注这些信息，及时完善自己的系统。

（九）排除人为因素

再完善的安全体制，没有足够重视和足够安全意识及技术人员的经常维护，安全性将大打折扣。

（十）进行动态站点监控

及时发现网络遭受攻击情况并加以防范，避免对网络造成任何损失。

（十一）攻击自己的站点

测试网络安全的最好方法是自己尝试进攻自己的系统，并且不是做一次，而是定期地做，最好能在入侵者发现安全漏洞之前自己先发现。从 Internet 上下载一个口令攻击程序并利用它，可能会更有利于我们的口令选择。如果能在入侵者之前发现不好的或易猜测的口令，这是再好不过的了。

（十二）请第三方评估机构或专家来完成网络安全的评估

这样做的好处是能对自己所处的环境有更加清醒的认识，把未来可能的风险降到最小。

（十三）谨慎利用共享软件

许多程序员为了测试和调试的方便，都在他们看起来无害的软件中藏有后门、秘诀及陷阱，发布软件时却忘了去掉它们。对于共享软件和流氓软件，一定要彻底地检测它们。如果不这样做，就可能会损失惨重。

（十四）做好数据的备份工作

这是非常关键的一个步骤，有了完整的数据备份，才使得我们在遭到攻击或系统出现故障时能迅速恢复系统。

（十五）使用防火墙

防火墙正在成为控制网络系统访问的非常流行的方法。事实上，在 Internet 上的 Web 网点中，超过三分之一的 Web 网点都是由某种形式的防火墙加以保护的，这是对黑客防范最严、安全性较强的一种方式，任何关键性的服务器都建议放在防火墙之后，任何对关键服务器的访问都必须通过代理服务器，这虽然降低了服务器的交互能力，但为了安全，牺牲是值得的。

但是，防火墙也存在以下局限性。

（1）防火墙不能防范不经由防火墙的攻击。如果内部网用户与 Internet 服务提供商建立直接的 SLIP 或 PPP 连接，则绕过了防火墙系统所提供的安全保护。

（2）防火墙不能防范人为因素的攻击。

（3）防火墙不能防止被病毒感染的软件或文件的传输。

（4）防火墙不能防止数据驱动式的攻击。当有些表面看来无害的数据邮寄或拷贝到内部网的主机上并被执行时，可能会发生数据驱动式的攻击。

对此，提出以下几点建议：

（1）对敏感性页面不允许缓存；

（2）不要打开未知者发来的邮件附件；

（3）不要迷信防火墙。

（十六）主动防御

也可以使用自己喜欢的搜索引擎来寻找口令攻击软件和黑客攻击软件，并且在自己的网络上利用它们来寻找可能包含系统信息的文件。这样我们也许就能够发现某些还未觉察到的安全风险。

# 第五章 计算机无线网络的安全

## 第一节 无线网络技术概述

### 一、TSN 无线技术

（一）TSN 的主要特点

时间敏感网络（Time-Sensitive Networking，TSN）是由 IEEE 802.1TSN 任务组制定的一系列 IEEE 802 以太网子标准集，是由 IEEE 802.1AVB（音视频桥接）任务组改名组成。AVB 工作组致力于解决音频视频数据在以太网介质上传输时的时延较高、抖动较大、传输不确定等问题。TSN 通过无缝冗余等机制扩展了 AVB 技术的性能，为网络提供有界低时延、低抖动和极低数据丢失率的能力，使得以太网能适用于可靠性和时延要求严苛的时间敏感型应用场景。

1. **时间同步**

全局时间同步是大多数 TSN 标准的基础，用于保证数据帧在各个设备中传输时隙的正确匹配，满足通信流的端对端确定性时延和无排队传输。TSN 利用 IEEE 802.1AS 在各个时间感知系统之间传递同步消息，提供精确的时间同步。

2. **确定性传输**

在数据传输方面，对于 TSN 而言，重要的不是“最快的传输”和“平均传输时延”，而是在最坏情况下的数据传输时延。TSN 通过对数据流量的整形、无缝冗余传输、过滤和基于优先级调度等，实现对关键数据的高可靠、低时延、零分组丢失的确定性传输。

3. **网络的动态配置**

大多数网络的配置需要在网络停止运行期间进行，这对于工业控制等应用来说几乎是不可能的。TSN 通过 IEEE 802.1Qcc 引入集中网络控制器（Centralized Network Configuration，CNC）和集中用户控制器（Centralized User Configuration，CUC）来实现网络的动态配置，在网络运行时灵活配置新的设备和数据流。

**4. 兼容性**

TSN 以传统以太网为基础，支持关键流量和尽力而为（Best-Effort，BE）的流量共享同一网络基础设施，同时保证关键流量的传输不受干扰。同时 TSN 是开放的以太网标准而非专用协议，来自不同供应商的支持 TSN 的设备都可以相互兼容，为用户提供了极大便利。

**5. 安全**

TSN 利用 IEEE 802.1Qci 对输入交换机的数据进行筛选和管控，对不符合规范的数据帧进行阻拦，能及时隔断外来入侵数据，实时保护网络的安全，也能与其他安全协议协同使用，进一步提升网络的安全性能。

（二）无线时间敏感网络技术

TSN 为有线网络提供了确定性和高可靠性的数据传输，但是很多场景中离不开支持时延敏感型通信业务的无线网络。和有线网络相比，无线网络传输的不确定性导致其时延较高、可靠性较低。因此，将 TSN 功能扩展至无线网络，进一步提高无线网络的时效性和确定性很有必要。此外，5G 在其 uRLLC（ultra Reliable & Low Latency Communication）应用场景中考虑工业等垂直领域对低时延和高可靠性的需求，在空口技术、高层协议和网络架构设计上通过优化设计，取得了较好的性能指标。

**1. 无线 TSN**

以工业场景无线 TSN 为例进行介绍。工业无线网络部署环境状况较复杂，无线信道由于衰落、干扰、环境变化等因素导致的信道容量随机变化，多用户的信道接入和与其他系统共存及相互干扰等问题，导致现有无线网络不能满足硬实时应用程序中的关键数据传输要求，限制了工业无线网络的发展。如何实现时间关键和确定可靠的无线网络技术也成为研究的热点问题之一。

工业无线网络应用广泛的标准技术如 WirelessHART、WIA-PA 和 ISA 100.11a，都不能同时提供工业控制所需的极低时延和高可靠性通信。为使无线网络满足时间敏感业务的传输要求，目前主流的方法是设计无线网络中的实时传输调度方法，将端对端的实时传输时延问题建成具有时延限制的数学模型，再进行求解和分析；此外，在多跳网状网络中采用灵活高效的实时路由算法，将冲突时延、数据传输成功率等纳入路由决策也能在一定程度上实现数据的实时可靠传输。在工业安全监测等实时性要求严苛的场景中，通过对 MAC 协议的改进设计来满足非周期关键性数据的及时接入信道与立即传输，能大幅缩短关键数据的端到端时延；设备间的相互协作通信是提高通信可靠性的有效方法，协作通信结合改进的 MAC 协议能有效实现时间敏感数据的低时延和高可靠传输。另外，对现有的 IEEE 802.11 协议进行改进，使其具有可靠性和实时性能以适用于时间敏感的高速工业应用；由 IEEE 802.11ax 定义的下一代 Wi-Fi 更是引入了一些确定性关键数据传输增强功能以提高对时间敏感的工业自动化应用的支持。

此外，无线网络和有线 TSN 结合起来部署，可以发挥各自的长处。在工业闭环控制系统广泛部署的无线传感器与执行器网络中，传感器周期性地读取时间敏感的控制类数据传送至控制器，再由控制器计算输出并传送至执行器完成相应的执行动作，这个控制周期通常需要在 1 ms 的时间内完成。使用基于有线 TSN 与具有低时延特性的无线网络的混合新架构来完成周期性关键数据的传输能满足严苛的时间界限和可靠性要求。

2. 5G uRLLC

uRLLC 作为 5G 的应用场景之一，旨在为工业自动化、自动驾驶等领域通过无线连接的方式提供端对端的超高可靠性和极低时延的通信，满足实时应用对关键数据传输的严苛要求。为了尽快完成这一应用场景的支持，5G 在空口技术、协议层和架构设计多方面进行优化设计以实现低时延和高可靠性。

为了实现极低时延，在物理层方面进行了空口重构，5G 新空口（New Radio，NR）引入了比 LTE（Long Term Evolution）更加灵活的帧结构，帧时隙的长度不再固定，最短可低至 0.125 ms。此外，5G NR 的自包含子帧允许数据传输和 ACK/NACK 反馈在同一个子帧内进行，对要求极低时延的应用程序非常有用。在协议方面，5G NR 在上行链路中引入了无授权访问的概念，避免了耗时上行链路资源请求和授权过程；5G 还将支持 UE（User Equipment）资源冲突时的优先级设置和多路复用来满足关键数据的低时延传输。

为增强数据传输的可靠性，5G NR 的编码方案利用极化码和 LDPC（Low Density Parity Check）码来实现高可靠性和稳定性。5G 标准能更好地支持大规模 MIMO（Multiple-Input and Multiple-Output）技术，可利用超过 32 个天线的空间分集，大幅提高传输可靠性。5G NR 物理层支持 28 GHz 高频带毫米波通信，其更高的信道带宽和定向通信能在提供极高可靠性的同时满足极低时延。在协议层面，5G 将支持在网络上建立冗余 PDU 会话和框架复制，在 UPF（User Plane Function）和 RAN（Radio Access Network）节点间传输冗余数据，PDCP（Packet Data Convergence Protocol）层复制增强将支持多达 4 个副本，并利用高层多连接在用户平面建立冗余的数据传输路径来提高可靠性。

5G NR 在无线接入网（RAN）和核心网络中引入了架构增强功能。基于 C-RAN

（Centralized-RAN）的5G接入网络设计引入了灵活动态分配的计算和通信资源，以便根据流量混合、网络负载和无线信道条件动态调整策略，从而持续提供低时延和高可靠性服务。在核心网络中，基于SDN的控制和数据平面划分允许在控制平面和数据平面中提供较低时延。此外，网元功能虚拟化和网络切片允许在网络拥塞和负载波动期间为硬实时应用配置所需的网络资源。通过在客户端设备附近提供计算能力和缓存，利用移动边缘计算能有效解决时延过长、核心网汇聚流量过大等问题，为实时性和带宽密集型业务提供更好的支持。5G技术报告中指出，在大多数场景下，5G物理层能实现单向时延0.5 ms的目标，通过PDCP复制增强可实现99.99% ~ 99.999 9%的可靠性。为支持TSN用例中多种不同周期、不同优先级流量混合特性，5G NR将支持更短的半持久调度周期以实现QoS（Quality of Service）和调度增强。

## 二、5G无线传输技术

### （一）MIMO增强技术

#### 1. Massive MIMO

Massive MIMO和3D-MIMO是下一代无线通信中MIMO演进的最主要的两种候选技术，前者其主要特征是天线数目的大量增加，后者其主要特征是在垂直维度和水平维度均具备波束赋形的能力。虽然Massive MIMO和3D-MIMO的研究侧重点不一样，但在实际的场景中往往会结合使用，存在一定的耦合性，3D-MIMO可算作是Massive MIMO的一种，因为随着天线数目的增多，3D化是必然的。因此Massive MIMO和3D-MIMO可以作为一种技术来看待，在3GPP中称之为全维度MIMO（FD-MIMO）。

相比传统的2D-MIMO，一方面，3D-MIMO可以在水平和垂直维度灵活调整波束方向，形成更窄、更精确的指向性波束，从而极大地提升终端接收信号能量，增强小区覆盖；另一方面，3D-MIMO可充分利用垂直和水平维的天线自由度，同时同频服务更多的用户，极大地提升系统容量，还可通过多个小区垂直维波束方向的协调，起到降低小区间干扰的目的。

当发射端天线数量很多时，系统容量与接收天线数量呈线性关系；而当接收端天线数量很多时，系统容量与发射天线数目的对数呈线性关系。大规模MIMO不仅能够提高系统容量，还能够提高单个时频资源上可以复用的用户数目，以支持更多的用户数据传输。

在天线数目很多的情况下，使用简单低复杂度的线性预编码技术就可以获得接近容量的性能，天线数量越多，速率越高。而且随着天线数目的增多，传统的多用户预编码方法ZFBF会出现一个下滑的现象，而对于简单的匹配滤波器方法MRT，则不会出现，主要是因为随着天线数目的增多，用户信道接近正交，并不需要特别的多用户处理。

依据大数定理，当天线数量趋近无穷时，匹配滤波器方法已经是优化方法了。不相关的干扰和噪声也都被消除，发射功率理论上可以任意的小。即利用大规模MIMO，消除了信道的波动，同时也消除了不相关的干扰和噪声。而且在相同时频资源上的用户复用，其信道具备良好的正交特性。

在基站端部署大规模MIMO，满足速率要求的条件下，UE的发射功率可以任意小，天线数目越多，用户所需的发射功率越小。

大规模MIMO除了能够极大地降低发射功率外,还能够将能量更加精确地送达目的地。随着天线规模的增大,可以精确到一个点,具备更高的能效。同时场强域能够定位到一个点，就可以极大地降低对其他区域的干扰，并有效消除干扰。

2. 网络MIMO

单小区MIMO技术经过长期的发展，其巨大的性能潜力已经被理论和实际所证实，可作为高速传输的主要手段。当信噪比较低时，发射端和接收端配置多根天线可以提高分集增益，通过将多路发射信号进行合并可以提高用户的接收信噪比。而当信噪比较高时，MIMO技术可以提供更高的复用增益，多路数据并行传输，使系统传输速率得到成倍的提高。由此可见，MIMO技术提供高频谱效率的条件除了天线数目之外，更重要的是用户必须具备较高的信噪比。

而在蜂窝系统中，特别是全频带复用的蜂窝系统中，用户不仅要面对不同数据流间的干扰、多用户间的干扰和噪声，还要面对邻小区的MIMO干扰。空分复用与系统高负载要求严重冲突。

特别是对于小区边缘用户来说更是如此，为了提高小区边缘用户的性能，降低干扰对系统的不利影响，需要对干扰进行有效的管理和抑制。为此R11中新增了传输模式TM10，即多点协作传输技术。

### （二）新型多址技术

面对5G通信中提出的更高频谱效率、更大容量、更多连接以及更低时延的总体需求，5G多址的资源利用必须更为有效，传统的TDMA、FDMA、CDMA、OFDMA等正交多址技术已经无法适应未来5G爆发式增长的容量和连接数需求。在这种多址接入方式下，没有任何一个资源维度下的用户是具有独占性的，因此在接收端必须进行多个用户信号的联合检测。得益于芯片工艺和数据处理能力的提升，接收端的多用户联合检测已成为可实施的方案。

除了放松正交性限制和引入资源非正交共享的特点外，为了更好地服务从 eMBB 到 IoT 等不同类型的业务，5G 的新型多址技术还需要具备以下几方面的能力：抑制由非正交性引入的用户间干扰，有效提升上下行系统吞吐量和连接数；简化系统的调度，顽健地为移动用户提供更好的服务体验；支持低开销、低时延的免调度接入和传输方式以及以用户为中心的协作网络传输。

为了满足以上需求，5G 新型多址的设计将从物理层最基本的调制映射等模块出发，引入功率域和码率的混合非正交编码叠加，同时在接收端引入多用户联合检测来实现非正交数据层的译码。

1. PDMA

PDMA 即是以多用户信息论为基础，在发送端利用图样分割技术对用户信号进行合理的分割，在接收端进行相应的串行干扰消除（Successive Interference Cancellation，SIC），可以接近多址接入信道（MAC）的容量界限。用户的图样设计可以在空域、码域、功率域独立进行，也可以联合进行。图样分割技术通过在发送端利用用户特征图样进行相应的优化，加大不同用户间的区分度，从而改善接收端串行干扰消除的性能。

功率域 PDMA，主要依靠功率分配、时频资源与功率联合分配、多用户分组实现用户区分。

码域 PDMA，通过不同码字区分用户。码字相互重叠，且码字设计需要特别优化。与 CDMA 不同的是，码字不需要对齐。

空域 PDMA，主要是应用多用户编码方法实现用户区分。

2. SCMA

稀疏码多址接入（Sparse Code Multiple Access，SCMA）是在 5G 新需求推动下产生的一种能够显著提升频谱效率、极大提升同时接入系统用户数的先进的非正交多址接入技术。这种结构具有很好的灵活性，通过码本设计和映射实现不同维度的资源叠加使用。

SCMA 被应用于包括海量连接、增强吞吐量传输、多用户复用传输、基站协作传输等未来 5G 通信的各种场景。

3. MUSA

多用户共享接入（Multi-User Shared Access，MUSA）技术是完全基于更为先进的非正交多用户信息理论的。MUSA 上行接入通过创新设计的复数域多元码以及基于串行干扰消除（SIC）的先进多用户检测，让系统在相同的时频资源上支持数倍用户数量的高可靠接入；并且可以简化接入流程中的资源调度过程，因而可大大简化海量接入的系统实现，缩短海量接入的接入时间，降低终端的能耗。MUSA 下行则通过创新的增强叠加编码及叠加符号扩展技术，可提供比主流正交多址更高容量的下行传输，同样能大大简化终端的实现，降低终端能耗。

（三）双工技术

**1. 灵活双工**

一方面，上行和下行业务总量的爆发式增长导致半双工方式在某些场景下已经不能满足需求。另一方面，随着上下行业务不对称性的增加以及上下行业务比例随着时间的不断变化，传统 LTE 系统中 FDD（Frequency Division Duplexing）的固定成对频谱使用和 TDD（Time Division Duplexing）的固定上下行时隙配比已经不能够有效支撑业务动态不对称特性。灵活双工充分考虑了业务总量增长和上下行业务不对称特性，有机地将 TDD、FDD 和全双工融合，根据上下行业务变化情况动态分配上下行资源，有效提高系统资源利用率，可用于低功率节点的微基站，也可以应用于低功率的中继节点。

灵活双工可以通过时域和频域的方案实现。在 FDD 时域方案中，每个小区可根据业务量需求将上行频带配置成不同的上下行时隙配比。在频域方案中，可以将上行频带配置为灵活频带以适应上下行非对称的业务需求。同样地，在 TDD 系统中，每个小区可以根据上下行业务量需求来决定用于上下行传输的时隙数目，实现方式与 FDD 中上行频段采用时隙方案类似。

灵活双工主要包括 FDD 演进、动态 TDD、灵活回传以及增强型 D2D。

在传统的宏、微 FDD 组网下，上下行频率资源固定，不能改变。利用灵活双工，宏小区的上行空白帧可以用于微小区传输下行资源。即使宏小区没有空白帧，只要干扰允许，微小区也可以在上行资源上传输下行数据。

灵活双工的另一个特点是有利于进行干扰分析。在基站和终端部署了干扰消除接收机的条件下，可以大幅提升系统容量。动态 TDD 中，利用干扰消除可以提升系统性能。

利用灵活双工，可进一步增强无线回传技术的性能。

**2. 全双工**

提升 FDD、TDD 的频谱效率，消除频谱资源使用管理方式的差异性是未来移动通信技术发展的目标之一。基于自干扰抑制理论，从理论上说，全双工可以提升一倍的频谱效率。

全双工的核心问题是本地设备的自干扰如何在接收机中进行有效抑制。目前的抑制方法主要是在空域、射频域、数字域联合干扰抑制。空域自干扰抑制通过天线位置优化、波束陷零、高隔离度实现干扰隔离；射频自干扰抑制通过在接收端重构发射干扰信号实现干扰信号对消；数字自干扰抑制通过对残余干扰做进一步的重构来进行消除。

全双工改变了收发控制的自由度和传统的网络频谱使用模式，这将会带来多址方式、资源管理的革新，同时也需要与之匹配的网络架构。

（四）多载波技术

1. OFDM（Orthogonal Frequency Division Multiplexing）**改进**

围绕新的业务需求，业界提出了多种新型多载波技术，主要包括 F-OFDM（Filtered Orthogonal Frequency Division Multiplexing）、UFMC（Universal Filtered Multi-Carrier）、FBMC（Filter Bank Multi-Carrier）、GFDM（Generalized Frequency Division Multiplexing）等。这些技术主要是使用滤波技术，降低频谱泄漏，提高频谱效率。

① F-OFDM。F-OFDM 能为不同业务提供不同的子载波带宽和 CP 配置，以满足不同业务的时频资源需求。通过优化滤波器的设计，可以把不同带宽子载波之间的保护频带最低做到一个子载波带宽。F-OFDM 使用了时域冲击响应较长的滤波器，子带内部采用了与 OFDM 一致的信号处理方法，可以很好地兼容 OFDM。同时根据不同的业务特征需求，灵活地配置子载波带宽。

② UFMC。与 F-OFDM 不同，UFMC 使用冲击响应较短的滤波器，且放弃了 OFDM 中的循环前缀方案。UFMC 采用子带滤波，而非子载波滤波和全频段滤波，因而具有更加灵活的特性。子带滤波的滤波器长度更小，保护带宽需求更小，具有比 OFDM 更高的效率。UFMC 子载波间正交，但是非常适合接收端子载波失去正交性的情况。

③ FBMC。FBMC 是基于子载波的滤波，其在数字域非正交，且不需要 CP，系统开销更低。由于采用子载波滤波的方式，频域响应需要非常紧凑，这样才能使滤波器时域的长度较长，具有较长的斜坡上升和下降电平区域。

FBMC 具有灵活的多用户异步接收机制，部分频谱就能够利用 FBMC 的优势，在不需要提前获得 FFT 时间对齐信息的条件下高效地进行频域解调。一个异步大小为 KN 的 FFT 处理 N/2 个样本点来产生 KN 个数据点，这些数据被存储在内存单元中，FFT 窗口的位置没有与用户接收到的多载波符号对齐。在进行 FBMC 特征滤波前会对每一个子载波进行单抽头均衡，然后进行因子 K 的下采样处理和 O-QAM 反转变换处理。

④ GFDM。GFDM 调制方案通过灵活的分块结构和子载波滤波以及一系列可配置参数，

能够满足不同场景的需求，即通过不同的配置满足不同的差错速率性能要求。

2. **超奈奎斯特技术**（Faster-Than-Nyquist，FTN）

超奈奎斯特技术，是通过将样点符号间隔设置得比无符号间串扰的抽样间隔小一些，在时域、频域或者两者的混合上使得传输调制覆盖更加紧密，这样相同时间内可以传输更多的样点，进而提升频谱效率。但是FTN人为引入了符号间串扰，所以对信道的时延扩展和多普勒频移更为敏感。接收机检测需要将这些考虑在内，可能会被限制在时延扩展低或者低速移动的场景中。同时FTN对于全覆盖、高速移动的支持不如OFDM技术，而且FTN接收机比较复杂。FTN是一种纯粹的物理层技术。

FTN作为一种在不增加带宽、不降低BER性能的条件下，理论上潜在可以提升一倍速率的技术，其主要的限制在于干扰，主要依赖于所使用的调制方式。

如果将FTN应用在5G中，那么需要解决的有移动性和时延扩展对FTN的影响，与传统的MCS的比较，与MIMO技术的结合，在多载波中应用的峰均比的问题。

FTN可能会作为OFDM/OQAM等调制方式的补充，基于不同的信道条件可选择开启或者关闭。

（五）多RAT资源协调

5G网络必然是一个异构网络，程度只会越来越高。作为一个5G设备，不仅需要支持新的5G标准，还需要支持3G、不同版本的LTE（包括LTE-U）、不同类型的Wi-Fi，甚至连D2D也要支持。这些使得BS/UE使用哪个标准、哪个频段成为一个复杂的网络问题，需要多个无线接入网资源的协作，从而提高整个系统的效率。

（六）调制编码技术

5G中调制编码技术的方向主要有两个：一个是降低能耗，另一个是进一步改进调制编码技术。技术的发展具有两面性：一方面要提升执行效率、降低能耗；另一方面需要考虑新的调制编码方案，其中新的调制编码技术主要包含链路级调制编码、链路自适应、网络编码。

在未来5G系统中，车联网导致的信道快变、业务数据突发导致的干扰突发、频繁的小区切换导致的大量双链接、先进接收机的大量使用等情况将不断出现，外环链路自适应OLLA将无法锁定目标QoS，从而导致信道质量指示信息（Channel Quality Indication，CQI）出现失配的严重问题。例如，OLLA根据统计首传分组的ACK或者NACK的数量来实现外环链路自适应，这种方法是半静态的（需要几十到几百毫秒），在上述场景下无法有效工作。这里提出的软 HARQ 技术可以帮助终端快速锁定目标的 BLER，从而有效解决传统链路自适应技术中 CQI 的不准确和不快速问题，有效地提高系统的吞吐量。

软 HARQ 本质上是 CSI 反馈的一种实现方式。在传统 HARQ 中，数据分组被正确接收时接收侧反馈 ACK，否则接收侧反馈 NACK，因此发送侧无法从中获得更多的链路信息。在软 HARQ 中，通过增加少量的 ACK/NACK 反馈比特，接收侧反馈 ACK/NACK 时还可以附带其他信息，包括后验 CSI、当前 SINR 与目标 SINR 差异图样、接收码块的差错图样、误码块率等级、功率等级信息、调度信息或者干扰资源信息等更丰富的链路信息，帮助发送侧更好地实现 HARQ 重传。总之，软 HARQ 在有限的信令开销以及实现复杂度下实现了链路自适应。同时，相对于传统的 CSI 反馈，软 HARQ 可以更快、更及时地反馈信道状态信息。

直联（D2D）通信是 5G 的主要应用场景之一，可以明显提高每比特能量效率，为运营商提供新的商业机会。研究了单播 D2D 的链路自适应机制，分析了传统的混合自动重传（Hybrid Automatic Repeat reQuest，HARQ）和信道状态信息（Channel State Information，CSI）反馈的必要性，建议在 D2D 中使用软 HARQ 确认信息作为反馈信息。与传统的硬 HARQ 确认信息和 CSI 反馈的链路自适应比较，这个机制具有明显的优势，可以简化单播 D2D 的链路自适应地实现复杂度和减少反馈开销，且仿真表明该方案与传统方案具有相当的性能，却不需要传统的测量导频和信道状态信息的反馈。

大规模机器型通信（Machine Type Communication，MTC）是 5G 的一个主要应用场景，以满足未来的物联网需求。在这种场景下，大量的 MTC 终端将出现在现有的网络中，不同的 MTC 终端将有不同的需求，传统的硬 HARQ 确认信息和 CSI 反馈的链路自适应将无法满足各种各样的业务需求和终端类型，而软 HARQ 技术可以解决这些问题。软 HARQ 技术定义基于需求的软 HARQ 信息的含义，而软 HARQ 的含义可以基于上述需求的 KPI 来重新定义。这种重新定义可以是半静态的，也可以是动态调整的。

如果超可靠通信的 MTC 终端使用了软 HARQ 技术，终端可以给基站提供调度参考指示信息，这个调度参考指示信息需要保证预测的目标 BLER 足够低，或者发送端直到接收到盲检测的 ACK 确认信息才终止该通信进程。如果时延敏感的 MTC 终端使用了软 HARQ 技术，终端同样可以给基站提供调度参考指示信息，这个调度参考指示信息需要保证首传和第一次重传的预测的目标 BLER 足够低，而且该信息可以从相对首传的资源比较大的资源候选集合中指示一个资源。如果时延不敏感的 MTC 终端使用了软 HARQ 技术，终端同样可以给基站提供调度参考指示信息，这个调度参考指示信息可以从相对首传的资源比较小的资源候选集合中指示一个资源。另外，MTC 终端还可以根据信道的大尺度衰落和首传资源大小做出资源候选集合的合适选择，这种选择同样可以是静态的、半静态的或者动态的。

（七）超密集网络及小区虚拟化

1. **超密集网络**

随着小区分裂技术的发展，低功率传输节点（TP）被灵活、稀疏地部署在宏小区覆盖区域之内，形成了由宏小区和小小区组成的多层异构网络（Heterogeneous Network，HetNet）。HetNet 不仅可以在保证覆盖的同时提高小区分裂的灵活性及系统容量，分担宏小区的业务压力，还可以扩大宏小区的覆盖范围。

超密集网络可以看作小小区增强技术的进一步演进。在 UDN 中，TP 密度将进一步提高，TP 的覆盖范围则进一步缩小，每个 TP 可能同时只服务一个或很少的几个用户。超密集部署拉近了 TP 与终端的距离，使得它们的发射功率大大降低，且变得非常接近，上、下行链路的差别也因此越来越小。除了节点数量的增加以外，传输节点种类的密集化也是 5G 网络发展的一个趋势。因此，广义的超密集网络可能由工作在不同频带（2GHz、毫米波），使用不同类型频谱资源（授权、非授权频谱），或者采用不同无线传输技术（Wi-Fi、LTE、WCDMA）的传输节点组成。此外，随着 D2D 技术的发展，甚至终端本身也可以作为传输节点。

超密集网络还包括终端侧的密集化。机器类通信（MTC）的引入、移动用户数量的持续增长以及可穿戴设备的流行，都将极大地增加终端设备的数量和种类，导致更大的信令开销及更复杂的干扰环境。

5G UDN 的研究是场景驱动的，要求仿真建模尽可能反映客观物理现实。计算机处理能力的提升使得这一研究方法成为可能。另外，现实生活中的场景数量巨大，很多场景相似度很高，待解决的问题及使用的关键技术类似。因此，为了提高研究效率，需要根据研究的需要，对本质上相似的场景进行抽象、概括。

2. **UDN 虚拟化技术**

随着网络密集化程度的不断提高，干扰及移动性问题变得越来越严重，传统的、以小区为中心的架构已经不能满足需求。为此，5G 提出了以用户为中心的小区虚拟化技术。其核心思想是以“用户为中心”分配资源，使得服务区内不同位置的用户都能根据其业务 QoE（Quality of Experience）的需求获得高速率、低时延的通信服务，同时保证用户在运动过程中始终具有稳定的服务体验，彻底解决边缘效应问题，最终达到“一致的用户体验”的目标。

5G通过平滑小区虚拟化技术形成平滑的、以用户为中心的虚拟小区（SVC），用于解决超密集网络中的移动性及干扰问题，为用户提供一致的服务体验。

## 第二节　无线网络安全概述

### 一、无线网络的安全问题

（一）Wi-Fi被盗用

Wi-Fi被盗用是指用户的无线网络被没授权的计算机接入，简称“蹭网”。无线网络被盗用可能会对用户产生破坏性影响。一是经济损失，对按流量缴纳上网服务费用的用户来说会增加费用；二是网速减慢，正常用户的网络访问速度明显减慢；三是增加中毒概率，正常用户遭遇攻击和入侵的概率提高；四是牵连个人名誉，如果利用盗用的无线网络进行攻击行为造成安全事件，会牵连用户。常见的“蹭网”的方式有如下几种。

（1）破解WEP。由于WEP加密系统的缺陷，蹭网者能够通过快速收集足够的握手包（无线路由器和计算机连接认证过程中的数据包）来使用加密算法分析密码。一般攻击者都能成功破解此类加密方式。

（2）爆破WPA/WPA2。曾被认为是安全率较高的WPA和WPA2加密模式，目前也不是非常安全了。这种破解方法暂时没有公布于众。随着科技的发展，通过DIN码破解及字典等手段有60%的可能性破解其机密，如果再加上用户密码策略较弱，成功概率会更高。

（3）App应用共享密码泄漏。众多的手机App应用中，部分类似Wi-Fi辅助类的App会泄露无线密码。如App默认配置是分享手机中的无线密码，那就会分享手机上连接过的所有无线密码，包括家用的无线路由器或者朋友的无线路由器。

（4）Telnet后门。许多路由器有的公共地址允许Telnet远程登录，而且由于相同的Telnet登录和Web管理密码，相同的公共地址被用于成功访问无线路由器，wlctlshow命令允许获取无线路由器的无线密码，这个问题可能存在于一些常见品牌的家庭无线路由器中。

（二）互联网通信被窃听

互联网通信被窃听，这意味着在网络中用户产生的通信信息被局域网中的其他计算机捕获。通过监听、观察、分析数据流和数据流模式，可以捕获大多数以明文（即非加密）方式在网络上传输的网络通信信息。如果用户在计算机上输入百度 URL，则由同局域网第二台计算机利用捕获软件监控到网络包，且在捕获软件中显示出其聊天软件的各项记录等。

（三）受到无线钓鱼攻击

受到无线钓鱼攻击是指用户访问“钓鱼”无线网络接入点时受到攻击的问题。诱导用户接入无线钓鱼攻击者建立的无线接入点，当用户点击就接入了攻击者建立的无线网络，那攻击者就能入侵和攻击用户系统，一些用户的电脑将被控制，被控的电脑可能会被窃取机密文件，感染木马病毒和面临其他严重的安全威胁。

（四）无线 AP 由他人控制

无线 AP 又称无线网络接入点，俗称“热点”。热点由其他人控制，就是管理权限被未经授权的用户获得。非授权用户获取到无线网络并成功接入，就可访问管理界面，如果登录密码设置过于简单，未经授权的用户就能够立即登录并任意设置无线 AP 的管理界面。

被控的风险：首先是无线路由器管理接口中的因特网账户和用户 ADSL 密码被盗用；其次是盗用者能通过密码查阅电脑软件，使用以星号或者点号显示的口令查看计算机文件；最后，盗用者在控制了无线 AP 之后，可以修改用户 AP 的参数，可以断开客户端连接。

## 二、保障无线网络安全的措施

（一）设置严格的无线网络认证机制

第一，设置严格的开放系统认证机制，尤其是针对开放性很强的公共无线网络，这种认证机制一定程度上可以保护用户的上网安全。这种机制简单来讲就是所有请求连接公共无线网络的客户端均需经历请求认证和返回认证结果这两个步骤，才能顺利接入公共无线网络。第二，设置共享密钥认证，所谓的共享密钥认证就是需要认证的客户端发送认证请求给无线设备，无线设备随机产生字符发送给用户，用户对接收到的字符加密，并发送给无线设备，无线设备通过解密对先后的两个字符串进行对比，如果相同即认证通过如果不同即认证失败。

（二）设置严格的 SSID 防护屏障

SSID 是无线局域网之中普遍存在的内容，其实际运行效果将会直接影响到网络运行安全和可靠性。实际开展网络组建工作的过程中，需要针对 SSID 设置情况进行及时有效的更改，一般是针对 SSID 的自动播放功能进行取消，并且设置不同的 SSID，这主要是设置多个访问点 AP，促进网络安全性得到良好的保障。对于 SSID 来说，这是一种简单的口令，通常采用数字符号和字母相组合的形式进行表示，多数情况下，用户都能够了解到这一口令的实际情况，相应的泄漏程度也较高，如果对网络应用安全等级要求不高，定期设置或者在发现网络安全性降低的情况下，通过有效设置新的 SSID，将能够起到良好的效果。

（三）选择安全程度最高的无线网络加密模式

设置科学合理的加密措施，针对 Wi-Fi 网络安全进行充分有效的保障。通常情况下，WEP 实际应用过程中，已经给网络运行安全提供了 40 位和 128 位长度的密钥机制，能够起到良好的安全保障作用，但是不容忽视的是其中存在着一定的缺陷，主要是一定范围内的所有用户都使用相同的密钥，当用户的安全密钥被泄漏或者丢失，整个网络运行的安全隐患将会增加。想要针对静态 WEP 进行有效改善，提升其安全效果，需要充分有效地控制好接入点，在实际设置接入点的时候，需要发挥 MAC 的过滤作用，主要是指针对用户群访问网络的人数进行确定。同时尽可能地使用一些 WPA 和 WPA2 形式的加密措施，强化总体的安全加密效果，减少 Wi-Fi 网络安全风险。并且通过扩展认证协议——传输层安全，更好地明确访问用户的身份，在身份识别方面具有较高的安全性，能够有效减少安全密钥丢失和被破解的情况。

（四）注重无线路由器 MAC 地址过滤功能的应用，关闭无线路由器的 WPS 功能

第一，在使用无线路由器时，MAC 地址过滤功能可以有效防止非法 MAC 地址的访问。当然单独使用这一功能保证无线网络的安全是远远不够的，因此，在启动这一功能的同时也应该注重其他防护措施的应用。第二，无论是无线网络的加密，还是无线网络的配置，过程都是比较烦琐的，如果开启无线路由器的 WPS 功能，就可以简化该过程。但 WPS 自动开启时所用到的字符串是随机的，随机的字符易被黑客软件破解，因此，要想保证无线网络技术的安全，建议人工设置，关闭无线路由器的 WPS 设置功能。

（五）增强用户的网络安全警惕性

第一，呼吁用户出门关闭 Wi-Fi 的自动连接，在公共场合谨慎接入公共无线网络，为了方便，使用 Wi-Fi 解锁软件时，要防止将自己的 Wi-Fi 密码分享到公共平台。第二，用户要养成周期性地更改无线路由器账号和密码的习惯，密码设置最好是字母数字和符号组合，提高无线路由器的账户管理水平。第三，用户在日常上网的过程中不要点击未

知连接，积极安装正版的网络安全防护软件如金山毒霸、电脑管家等，对移动终端进行定期检测，及时修补漏洞。

## 三、网络安全问题

5G网络的三大应用场景：eMBB、mMTC和uRLLC，将使人、物和网络实现高度融合，真正实现万物互联，但新的场景、新的应用、新的技术将对网络安全带来新的挑战和新的安全问题。

### （一）接入安全

在3G、4G同构网络中，接入认证统一通过移动通信终端设备USIM卡来完成，而5G异构网络中，需要面对不同的网络系统、不同的接入技术和各种各样的站点的接入需求，这样就需要有一套统一的认证机制和密钥管理措施来实现各种场景下的灵活而高效的双向认证，避免非法用户进行一些越权操作而破坏网络的安全性。另外，由于5G网络中有大批的物联网设施接入，而物联网设施具有计算性能低、数量巨大、突发性接入的特点，用普通智能设备的认证机制将会降低认证效率，增加设备和网络负担，因而需要一套更高效可靠的专门用于物联网设备的认证策略。

### （二）隐私泄漏风险

5G网络相比之前的3G、4G网络构成更复杂，技术更先进，网络中除了智能通信设备外，还包含了基础设施提供商、移动通信服务商、虚拟网络提供商等多家参与方和若干的物联网感知设备。个人数据在这种多家参与方、多种网络结构、多种接入技术、多种应用的大环境下传输、存储、处理，可能会导致个人隐私数据分布在网络的多个角落而容易被窃取。另外，5G网络采用了大批次的虚拟化技术，这样使得网络边界不如硬件的边界清晰，在若干用户共享网络资源的同时使得个人隐私信息更易被攻击和获取。除此之外，随着5G网络在各垂直行业的应用，我们的医疗健康、心情、喜好及更隐私的信息将被感知、获取、传输、处理，如果管理不好，在任何一个环节都有可能造成个人隐私的泄漏，甚至被别有用心的人利用，对个人造成严重的伤害。

### （三）虚拟网络安全性

5G网络采用的虚拟技术NFV、SDN和网络切片提高了网络的灵活性和敏捷性，但同时也提高了安全风险。

NFV是用服务器和软件来虚拟化生成原来用硬件分成的网络单元，这样虽增强了网络的灵活性，但是也导致网络单元之间的隔离界限不如硬件隔离的网络单元清晰，一旦一个单元被攻陷，其余单元也有被攻击的风险，或者如果服务器被攻击，那么在它之上建立的网络单元将全部变得不安全。

SDN 是一种软件选择路由路径和传输规则的方式。传统的路径选择是路由器和交换机自己决定；而软件选择路由，则是由应用软件指挥路由器或交换机来选择路径，这样就导致如果软件指令发不出去，流量就不发送，或者如果软件被黑客劫持，就可能乱发指令造成信息随便发而导致安全问题。

网络切片技术是将一个基础物理网络虚拟化为多个逻辑网络空间，每个切片为一个垂直应用服务，然而网络切片的协调要逾越接入、核心、传输等网络在不同区域之间切换协调，一旦某一个节点受攻击就可能导致切片的失效。比如远程操控，如果网络切片受到攻击，就有可能这边的指令那边没收到或发出错误的指令而导致整个生产线出问题，造成巨大的损失。

### （四）IoT 安全问题

#### 1. 智慧城市设备安全问题

5G 时代的到来，使得智慧城市、智慧地球成为可能，大量的物联网设备、传感器、能源、摄像头等连入网络，它们可以准确地感知社区、交通、电力、家居等基础设施信息，并能通过网络进行智能控制，精准的数据采集和智能的管控给城市管理和家居生活带来了科学性和高效性，但是如果这些设备被黑客控制，就可能导致信息的泄漏和失控。比如黑客获取了个人终端上的数据后，就可能获取其摄像头、智能门锁的信息，进而实施入室盗窃。

#### 2. 自动驾驶安全问题

5G 的超大数据流量和超低时延给自动驾驶提供了技术支持，在自动驾驶过程中，有大量的路况数据、车况数据不停地往云计算平台发送，自动驾驶汽车依赖云计算平台的计算结果来做行驶决策，对数据的准确性和时延的要求都非常高，如果这些数据有一项被黑客操控，则可能造成严重的交通事故。

#### 3. 分布式拒绝服务攻击 DDoS

5G 网络中接有大量的物联网设备，这些终端通常都具有较低的智能和安全机制，如果管理不善，很容易被黑客劫持组成“僵尸网络”来发起分布式拒绝服务攻击，导致灾难性的后果。

#### 4. 物联网病毒

由于 IoT 设备相对比较简单，安全防护措施也不够强，使得 IoT 病毒成本一般都比较低，侵入设备后，通常控制设备来发一些钓鱼邮件或广告邮件，诱导用户点击钓鱼网站或木马网站，进而对用户实施诈骗，或者有的病毒常驻设备低层，自动收集设备所有者的隐私信息、商业信息、指令信息，进而控制设备实施破坏。

## 第三节　无线网的安全防护技术

### 一、无线局域网安全

（一）IEEE 802.11 WEP

无线局域网有线等价保密（Wired Equivalent Privacy，WEP）协议是由 IEEE 802.11 制定的。

在同一个无线局域网内，WEP 要求所有通信设备，包括 AP 和其他设备，如便携式计算机和掌上计算机内的无线网卡，都赋予同一把预先选定的共享密钥 K，称为 WEP 密钥。WEP 密钥的长度可取 40 bit 或 104 bit。某些 WEP 产品采取更长的密钥，长度可达到 232 bit。WEP 允许 WLAN 中的 STA 共享多把 WEP 密钥。每个 WEP 密钥通过一个 1 字节长的 ID 唯一表示出来，这个 ID 称为密钥 ID。

WEP 没有规定密钥如何产生和传递。因此，WEP 密钥通常由系统管理员选取，并通过有线通信或其他方法传递给用户。一般情况下，WEP 密钥一经选定就不会改变。

**1. 认证**

一个客户端如果没有被认证，将无法接入无线局域网，因此必须在客户端设置认证方式，而且该方式应与接入点采用的方式兼容。IEEE 802.11b 标准定义了两种认证方式：开放系统认证和共享密钥认证。

（1）开放系统认证。

开放系统认证是 IEEE 802.11 协议采用的默认认证方式。开放系统认证对请求认证的任何人提供认证。整个认证过程通过明文传输完成，即使某个客户端无法提供正确的 WEP 密钥，也能与接入点建立联系。

整个过程只有两步：认证请求和响应，请求帧中没有包含任何与请求工作站相关的认证信息，而只是在帧体中指明所采用的认证机制和认证事务序列号。

（2）共享密钥认证。

共享密钥认证采用标准的挑战 / 响应机制，以共享密钥来对客户端进行认证。该认证方式允许移动客户端使用一个共享密钥来加密数据。WEP 允许管理员定义共享密钥。没有共享密钥的用户将被拒绝访问。用于加密和解密的密钥也被用于提供认证服务，但这会带来安全隐患。与开放系统认证相比，共享密钥认证方式能够提供更好的认证服务。如果一个客户端采用这种认证方式，客户端就必须支持 WEP。

**2. 加密与解密**

（1）加密。

加密标准定义了一个加密协议 WEP，用来对无线局域网中的数据流提供安全保护。

WEP 是基于 RC4 算法的。RC4 算法是流密码加密算法。用 RC4 加密的数据流丢失一位后，该位后的所有数据都会丢失，这是因为 RC4 的加密和解密失误造成的。所以在 IEEE 802.11 中，WEP 就必须在每帧重新初始化密钥流。

WEP 解决的方法是引入初始向量（Initialization Vector，IV），WEP 使用 IV 和密钥级联作为种子产生密钥流，通过 IV 的变化产生 Per–Packet 密钥。为了和接收方同步产生密钥流，IV 必须以明文形式传送。同时为了防止数据的非法改动以及传输错误，引入了综合检测值（ICV）。

（2）解密。

解密的流程如下。

①接收到的密文消息被用来产生密钥序列。

②加密数据与密钥序列一道产生解密数据和 ICV。

③解密数据通过数据完整性算法生成 ICV。

④将生成的 ICV 与接收到的 ICV 进行比较。如果不一致，将错误信息报告给发送方。

（二）WAP 安全机制

**1. IEEE 802.1x 认证机制**

IEEE 802.1x 是基于端口的访问控制协议，它并非是一个具体认证协议，可以说是所有基于 IEEE 802.1x 体系认证方式的统称。该套体系的核心机制是 EAP 协议。该体系能够实现对局域网设备的安全认证和授权，协议设计人员可以根据实际需求灵活扩展 EAP 认证方式。IEEE 802.1x 体系总共分为申请者、认证系统、认证服务器三部分。

从 IEEE 802.1x 架构来看，认证并未集中在单设备上完成，实际上它将认证服务剥离成两个部分：提供接入服务的认证系统和具体实现认证机制的专设服务器。在无线局域网络中，需要访问网络资源的终端用户就是架构中的申请系统，接入点扮演认证系统的角色，通常使用 Radius 服务器（如果服务器采用 Radius 协议的话）充当认证服务器。

当终端用户通过端口向 AP 发送认证申请时，由 Radius 服务器处理认证请求。专设服务器处理认证需求的做法看似降低了认证系统的工作效率，其实不然，无线局域网可以设置多个 AP，由众多 AP 共享少量的认证服务器，这样便于网管集中管理、高效维护，提高无线网络的通信效率及安全性能。

2. EAP 协议

IEEE 802.1x 以可扩展身份验证协议（Extensible Authentication Protocol，EAP）为基础，组合多种协议，构架安全体系。EAP 就是一系列验证方式的集合，其设计理念是满足任何链路层的身份验证需求，支持多种链路层认证方式，它将实现细节交由附属的 EAP method 协议完成，如何选取 EAP method 由认证系统特征决定。这样实现了 EAP 的扩展性及灵活性，EAP 可以提供不同的方法分别支持 PPP、以太网、无线局域网的链路层验证。

EAP 协议封装的格式包括协议头、代码字段、标志符字段、数据帧长度字段、数据等。认证系统通过该格式协议帧告知用户认证结果：成功或失败。

3. WPA 加密和解密机制

发送端 WPA 将 LLC 网帧（记为 MSDU）用 WEP 加密机制加密后放入 MAC 网帧传给接收方，MAC 网帧也称为 MAC 协议数据单位，简记为 MPDU。没有加密的 48 比特初始向量 V2V1V0 也放在 MPDU 内，与 MSDU 一起传给收信方。

发送端初始向量计数器从 0 开始，对每个 MSDU 块依次加 1 产生新的初始向量。如果网帧块的初始向量不按次序到达，则会被清除以抵御旧信重放攻击。对每个新的连接和新的密钥，初始向量计数器将置 0。

接收端 WPA 提取初始向量 IV，并计算临时配对密钥。然后将 MSDU 块解密并将它们重新整合成原来的 MSDU 及其完整性校验值 ICV。

（三）强健的安全网络（Robust Security Network，RSN）

IEEE 802.11i 标准包括两项主要的内容：Wi-Fi 保护接入（WPA）和强健的安全网络（RSN）。

IEEE 802.11i 规定使用 802.1x 鉴别和密钥管理方式，在数据加密方面定义了 TKIP（临时密钥完整性协议）、CCMP（计数器模式及密码块链消息认证码协议）和 WRAP（无线稳健认证协议）等 3 种加密机制。

IEEE 802.11i 定义了一系列过程，包括 IEEE 802.1x 认证和密钥管理协议四次握手等，这一系列过程构成了 RSN 体系。RSN 工作的流程分为以下几个阶段：搜寻网络；IEEE 802.11i 认证与关联；IEEE 802.11i 认证；四次握手；组播密钥握手；保密数据通信。

1. CCMP 加密机制

IEEE 802.11i 标准提供了两种加密机制，前面已经介绍过 TKIP，它是 WEP 的改良算法，虽然在安全性能方面有所提升，但是其核心机制还是 WEP 那一套。IEEE 802.11i 提出了一种全新的以高级加密标准（Advanced Encryption Standard，AES）的块密码为基础的安全协议——计数器模式及密码块链消息认证码协议。

IEEE 802.11i 规定 AES 使用 128 bit 的密钥及数据块长度，其实采用 128 bit 的应用只是 AES 的一种特殊情况，AES 本身是相当灵活的算法，支持任意长度的数据包，其安全性能远远高于 RC4。CCMP 基于 AES 的 CCM 模式，结合 Counter 模式完成数据包的加解密处理，并结合 CBC-MAC 模式完成认证处理。

CCMP 的加密步骤如下。

（1）为每个数据包分配序号 PN，PN 会自动累加，便于接收端进行重放攻击检测。

（2）利用 MPDU 的 TA，MPDU 数据长度 Dlen 和 PN 构造 CCM-MAC 的 IV。

（3）结合 IV 使用 AES 算法计算 MIC 并且追加至数据帧末端。

（4）利用 PN 和 MPDU TA 构造 CTR 模式的 Counter。

（5）利用 Counter 模式的 AES 加密数据包。

CCMP 的解密步骤如下。

（1）一旦无线接口接收到数据帧，通过帧校验序列确定它未曾受损。而后启动 CCMP 验证。

（2）进行重放检测，如果 PN 在重放窗口之外，丢弃该 MPDU。完成重放攻击检测，如果 PN 大于最近记录在案的数据包 PN，表明 PN 有效，更新最新 PN 记录，否则丢弃数据包。

（3）利用 PN 和 MPDU 的 TA 构造 CTR 模式的 Counter。利用 PN 和数据的发送端源地址构造 Counter。

（4）利用该 Counter 进行 CTR 模式解密。利用 Counter 模式的 AES 解密数据包。

（5）利用 MPDU 的 TA，Dlen 和 PN 构造 CCM-MAC 的 IV，Dlen 要减去 16，以排除 MIC 和 SN。

（6）计算数据包的完整性校验值，如果与数据包校验值不一致，则作弃包处理。

2. WRAP 加密机制

WRAP 是基于 128 位的 AES 在 OCB 模式下使用，OCB 模式通过使用同一个密钥对数据进行一次处理，同时提供了加密和数据完整性检测。

OCB 模式使用 Nonce（一个随机数）使加密随机化，避免了相同的明文被加密成相同的密文。

OCB 模式的特点是，由于 OCB 使用单一过程密钥和认证数据，其软件实现大约比那些经典的方法如 AES-CCM 快 1 倍。OCB 安全性定理指出任何针对 OCB 模式的攻击都可以转化为对其下层的加密方法的攻击。

因此，如果信任 AES 的安全性，那么用 OCB 模式使用 AES 也是安全的。

WRAP 使用 AES-OCB 对数据单元进行操作，WRAP 使用单一的密钥 K 用于加密和解密，还使用一个 28 位的包序列计数器 Replay Counter，该计数器用来构造 OCB 模式的 Nonce。Nonce 是由 Replay Counter、服务等级、源 / 目的的 MAC 地址级联而成。

AES-OCB 加密数据以后，增加了 12 个字节的头，包括 28 位的 Replay Counter，Key ID 和 64 位的 MIC。在 WEP 中的完整性算法 CRC-32 不能阻止攻击者篡改数据，起不到完整性保护的作用。保护完整性的通常做法是采用带密钥的 Hash 函数，一般称为消息认证码（Message Authentication Code，MAC）。MIC 是防止数据篡改的方法，就是 Message Integrity Code。但是 IEEE 802 已经把 MAC 用为“Media Access Control”，所以 802.11i 使用 MIC 的缩写方式。

## 二、WiMAX 安全

### （一）WiMAX 协议模型

IEEE 802.16 标准协议模型定义了介质访问控制（MAC）和物理层（PHY）协议结构。

1. MAC 层

WiMAX 中的通信是面向连接的。来自 WiMAX MAC 上层协议的所有服务（包括无连接服务）被映射到 WiMAX MAC 层 SS 与 BS 间的连接。为向用户提供多种服务，SS 可以与 BS 之间建立多个连接，并通过 16 bit 连接标识（CIDs）识别。

MAC 层又分为特定服务汇聚子层（CS）、公共部分子层（CPS）和安全子层（SS）三个子层。

（1）特定业务汇聚子层。该子层提供以下两者之间的转换和映射服务：从 CS SAP（汇聚子层业务接入点）收到的上层数据；从 MAC SAP（MAC 业务接入点）收到的 MAC SDU（MAC 层用户数据单元）。

（2）公共部分子层。该子层提供 MAC 层核心功能，包括系统接入、带宽分配、连接建立、连接维护等。

（3）安全子层。安全子层主要实现认证、密钥交换和加解密处理等功能，直接与 PHY 交换 MAC 协议数据单元（MPDU）。安全子层内容较多，包括密钥管理协议（PKM）、动态安全关联（SA）产生和映射、密钥的使用、加密算法、数字证书等。

**2. 物理层**

物理层由传输汇聚子层（TCL）和物理媒体相关（PMD）子层组成，通常说的物理层主要是指 PMD。IEEE 802.16 物理层定义了单载波（SC）、SCa、OFDM、OFDMA 四种承载体制，以及 TDD 和 FDD 两种双工方式。上行信道采用 TDMA 和 DAMA 体制，单个信道被分成多个时隙，SS 竞争申请信道资源，由 BS 的 MAC 层来控制用户时隙分配；下行信道采用 TDMA 体制，多个用户数据被复用到一个信道上，用户通过 CID 来识别和接收自己的数据。

（二）安全子层

IEEE 802.16 安全子层的协议主要由加密封装协议和密钥管理协议两类协议组成。加密封装协议主要为各类协议数据单元提供加解密服务，而密钥管理协议则主要为 SS 提供密钥分发服务。

安全子层协议各模块功能如下。

（1）PKM 控制管理。控制所有安全组件，各种密钥在此层生成。

（2）业务数据加密 / 认证处理。对业务数据进行加解密，执行业务数据认证功能。

（3）控制消息处理。处理各种 PKM 相关 MAC 消息。

（4）消息认证处理。执行消息认证功能，支持 HMAC、CMAC 或者 short-HMAC。

（5）基于 RSA 的认证。当 SS 和 BS 之间认证策略选择 RSA 认证时，利用 SS 和 BS 的 X.509 数字证书执行认证功能。

（6）EAP 加密封装 / 解封装。提供与 EAP 层的接口，在 SS 和 BS 认证策略选择基于 EAP 的认证时使用。

（7）认证 SA 控制。控制认证状态机和业务加密密钥状态机。

**1. 数据加密协议**

该协议规定了如何对在固定宽带无线接入网络中传输的数据进行封装加密。

数据加密协议主要为宽带无线网络上传输的分组数据提供机密性、完整性等保护。

数据加密协议定义了加解密算法、认证算法及密码算法应用规则等一系列密码套件。IEEE 802.16–2004 仅支持 DES–CBC 加密算法（此算法已是不安全的），IEEE 802.16e 和 IEEE 802.16–2009 同时支持 DES–CBC，以及 AES–CBC、AES–CTR、AES–CCM 等 3 种 AES 数据加密模式，IEEE 802.16m 标准支持 AES 数据加密模式。

2. 密钥管理协议

PKM 采用公钥密码技术提供从基站（BS）到用户终端（MSS）的密钥数据的安全分配和更新，是加密层的核心内容。

目前有三个版本的密钥管理协议：PKMv1、PKMv2、PKMv3。

（1）PKMv1。

PKMv1 是 IEEE 802.16–2004 及其早前版本采用的认证与密钥管理协议，采用 X.509 公钥证书和 RSA 算法实现了 BS 对 SS 的身份认证，进而分配授权密钥（AK）和业务加密密钥（TEK）。由于实现了 BS 对 SS 的认证，因此一定程度上阻止了非法用户接入 WiMAX 网络。但是由于仅实现了 BS 对 SS 的认证，所以存在伪装 BS 攻击等风险。

①认证。PKMv1 主要实现 BS 对 SS 的单向认证。在认证过程中，BS 将 SS 授权身份与付费用户及用户授权接入的数据服务进行关联。在 AK 协商过程中，BS 需要验证 SS 的授权身份及 SS 可接入的数据服务，进而能够阻止非法用户接入 WiMAX 网络或获取相关服务。PKMv1 利用 X.509 数字证书和 RSA 公钥加密算法进行授权认证。

②密钥协商。WiMAX 通信安全保护涉及 5 种密钥：AK、密钥加密密钥（KEK）、下行基于 Hash 函数的消息认证码（HMAC）密钥、上行 HMAC 密钥和业务加密密钥（TEK）。AK 在认证过程中由 BS 激活，作为 SS 和 BS 间共享的密钥，用于确保 PKMv1 后续密钥协商过程的安全。

③数据加密。一旦认证和初始密钥交换完成，BS 与 SS 间的数据传输便可启动，采用 TEK 可对各种业务数据进行加密。

（2）PKMv2。

PKMv2 协议首先支持 SS/MS 和 BS 之间的双向认证，同时引入了基于 EAP 的认证方法，该方法具备灵活的可扩展性，支持 EAP–AKA 和 EAP–TLS 等多种认证。此外，PKMv2 协议还增加了抗重放攻击措施及对组播密钥的管理。尽管弥补了 PKMv1 的一些安全漏洞，但 PKMv2 协议依然存在管理消息缺乏保护、DoS/DDoS 攻击和不安全的组播密钥管理三类主要安全缺陷。

①双向认证。为了能够实现 SS 与 BS 之间的双向认证，认证过程遵循以下步骤：BS 验证 SS 身份；SS 验证 BS 身份；BS 向已认证 SS 提供 AK，然后由 AK 来生成一个 KEK 和消息认证密钥；BS 向已认证 SS 提供 SA 的身份（例如 SAIDs）和特性，从中 SS 能够获取后续传输连接所需的加密密钥信息。

②授权密钥生成。所有 PKMv2 密钥派生都是基于 Dot16KDF 算法。PKMv2 支持两种双向认证授权方案：基于 RSA 授权过程和基于 EAP 认证过程。在基于 RSA 授权过程中，AK 将由 BS 和 SS 基于 PAK 生成；在 EAP 授权过程中，AK 将由 BS 和 SS 基于 PMK 生成。

③数据加密。PKMv2 数据加密封装主要是对管理信息和汇聚子层数据的 MAC PDU 数据的 GMH（通用 MAC 层）进行封装加密。

（3）PKMv3。

PKMv3 协议的主要目的是满足 IMT-Advanced 以及实际应用环境的安全需求。PKMv3 不仅克服 PKMv1 和 PKMv2 协议存在的缺陷，对管理消息采取了选择性机密保护策略，还删除了基于 RSA 认证的方式，只支持基于 EAP 认证的方式，增加了安全性和灵活性。

IEEE 802.16m 使用 PKMv3 协议实现以下功能：认证与授权消息透明交换；密钥协商；安全材料交换。PKMv3 协议提供 AMS 与 ABS 之间的双向认证，并且通过认证建立双方之间的共享密钥，利用共享密钥实现其他密钥的交换与派生。这种机制可以在不增加运算操作的基础上，实现业务密钥的频繁更换。

## 三、Ad hoc 网络的安全性

自组织网络（Ad hoc Network）是由一组带有无线网络接口的移动终端在没有固定网络设施辅助和集中管理的情况下搭建的临时性网络。当两个移动终端在彼此的通信覆盖范围内时，它们可以直接通信。由于移动终端的通信覆盖范围有限，所以如果两个相距较远的主机要进行通信，则需要通过它们之间的移动终端转发才能实现。因此，在 Ad hoc 网络中，主机同时还是路由器，担负着寻找路由和转发报文的工作。每个主机的通信范围有限，因此路由一般都由多跳组成，数据通过多个主机的转发才能到达目的地，故 Ad hoc 网络也被称为多跳无线网络。

### （一）Ad hoc 网络的安全路由

安全路由协议的目标是实现路由信息的可用性、真实性、完整性和抗抵赖性，防止恶意节点对路由协议的破坏。已有的路由协议（DSR、AODV、DSDV 等）均假设存在安全的网络环境，这些协议不能对抗针对路由的攻击。因此，研究者在这些协议的基础上，应用密码技术，提出了 SEAD、Ariadne、ARAN、SAODV 等安全路由协议。这些安全协议都需要一些先决条件，如节点在通信之前能够交换初始参数、协商会话密钥或有可信的第三方颁发的证书等。在协议执行的过程中，它们采用数字签名、杂凑链及信任机制来保证路由信息安全可靠。

（二）Ad hoc 网络的入侵检测

在移动环境中，并不能明确地区分正常行为和异常行为，所以传统网络中的 IDS 技术不能直接应用到 MANET 中。针对 MANET 的特点，国内外出现了多种入侵检测系统模型，使用不同的方法集中或分散 IDS 的监测任务，分布式监视网络状况，共享信息，合作检测入侵行为。近来人们提出的方案有：基于代理的分布式协作入侵检测方案；动态协作的入侵检测方案；基于时间自动机的入侵检测算法；基于区域划分的入侵检测方案；基于人工免疫的入侵检测方案等。

## 四、5G 网络安全防范技术

5G 网络存在接入认证、隐私泄漏、物联网和虚拟网络应用等的安全需求和安全问题，针对以上问题，我们提出如下一些安全防范技术。

（一）分布式安全认证和防御技术

当前的 3G、4G 网络采用的是网络对用户入网进行认证，用户对服务进行认证的二元认证方式，而到了 5G 时代，增加了大量的物联网设备和大量的垂直行业的应用，使得网络认证成了多元性的，这样就需要多元性的信任关系和可扩展的认证机制。针对大量的 IoT 设备的接入认证和安全管理问题，5G 安全架构支持采用分布式的安全认证和防御技术，通过将海量的物联网设备认证分布在周边认证节点，减轻中心认证服务器的压力，可以避免认证风暴的发生。在安全防御方面，通过将防御措施部署在靠近物联网设备的周边各节点上，能使我们在源头上截断风险，可以有效防御利用物联网设备发起分布式拒绝攻击和物联网病毒。

（二）切片隔离技术

针对 5G 网络切片的安全问题，可采用基于标识的切片隔离技术，给每个切片预设一个切片标识，符合网络安全规范的切片安全规则被放在切片服务器中，终端设备在附着网络时需要提供切片标识，附着请求到达归属服务器时，由归属服务器依据切片服务器提供的切片安全规范对切片采取对应的安全措施，并选择对应的安全算法，再据此创建设备的认证矢量，并把该认证矢量和切片标识绑定，以此来达到切片安全隔离的目的。

（三）用户隐私信息保护

5G 网络中，网络用户、网络设备、各种业务应用场景等对隐私信息保护的要求各不相同，因此，需要采用差异化、个性化的隐私保护技术。首先要明确存储和处理用户隐私信息的网络实体和相关操作，然后采用密钥、数据最小化、用户许可、访问控制、匿名化等保护措施，从网络认证、信令交互、应用层等各个层面来保护用户隐私信息在请求、传输、存储时不被泄露。

（四）区块链技术

5G 网络实现了真正的万物互联，网络中各种各样复杂的个体、虚拟技术和物理技术共同存在，在如此复杂的联网状态中，如何能实现网络交换数据的完整性和交互操作的不可否认性，成了 5G 网络的一大挑战。区块链技术具有去中心化、可以追溯、不可伪造、匿名性等特点，可以很好地实现 5G 网络中数据的完整性和操作的不可否认性。此外将区块链技术应用于物联网还能够解决物联网连接成本较高、集中度高、扩展性差、网络安全漏洞等问题。

（五）人工智能主动防御系统

我们不仅要对已知的 5G 网络安全问题采取措施，对一些未知的安全问题也要有所预警，把人工智能技术和 5G 网络安全技术结合可以变被动防御为主动防御，提高安全防御的智能性、高效性。通过将人工智能深度学习算法应用于主动防御系统中，可以及早发现网络异常，把安全威胁消灭在萌芽阶段，最大化地保护网络中的资源，营造一个可信的、智能化的 5G 网络空间。

# 第六章 计算机网络风险管理

## 第一节 网络风险分析

### 一、网络安全的风险分析

互联网上存在着各种各样的危险，这些危险可能是恶意的，也可能是非恶意的，要解决网络安全问题，首先要了解这些危险有哪些，然后采取必要的应对措施。网络安全的主要危险来自以下方面。

（一）网络攻击

网络攻击就是攻击者恶意地向被攻击对象发送数据包，导致被攻击对象不能正常地提供服务的行为。网络攻击分为服务攻击与非服务攻击。

服务攻击就是直接攻击网络服务器，造成服务器“拒绝”提供服务，使正常的访问者不能访问该服务器。

非服务攻击则是攻击网络通信设备，如路由器、交换机等，使其工作严重阻塞或瘫痪，导致一个局域网或几个子网不能正常工作。

（二）网络安全漏洞

网络是由计算机硬件和软件以及通信设备、通信协议等组成的，各种硬件和软件都不同程度地存在漏洞，这些漏洞可能是设计时的疏忽导致的，也可能是设计者出于某种目的而预留的，例如，TCP/IP 协议在开发时主要考虑的是开放和共享，在安全方面考虑得很少。网络攻击者就会研究这些漏洞，并通过这些漏洞对网络实施攻击。这就要求网络管理者必须主动了解网络中硬件和软件的漏洞，并积极采取措施，打好“补丁”。

（三）信息泄露

网络中的信息安全问题包括信息存储安全与信息传输安全。信息存储安全问题是指静态存储在联网计算机中的信息可能会被未授权的网络用户非法使用。信息传输安全问题是指信息在网络传输的过程中可能被泄露、伪造、丢失和篡改。

保证信息安全的主要技术是数据加密解密技术。将数据进行加密存储或加密传输，这样即使非法用户获取了信息，也不能读懂信息的内容，只有掌握密钥的合法用户才能将数据解密以利用信息。

（四）网络病毒

网络病毒是指通过网络传播的病毒，网络病毒的危害是十分严重的，其传播速度非常快，而且一旦染毒清除困难。

网络防毒一方面要使用各种防毒技术，如安装防病毒软件、加装防火墙；另一方面也要加强对用户的管理。

（五）来自网络内部的安全问题

来自网络内部的安全问题主要指网络内部用户有意无意做出的危害网络安全的行为，如泄露管理员口令，违反安全规定，绕过防火墙与外部网络连接，越权查看、修改、删除系统文件和数据等等。

解决这一问题应从两个方面入手，一方面要在技术上采取措施，如专机专用，对重要的资源加密存储、进行身份认证、设置访问权限等；另一方面要完善网络管理制度。

## 二、网络风险评估要素的组成关系

网络信息是一种资产，资产所有者应对信息资产进行保护，通过分析信息资产的脆弱性来确定威胁可能利用哪些弱点来破坏其安全性。风险评估要识别资产相关要素的关系，从而判断资产面临的风险大小。风险评估中的各要素的关系如图 6–1 所示。

图 6–1 中，方框部分的内容为风险评估的基本要素，圆形部分的内容是与这些要素相关的属性。风险评估围绕其基本要素展开，在对这些要素评估的过程中需要充分考虑业务战略、资产价值、安全需求、安全事件、

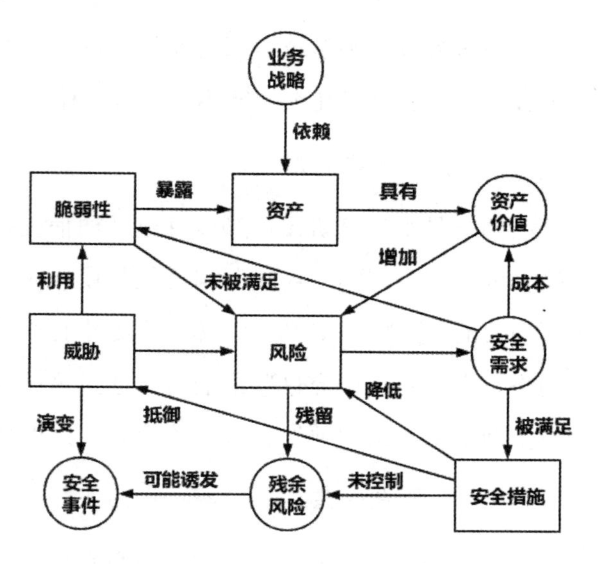


图 6–1　风险评估中的各个要素

残余风险等与这些基本要素相关的各类属性。

## 第二节 互联网单位管理

### 一、备案管理

（一）备案对象

凡中华人民共和国境内的互联网运营单位（包括ISP、IDC）、互联网信息服务单位（ICP）、联网单位、互联网上网服务营业场所和个人联网用户均为备案对象。以上单位凡服务器托管地与维护地不在同一行政区划内的，必须同时向服务器托管地和维护地的公安机关网络安全保卫部门申请备案。

（二）备案管辖

①各地级以上（含地级）人民政府公安机关网络安全保卫部门对物理位置在本行政区划内的与互联网相连接的计算机信息系统（服务器）或维护人员都具有备案管辖权。

②各地级以上（含地级）人民政府公安机关网络安全保卫部门对分别落于不同地级市的与互联网相连接的计算机信息系统（服务器）所在单位或维护人员，维护权在本地的都具有备案管辖权，即共同管辖。

③计算机信息系统服务器所在地的公安机关网络安全保卫部门有义务将互联网单位的有关资料在备案结束后15 d内抄送给计算机信息系统所在单位或维护人员、维护权所在地的公安机关网络安全保卫部门。

④与互联网相连接的互联网信息系统（服务器）或维护人员所在单位或个人都必须向服务器托管地和维护地的公安机关网络安全保卫部门申请备案。

### 二、互联网运营单位管理

（一）管理对象

互联网运营单位安全管理对象主要包括在中华人民共和国境内从事互联网接入、主机托管及租赁、空间租用、域名注册等互联网运营服务单位。

（二）管理与服务内容

①督促、指导互联网运营单位建立安全组织机构，落实安全管理人员。

②督促、指导互联网运营单位到公安机关网络安全保卫部门进行备案。

③督促、指导互联网运营单位履行告知新增的联网单位用户和开设网站、网页的联网个人用户到公安机关网络安全保卫部门进行备案的义务。

④督促、指导互联网运营单位完善具体网络服务项目、网络拓扑结构、上网接入方式（包括小区的接入方式及小区内的组网方式）、IP 地址的分布及 IP 地址和用户对应等基本要求。

⑤督促、指导互联网运营单位建立健全安全保护管理制度，包括计算机机房安全保护管理制度、安全管理责任人和信息审查员的任免和安全责任制度、网络安全漏洞检测和系统升级管理制度、操作权限管理制度、用户登记制度、异常情况及违法犯罪案件报告和协查制度、安全教育和培训制度、重要信息系统的系统备份及应急预案制度、备案制度。

⑥督促、指导互联网运营单位在实体安全、信息安全、运行安全和网络安全等方面采取必要的安全保护技术措施。

⑦督促、指导互联网运营单位制定突发安全事件和事故的应急处置方案。

⑧督促、指导互联网运营单位必须通过互联网络进行国际联网。

⑨督促、指导互联网运营单位落实计算机有害数据过滤、报告制度。

⑩督促、指导互联网运营单位提供安全保护管理所需信息、资料及数据文件。

（三）工作方法和要求

①全面掌握本地所有互联网运营单位的基本情况，积极发展安全组织机构和安全员，加强对安全负责人、安全联络员、安全专管员及相关技术人员的管理，建立安全组织人员资料库，及时掌握运营单位的运行情况。

②全面掌握互联网运营单位网络拓扑结构的基本情况，要求运营单位向公安机关网络安全保卫部门提供本单位网络拓扑结构的三级网络示意图。

③全面掌握互联网运营单位的 IP 资源及其分配接入方式（包括小区的接入方式、小区内的组网方式、IP 地址的分配和使用情况），将 IP 资源情况录入基础数据库。

④全面掌握互联网运营单位网络出口情况，重点关注互联网运营单位私自接入互联网或使用异地网络出口的情况，有效避免出现监管漏洞。

⑤加强安全保护技术措施的检查，重点检查安全审计技术措施落实情况，对提供拨号

上网、无线上网或小区接入的单位，着重要求采取必要的技术措施实现上网 IP、上网时间与上网用户的一一对应关系；特别是针对采用 NAT 方式为用户提供上网服务的单位，务必要求其记录 NAT 转换记录（包括内网 IP、转换出口的公网 IP、时间、访问的目的地址等）。

⑥督促互联网运营单位依法履行备案义务和通知其提供服务的联网用户办理备案手续，并按照要求做好定期数据报送。在规定期间向公安机关网络安全保卫部门报送本月新增和变更的用户资料以及本单位 IP 地址使用情况，及时将报送数据整理录入基础数据库。

⑦统一向互联网运营单位提供固定的报送接口和报送格式，不得随意改变报送接口和报送格式。

⑧定期走访运营单位，每半年至少到各个单位走访调研一次，及时了解各单位发展情况和业务发展计划。

⑨对未落实安全保护管理制度、经常发生违法行为、未落实案件协查制度、案件倒查准确率不足 95% 的，经屡次教育坚决不予改正的互联网运营单位严格依法查处。

## 三、互联网信息服务单位管理

### （一）管理对象

①网站安全管理对象包括中华人民共和国境内的网站开设单位。

②电子邮件安全管理对象包括中华人民共和国境内的电子邮件服务单位。

③互联网娱乐平台安全管理对象是中华人民共和国境内以公共信息网络为平台，发行、运营互联网网络游戏的单位和互联网网络游戏开发、代理、运营单位。

④点对点信息安全管理对象是中华人民共和国境内以点对点共享网络为平台，进行点对点文件共享和数据交互以及其他点对点信息应用的单位。

⑤互联网短信息服务安全管理对象是中华人民共和国境内通过移动通信运营商和互联网信息服务单位提供的信息交换平台，进行文字、图片等短信息交流的单位。

⑥网上公共信息场所管理对象是指通过互联网向上网用户提供信息或者电子公告、BBS、论坛、网络聊天室、网页制作、即时通信等交互形式，为上网用户提供信息发布条件，为市民提供信息公共场所的单位。

### （二）管理和服务的内容

①督促、指导互联网信息服务单位建立安全组织机构，落实安全管理人员。

②督促、指导互联网信息服务单位到公安机关网络安全保卫部门依法履行备案义务。

③督促、指导互联网信息服务单位建立健全安全保护管理制度。

④督促、指导互联网信息服务单位完善落实安全保护技术措施。

⑤督促、指导电子邮件服务单位建立健全邮件服务工作规范。

⑥督促、指导网络娱乐平台服务单位、点对点信息服务运营单位与公安机关信息网络安全报警处置系统连接，实现用户账号等报警特征条件和有害信息过滤关键词远程更新，以及用户信息和留存信息远程查询。

⑦督促、指导点对点信息服务运营单位关闭或删除含有有害信息的地址、目录或者服务器；对传播有害信息的用户采取基于用户账号、网络地址的屏蔽措施。

⑧督促、指导点对点信息服务运营单位与公安机关网络安全保卫部门建立网上违法犯罪案件协助配合调查的工作程序。

### （三）工作方法和要求

①全面掌握基本情况。

②加强安全检查和指导。

③建立日常应急联络机制。

④逐步落实实名制。

⑤督促、指导网站落实信息先审后发制度。

⑥督促、指导电子邮件服务单位落实关键字技术措施；推动电子邮件服务单位履行行业规范；建立案件协查机制；建立有害信息的应急处置机制。

⑦加强对互联网娱乐平台开设的新业务、新栏目的指导监管，防止涉及黄赌毒内容的业务进入互联网娱乐平台；落实重点网络游戏用户虚拟财产保护工作；加强对互联网娱乐平台的公示牌聊天功能等交互式空间内容的管理。

⑧建立紧急突发事件预警通报机制。

## 四、联网单位管理

### （一）管理对象

互联网联网单位管理对象是通过接入网络与互联网连接的计算机信息网络用户，包括单位用户及个人用户。社区、学校、图书馆、宾馆、咖啡馆、娱乐休闲中心等向特定对象提供上网服务的场所也应纳入互联网联网单位管理中。

（二）管理和服务内容

①督促联网单位建立信息网络安全组织机构。

②督促、指导联网单位依法履行备案义务。

③督促、指导联网单位建立安全管理制度。

④督促、指导联网单位完善安全保护技术措施。

⑤督促、指导联网单位定期向公安机关提交有关安全保护的信息、资料及数据文件，协助公安机关查处通过国际联网的计算机信息网络的违法犯罪行为。

（三）工作方法和要求

**1. 全面掌握联网单位基本情况**

掌握联网单位基本情况的方法包括：及时收集本行政区划内互联网运营单位（ISP、IDC）报送的联网单位情况；通过备案及时掌握联网单位的情况；通过日常管理和监控工作了解联网单位的情况。

应掌握的基本情况包括：本行政区划内联网单位的底数、服务内容、用户规模以及单位的相关情况。掌握联网单位的备案率应达到 90%。

**2. 加强安全检查和指导**

要求各联网单位落实安全保护管理制度和安全保护技术措施，重点检查重要网络系统的系统备份、安全审计日志记录留存以及突发性事件的应急处置措施的落实情况。具有保存 60 天以上的系统运行日志和内部用户使用日志记录功能。上网日志应包括上网时间、下网时间、用户名、网卡 MAC 地址、内部 IP 地址、内部 IP 与外部 IP 地址的对应关系、访问的目标 IP 地址等信息。落实安全技术保护措施的联网单位必须达到 95%。

**3. 分层次、分类型指导联网单位落实安全保护管理制度**

（1）分层次管理。

①普通联网单位。对于用户规模在 100 个以下的联网单位，纳入普通联网单位管理，指导落实安全保护管理制度。一是依法通过正规途径接入互联网，不得私自接入，并依法履行备案义务；二是安全审计产品必须使用相应带宽的硬件产品，防止低带宽产品审计高带宽出口造成丢包。

②大型联网单位。对于用户规模在 100 ~ 500 个之间的联网单位，纳入大型联网单位重点管理。在普通联网单位管理的基础上，还应要求单位服务器必须采用专用机房统一管理。

③特大型联网单位。对于用户规模在 500 个以上的联网单位，纳入特大型联网单位重

点管理。在大型联网单位管理的基础上，还应要求把特大型联网单位纳入互联网运营单位管理对象，采用互联网运营单位管理模式进行管理。

（2）分类型管理。

①党政机关联网单位。指导建立安全保护管理制度，重点落实重要信息系统的系统备份及应急预案制度、操作权限管理制度和用户登记制度；系统重要部分的冗余或备份措施、计算机病毒防治措施、网络攻击防范以及追踪措施；对使用公网动态 IP 地址上网的用户，上网日志应包括上网时间、下网时间、用户名、主叫电话号码、分配给用户的 IP 地址等信息。

②宾馆旅业。指导建立安全保护管理制度，重点落实操作权限管理制度；用户登记制度、异常情况及违法犯罪案件报告和协查制度；系统运行和用户使用日志记录措施，其中对使用内部 IP 地址，通过网络地址转换技术（NAT、PAT）上网的用户，上网日志应包括上网时间、下网时间、用户名、网卡 MAC 地址、内部 IP 地址、内部 IP 与外部 IP 地址的对应关系、访问的目标 IP 地址等信息。

③非经营性公共上网服务场所。指导建立安全保护管理制度，重点落实操作权限管理制度、用户登记制度和备案制度，以及系统运行和用户使用日志记录保存 60 日以上的措施、身份登记和识别确认措施。

④重点联网用户。指导建立安全保护管理制度，严格上网管理，禁止一机两用。

## 第三节　网络用户的上网行为管理

### 一、上网行为管理系统及其功能

在传统的防火墙、杀毒软件和 IDS/IPS 网络入侵检测 / 保护系统等安全管理设施之外，为了实现对种类繁多的各种应用层网络数据流的识别和安全控制，很多信息安全设备制造商开发了上网行为管理系列产品。上网行为管理系统的数据监测设备可以独立工作，也可以与防火墙、入侵保护系统等配合使用，当检测到违反安全策略的网络通信行为后，即可阻断或限制其通信进程。上网行为管理系统一般可实现如下功能。

①网络实时流量监控与分析。

②集中化的图形化管理平台。

③网络流量控制管理。

④流量整型与应用优化。

⑤提供丰富的图表报告分析和统计。

⑥对 P2P 对等应用、IM 即时通信、视频 /Streaming 应用、网络游戏、炒股软件、企业办公、数据库与中间件等应用层协议的自动识别和分类，对用户传输的某些应用数据类型以及各种新出现的网络信息安全威胁的可疑数据，提供自定义的特征码，方便识别。

## 二、P2P 上网行为的监测与控制

对 P2P 网络数据流进行安全监管和控制，面临以下几个方面的问题。

① P2P 对等网络系统的功能主要是在应用层实现的，因此工作于传输层和网络层以下的防火墙、入侵检测等网络管理设备难以对 P2P 的应用层数据流进行有效识别和控制。

②各种 P2P 应用系统采用的不是互联网官方公布的应用层协议，而是 P2P 应用系统开发者自有知识产权的协议，有很多 P2P 应用系统的工作原理是不公开的，只能从捕获的数据流中进行分析。而且 P2P 应用系统种类繁多、互不兼容。

③除了中心式的 P2P 网络采用少量固定 IP 地址的索引服务器外，大部分 P2P 系统没有服务器，对等机没有固定 IP 地址。采用对 IP 包中的源和目的 IP 地址进行识别的方法，效果有限。

④ P2P 应用系统的开发者为了自己系统的利益扩张，也要千方百计地采取各种技术手段来逃避对用户上网行为的监管。例如，采用动态变化的端口号，尽量减少 P2P 数据包的特征等来逃避检测。

⑤在网络安全监管中，对各种 P2P 对等网络的应用不能简单禁止，而要根据本地私有网络系统的性质和特点制定出相应的信息安全管理策略，例如，限制部分流量、阻断某些应用等措施。

# 第四节 互联网监控与不良信息过滤系统

## 一、监控拦截模式

### （一）拦截原理

当用户使用手机访问移动互联网时，位于核心网中的监控过滤系统对访问和回传信息及时进行检测采集和监测，根据既定标准进行检索筛选，进而选出不良信息后过滤，并将过滤后的安全信息显示到手机中。其拦截流程步骤为访问、监测、对比、过滤、回送。

### （二）总体设计

本系统采用上述原理实现手机移动互联网不良信息监控和过滤。监控过滤系统由代理模块和过滤模块组成，分别具有代理服务及文本信息解析过滤作用，负责代码解析和过滤判断。

当移动端输入 URL 地址后，浏览器将请求信息发送给代理模块，代理模块解析出真实的网络访问地址、请求参数等重要信息重构请求，从而获得访问的 HTML 源代码，之后将信息发送至过滤模块，由过滤模块记录非法请求并过滤敏感信息，最后，拦截过滤系统再将处理后的页面通过移动网络返回至手机终端。

### （三）监控过滤系统算法

移动互联网不良信息监控过滤系统采用基于内容关键字的过滤技术。该技术首先对监控信息内容进行识别，再经过分析、对比、判断等步骤确定内容是否需要过滤，最后通过相关检测控制技术对具有不良信息特征的字段进行处理。

### （四）监控过滤系统数据结构设计

监控过滤系统数据结构包括 ID、关键字、权重、敏感词级别、日期等。监控过滤系统启动后，先加载敏感词信息数据库，当调用代理和过滤接口时，系统将按照发来的 HTML 信息来解析源代码中的文本内容，后将文本内容与数据库中的敏感词比对并作过滤处理，通过循环，查找与敏感词表相匹配的字符串，找到以 * 号替换。

### （五）监控过滤系统程序设计

本系统基于 Java 框架技术构建，三大主要功能模块如下：①代理模块获取请求功能；②加载敏感词保存功能；③过滤实现功能。

（1）代理模块获取请求部分代码。

String requestURI=request.getRequestURI（“url”）；获取 url 请求

（2）加载敏感词保存部分代码。

public List < String>sensitiveWordList l/ 从数据库加载敏感词

insert Word（keyWord.get Word（），key Word.getLevel（O）；// 存储关键词、级别等信息

（3）过滤实现部分代码。

FilteredResult result = WordFilterUtil.filterText（str，‘*’）；/ 敏感词过滤

System.out.printIn（“替换后的字符串为；\n” + result.get Filtered ContentO）；l/ 获取过滤后的内容

## 二、主动监测模式

除了监控拦截模式，还可以利用爬虫技术不定期对一些网站开展主动监测测试，对于经常出现违规信息的网站添加阻止 URL，最终形成基于 URL 站点过滤技术的黑名单数据库。爬虫程序自动运行后，通过获取 URL 最大限度的对网站、微博、论坛上的各类信息进行下载分析，逐步建立黑名单数据库，从而实现主动监控网站的目的。现对用到的爬虫技术进行介绍。

利用网络爬虫技术从某一个网页开始，下载该网页内容及其网页内 URL 指向的其他网页，递归下载直至完成整个网站的镜像。

为确保数据采集的及时性，爬虫程序需长时间运行和大范围访问遍历，这样可能就会被目标网站屏蔽，此时可采用包括分时轮转多任务、IP 地址切换和模拟浏览器登录等方法防屏蔽。

### （一）分时轮转多任务

对目标网站进行爬取时，将一个大规模任务划分为多个子任务，并且分时段进行访问爬取，从而保证访问次数在容忍范围内进行，以达到预防屏蔽的目的。

### （二）IP 地址切换

多数网站的防火墙会对某个时段的同一 IP 地址的访问次数进行限定，若是没有超过上线则正常响应，反之则拒绝返回数据。目前主要的应对方案是使用代理，当爬取进程检测到当前 IP 被屏蔽后，自动更换一个新的 IP 继续访问。

（三）模拟浏览器登录

对于需要用户登录才能访问的网站，如微博、论坛等，可采用模拟浏览器技术，虚拟用户名和密码实现登录。

## 第五节　信息安全等级保护与测评

### 一、信息安全等级保护

信息安全等级保护是国家信息安全保障的基本制度、基本策略、基本方法。开展信息安全等级保护工作是促进信息化发展、维护国家信息安全的根本保障，是信息安全保障工作中国家意志的体现。

国家信息安全等级保护坚持“自主定级、自主保护”与国家监管相结合的原则。信息系统的安全保护等级应当根据信息系统在国家安全、经济建设、社会生活中的重要程度，信息系统遭到破坏后对国家安全、社会秩序、公共利益，以及公民、法人和其他组织的合法权益的危害程度等因素确定。

### 二、信息安全等级测评

（一）等级测评的作用

等级测评是指测评机构依据国家信息安全等级保护制度规定，按照有关管理规范和技术标准，对非涉及国家秘密信息系统安全等级保护状况进行检测评估的活动。

在信息系统建设、整改时，信息系统运营、使用单位通过等级测评进行现状分析，确定系统的安全保护现状和存在的安全问题，并在此基础上确定系统的整改安全需求。

在信息系统运维过程中，信息系统运营、使用单位定期委托测评机构开展等级测评，对信息系统安全等级保护状况进行安全测试，对信息安全管控能力进行考察和评价，从而判定信息系统是否具备《信息安全技术信息系统安全等级保护基本要求》（GB/T 22239—2008）中相应等级的安全保护能力。而且，等级测评报告是信息系统开展整改加固的重要指导性文件，也是信息系统备案的重要附件材料。等级测评结论为信息系统未达到相应等级的基本安全保护能力的，运营、使用单位应当根据等级测评报告，制定方案进行整改，以便尽快达到相应等级的安全保护能力。

（二）等级测评过程

等级测评过程分为 4 个基本测评活动，即测评准备活动、方案编制活动、现场测评活动、分析及报告编制活动。

**1. 测评准备活动**

本活动是开展等级测评工作的前提和基础，是整个等级测评过程有效性的保证。测评准备工作是否充分直接关系到后续工作能否顺利开展。本活动的主要任务是掌握被测系统的详细情况、准备测试工具，为编制测评方案做好准备。

**2. 方案编制活动**

本活动是开展等级测评工作的关键活动，为现场测评提供最基本的文档和指导方案。本活动的主要任务是确定与被测信息系统相适应的测评对象、测评指标及测评内容等，并根据需要重用或开发测评指导书，形成测评方案。

**3. 现场测评活动**

本活动是开展等级测评工作的核心活动。本活动的主要任务是按照测评方案的总体要求，严格执行测评指导书，分步实施所有测评项目，包括单元测评和整体测评两个方面，以了解被测系统的真实保护情况，获取足够证据，发现被测系统存在的安全问题。

**4. 分析及报告编制活动**

本活动是给出等级测评工作结果的活动，是总结被测系统整体安全保护能力的综合评价活动。本活动的主要任务是根据现场测评结果和《信息安全技术信息系统安全等级保护实施指南》（GB/T 25058—2010）的有关要求，通过单项测评结果判定、单元测评结果判定、整体测评和风险分析等方法，找出整个系统的安全保护现状与相应等级的保护要求之间的差距，并分析这些差距导致被测系统面临的风险，从而给出等级测评结论，形成测评报告文本。

# 第七章

# 计算机信息安全事件监测与应急管理

## 第一节 信息安全事件的概念、类型和特点

目前，国内外对信息安全事件的分类分级有所描述的标准有《信息安全事件管理》《计算机安全事件处理指南》《信息安全管理体系要求》《信息技术安全技术、信息安全事件管理指南》《信息技术安全技术、信息安全事件分类分级指南》等。

到目前为止对信息安全事件还没有一个相对一致的确切定义。在《信息安全事件管理》中没有明确给出计算机安全事件的定义，只是对安全事件做出了解释：一个信息安全事件由单个的或一系列的有害或意外信息安全事态组成，它们具有损害业务运作和威胁信息安全的极大的可能性。《信息安全管理体系要求》指出：信息安全事件是指识别出发生的系统、服务或网络事件表明可能违反信息安全策略或使防护措施失效，或以前未知的与安全相关的情况。《计算机安全事件处理指南》认为信息安全事件可以看作是对计算机安全策略、使用策略或安全措施的实在威胁或潜在威胁。《信息技术、安全技术、信息安全事件管理指南》对信息安全事件的定义是：信息安全事件是由单个或一系列意外或有害的信息安全事态所组成的，极有可能危害业务运行和威胁信息安全。《信息技术安全技术、信息安全事件分类分级指南》通过对现有信息安全事件的研究分析，对其特征进行归纳和总结，并参考其他标准，总结出了信息安全事件的定义：由于自然或者人为以及软硬件本身缺陷或故障的原因，对信息系统造成危害，或在信息系统内发生对社会造成负面影响的事件。

在对信息安全事件的定级分类方面，《信息安全事件管理》明确提出应建立用于给事件“定级”的信息安全事件严重性衡量尺度，但没有给出具体的信息安全事件的分类，也没有给出如何确定信息安全事件的级别以及如何描述事件的级别，只是举例描述了信息安全事件及其原因，介绍了拒绝服务、信息收集和未经授权访问三种信息安全事件，并在附录给出了信息安全事件的负面后果评估和分类的要点指南示例。《计算机安全事件处理指南》针对安全事件处理，特别是对安全事件相关数据的分析以及确定采用哪种方式来响应

提供了指南。该指南介绍了安全事件的分类，但同时说明所列出的安全事件分类不是包罗一切的，也不打算对安全事件进行明确的分类。

《信息安全事件分类分级指南》规定了信息安全事件的分类分级规范，用于信息安全事件的防范与处置，为事前准备、事中应对、事后处理提供一个基础指南，可供信息系统的运营和使用组织参考。在考虑了信息安全事件发生的原因、表现形式等用以体现事件分类的可操作性后，该指南将信息安全事件分为七个基本类别：有害程序事件、网络攻击事件、信息破坏事件、信息内容安全事件、设备设施故障、灾害性事件和其他信息安全事件等。每个基本分类分别包括若干个第二层分类以便更清晰的对信息安全事件的类别进行说明，突出事件分类的科学性，例如，有害程序事件包括计算机病毒事件、蠕虫事件、木马事件、僵尸网络事件、混合攻击程序事件、网页内嵌恶意代码事件和其他有害程序事件 7 个第二层分类。

为使用户可以根据不同的级别，制定并在需要时启动相应的事件处理流程，指南将信息安全事件划分为特别重大事件（Ⅰ级）、重大事件（Ⅱ级）、较大事件（Ⅲ级）和一般事件（Ⅳ级），并给出了级别划分的主要参考要素：信息系统的重要程度、系统损失和社会影响。在对信息系统的重要程度进行分级描述时，没有对特别重要信息系统、重要信息系统和一般信息系统做出解释。鉴于我国的信息系统安全等级保护制度已经在这方面做出了规定，为与等级保护制度相对应，特别重要信息系统对应于等级保护中的 4 级和 5 级系统，重要信息系统对应于 3 级系统，一般信息系统对应于 1 级和 2 级系统。

通过对信息安全事件的定级和分类，可以准确判断安全事件的严重程度，有利于迅速采取适当的管理措施来降低事件影响，提高通报和应急处理的效率和效果，同时也有利于对安全事件的统计分析和数据的共享交流。

目前，发生在互联网上的安全事件的种类和数量越来越多，并呈现出如下特点。

## 一、安全漏洞是各种安全威胁的主要根源

安全漏洞发现的数量越来越多，零日攻击现象增多，如利用微软 Word 漏洞进行木马攻击等。

## 二、拒绝服务攻击发生频繁

攻击者的攻击目标明确，针对不同网站和用户采用不同的攻击手段，且攻击行为趋利化特点表现明显。对政府类和安全管理相关类网站主要采用篡改网页的攻击形式；对中小

企业采用有组织的分布式拒绝服务攻击等手段进行勒索；对于个人用户，利用网络钓鱼和网址嫁接等对金融机构、网上交易等站点进行网络仿冒，在线盗用用户身份和密码等，窃取用户的私有财产。

### 三、入侵者难以追踪

有经验的入侵者往往不直接攻击目标，而是利用所掌握的分散在不同网络运营商、不同国家或地区的跳板机发起攻击，这让对真正入侵者的追踪变得十分困难，需要大范围的多方协同配合。

### 四、联合攻击成为新的手段

网络蠕虫逐渐发展成为传统病毒、蠕虫和黑客攻击技术的结合体，不仅具有隐蔽性、传染性和破坏性，还具有不依赖于人为操作的自主攻击能力，并在被入侵的主机上安装后门程序。网络蠕虫造成的危害之所以引人关注，是因为新一代网络蠕虫的攻击能力更强，并且和黑客攻击、计算机病毒之间的界限越来越模糊，带来更为严重的多方面的危害。

### 五、信息内容安全事件日渐增多

由于公共网络的开放性，网络已成为人们进行思想交流、表达观点、发表看法的重要平台。因此，一些危害国家安全、妨害社会管理、损害公共利益、影响合法权益等违反国家法律法规的违法有害信息时有出现；网上违法犯罪活动在互联网上仍然十分猖獗；网络传销、网络欺诈等有害信息使群众的切身利益受到严重侵害；贩卖违禁物品、传授违法技术、教唆违法活动的信息对公共安全构成极大威胁。

## 第二节　建立信息安全事件监测与响应平台的意义

互联网的出现使得信息安全事件层出不穷，安全事件的新特点需要人们对信息安全事件快速做出反应，对信息安全事件要及时发现和及时处理，将事件的损害或影响降到最低。

在对信息安全事件的应急响应和处理过程中，首先是要及时发现安全事件的发生。其次是要及时抑制和阻止安全事件的继续发展和蔓延，防止危害后果的加重和扩大。再次要设法确保数据恢复和审计评估，达到减少安全事件损害的目的，并为利用行政的和法律的手段追究相关责任提供帮助。最后是要对发生的信息安全事件进行通报，以起到教育、预防、震慑的作用。

## 一、应对信息安全事件时，应注意三个方面

（一）及时发现是安全保障的第一要求，也是应急处理的基本前提

需要对信息系统进行安全事件的监控和预警。为做到及时发现和准确判断，应该尽可能地了解全局的情况。但是局部的数据往往也会反映事件的真实本质。例如网管人员发现的网络流量异常既可能是正常的业务需求造成的，也可能是病毒传播或黑客攻击造成的。

（二）确保恢复是安全保障的第一目标

应急处理的两个根本性目标是确保恢复、追究责任。除非是“事后”处理的事件，否则应急处理人员首先要解决的问题是如何确保受影响的系统恢复正常功能，或将网上违法有害信息造成的影响降到最低程度。追究责任涉及法律问题，由司法部门来执行，一般用户单位或第三方支援的应急处理人员主要起配合分析的作用，因为展开这样的调查通常需要得到司法许可。

（三）建立应急组织和应急体系，这是网络安全保障的必要条件

当前网络安全事件的特点决定了单一的应急组织已经不能从容应对当今的网络安全威胁。在缺乏体系保障的情况下，单个组织无法处理管理范围之外的攻击来源，而不得不把自己层层保护起来，最终造成自己的网络被“隔离”。只有在同一个应急体系下，多个组织协同配合，分别处理各自范围内的攻击源，整个网络才能有效地运转。

## 二、建立信息安全事件监测与响应平台的意义

（一）从整体与管理的角度去考虑信息系统安全问题

虽然大多数信息系统的主管单位都制定了管理措施和应急处理的方案，采用了一些网络安全产品如防火墙、入侵检测系统和防病毒软件，在一定程度上保障了信息网络的安全，但这些系统之间往往缺乏相互联系，有的甚至彼此完全分割，对系统中发生的安全事件如网络攻击事件、信息内容安全事件等缺乏沟通和交流，这些系统中安全产品的使用也是相互孤立的，每个系统的管理监测都是相对独立的。因此，需要从整体与管理的角度去考虑

信息系统安全问题，建立一个信息网络安全事件监测及应急响应平台，统一管理信息安全事件的监测设备，减少重复警报的数量，全面掌握网上安全状况，充分发挥各信息系统安全设备的作用，进一步加强网络安全监管和网络安全秩序的维护。

（二）对信息安全事件的监测和响应是技术措施更是管理措施

信息安全事件通常涉及国家、组织、部门甚至个人，包括公安、国家安全、国家保密、信息产业、宣传、文化、广电、新闻出版、教育、信息系统主管部门、信息系统运营单位、公民、法人和其他组织等。建立信息安全事件监测与响应平台的一个重要作用就是组织、协调上述有关组织、部门或个人按照各自的职责分工，积极参与、妥善应对信息系统安全事件，通过监测、预警、预控、预防、应急处理、评估、恢复等措施，防止可能发生的安全事件和处理已经发生的事件，达到减少损失、化解风险的目的。

## 第三节　信息安全事件监测与应急响应平台

网络安全威胁是客观存在的，但其风险是可以控制乃至规避的。信息安全事件的处理应坚持“积极防御、综合防范”的方针，既要采取有效措施保障信息系统的系统安全和数据安全，又要保证信息系统中信息内容的安全。虽然绝大多数信息系统都应用了一些网络安全产品如防火墙、入侵检测系统和防病毒软件，在一定程度上保障了信息网络的安全，但从整体与管理的角度去考虑信息系统安全问题，建立一个信息网络安全事件监测及应急响应系统，培养一支具有安全事件应急处理技术能力的人员队伍，对加强网络安全监管和维护网络安全秩序具有非常重要的意义，是十分必要的。

信息网络安全事件监测及应急处置系统主要有三大功能模块：监测采集模块、监测分析模块、应急响应模块。前端监测采集模块是由一系列前端监测设备组成，不同类别的信息安全事件有不同的监测设备，它们是监测与响应平台最基础的设备。这些监测设备对需要监测的信息系统或网络关键节点进行远程监测，发现并收集网络攻击、垃圾邮件、违法信息、病毒等多种危害信息系统安全的数据，然后传送到监测分析模块供管理人员分析判断。

安全管理人员通过监测分析模块中的管理接口对信息系统中的前端监测设备进行统一的控制和调度，根据前端设备对信息系统或网络关键节点进行不间断观测，并将获取的数据与知识库进行比较，充分参考专家提供的知识和经验进行推理和判断，对网络中发生的异常情况或已经发生的网络安全事件及时迅速地向信息系统管理单位发出警报或提出应对策略和措施，以利于这些单位能及时地响应和处置，这种及时性对信息安全来说是非常重要的。与此同时，向应急响应模块传送有关情况以便采取进一步的措施。监测分析模块主要由以下几部分组成。①知识库，用于存储信息安全的专门知识，包括事实、可行操作与规则等。②综合数据库，用于存储信息安全领域或信息安全习题的初始数据和推理过程中得到的中间数据。如网站备案库、用户地址库、法律法规条款库等。③推理机，用于记忆所采用的规则和控制策略的程序，根据知识进行推理和导出论坛。④解释器，向用户解释专家系统的行为，包括解释推理结论的正确性以及系统输出其他候选解的原因。⑤接口，使系统和用户进行对话，用户能够输入必要的数据、提出问题、了解推理过程及推理结果等，系统则通过接口回答用户提出的问题并进行必要的解释。

应急响应模块将专家系统发出的警报或提出的应对策略与相关单位如应急响应组织、执法部门、通信部门、软件供应商、新闻媒体等进行共享，再由这些部门提出相应的措施并反馈给相关信息系统的管理单位，对这些单位提出具体要求，共同做好数据恢复、事件追踪、事件通报、宣传教育等应急响应工作，以实现信息安全事件响应的多部门联动。

这里主要研究以下几个系统。①基于主机的入侵检测系统。基于主机的入侵检测报警系统采用基于服务器的状态检测和日志分析技术，采集、比对、分析和判别各种可疑入侵行为并记录和自动报警。主要完成了文件访问监测、注册表监测、进程监测、系统资源监测和端口开放监测，并用层次化多元素融合入侵检测技术实现了对主机的入侵监测。②网关级的违法信息过滤系统。网关级的违法信息过滤及报警系统，重点实现对上网服务场所等前端违法信息的监测和过滤。③监测与应急响应中心平台。包括监测分析系统和应急响应系统两大模块，主要负责对前端收集的数据进行分析，提出解决方案并同时分发到前端信息系统和与信息安全事件有关的部门。

## 一、基于主机的入侵检测系统

网络入侵监测系统与应急响应中心平台之间采用 C/S 架构，由安装在监测与应急响应中心平台的主控端和部署在各个被保护主机上的网络入侵监测设备构成整个系统。

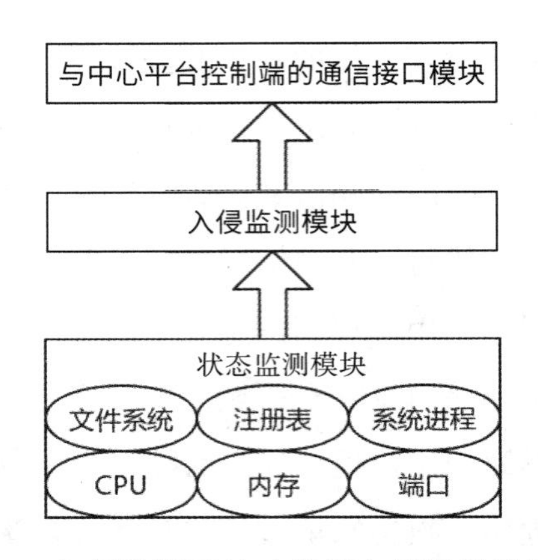


**图 7-1　入侵监测系统（前端）模块结构示意图**

网络入侵监测系统在功能实现上由三个子模块组成，分别是状态监测模块、入侵检测模块和通信接口模块，如图 7-1 所示。系统的最底层是状态监测模块，负责监测系统的各项安全要素。该模块将网络入侵、网络攻击、病毒感染、木马活动等发生变化的安全要素捕获并记录进日志后提交给入侵检测模块。状态监测模块监测的安全要素包括：①文件操作；②注册表操作；③进程的状态；④网络连接和端口状态；⑤ CPU 状态；⑥系统内存状态。

系统的第二层是入侵检测模块，它在接收到底层监测模块传来的数据后采用一定的算法将它们与特定的知识库比较，从而检测出影响系统安全的行为。在检测出特定事件后，该模块会将此事件传送到通信接口模块。

通信接口模块是一个功能相对独立的模块，它是 Agent 端与控制端发生通信的途径和通道。该模块一方面接收从控制端传来的配置信息或查询命令，另一方面还会主动依据所配置的策略向监测与应急响应中心平台报告消息、事件和处置结果。

为简单起见，下面只列举对文件、注册表和进程进行的监测分析。

### （一）Windows 文件系统监测

对 Windows 文件操作的监测可以采用虚拟设备挂接方式，即编写一个自定义的虚设备驱动，插入图 7-2 中虚线框表示的位置，用来监测所有的文件操作。

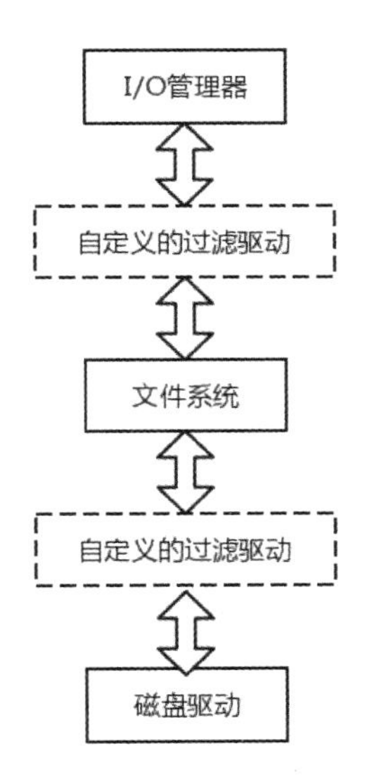


图 7-2 虚设备驱动的插入位置

首先调用 Ob Reference Object By Handle 函数取得文件系统的句柄，再通过调用 Io Get Related Device Object 函数从文件系统的句柄中得到相关的磁盘驱动设备的句柄，通过 Io Create Device 创建自己的虚拟设备对象，然后调用 Io Get Device Object Pointer 得到磁盘驱动设备对象的指针，最后通过 Io Attach Device By Pointer 将自己的设备放到设备堆栈上成为一个过滤器。这样，被监视的磁盘驱动设备的每个操作请求（IRP）都会先发往虚拟设备，再由虚拟设备发往真实的磁盘驱动设备，操作完成后的返回值也会被发往虚拟设备。通过这个“自定义驱动”就可以对文件的操作请求进行监测，因而可以得到所有的文件操作信息。

内核态的“自定义驱动”与用户态的监测程序之间采取原始的 Device Io Control 被动通信方式，即由 ring3 层的用户程序周期性发出 Device Io Control 控制驱动，来与内核驱动进行单向通信，请求返回截获的数据。综合考虑文件系统的吞吐量和系统效率，在 P4-2.4G CPU，512 M 内存的实验电脑中采用 500 ms 周期，效果较好。

（二）Windows 注册表监测技术

对注册表操作进行拦截使用拦截系统调用的方式。当用户态的应用程序在注册表中创建一个新项目的时候，就会调用 Advapi32.dll 中的 Reg Create Key 函数，Reg Create Key 函数检查传进来的参数是否有效并将它们都转换成 Unicode 码，接着调用 Ntdll.dll 中的 Nt Create Key 函数。Nt Create Key 函数最后触发 INT 2E 中断指令，从用户态进入到内核态。进入内核态后，系统调用 Ki System Service 函数在中断描述表（Interrupt Descriptor

Table，IDT）中查找相应的系统服务指针，这个指针指向函数 Zw Create Key，然后调用这个服务函数。

在系统内核中，有两张系统报务调度表，分别是 Ke Service Descriptor Table 和 Ke Service Descriptor Table Shadow。要实现对注册表操作的监测，就需要替换系统服务调度表中的一个 Native API 地址，使它指向自定义的监测函数。

（三）Windows 进程监测技术

在 Windows NT 中，创建进程列表使用 PSAPI 函数，这些函数在 PSAPL.DLL 中，通过调用这些函数可以很方便地取得系统进程的所有信息，例如进程名、进程 ID、父进程 ID、进程优先级、映射到进程空间的模块列表等。

1. Enum Processes

该函数是获取进程列表信息的最核心的一个函数，该函数的声明如下：

BOOL Enum Processes（DWORD*Ipid Process，DWORD cb，DWORD*cb Needed），Enum Processes 函数带三个参数，DWORD 类型的进程 ID 数组指针 IP ID Process >进程 ID 数组的大小 cb、返回数组所用的内存大小 cb Needed。在 Ipid Process 数组中保存着系统中每一个进程的 ID，进程的个数为：n Process=cb Needed/sizeof（DWORD）。如果想要获取某个进程的详细情况，就必须首先获取这个进程的句柄，调用函数 Open Process，得到进程句柄 H Process：

H Process=Open Process

（PROCESS_QUERY_INFORMAriON PROCESS_VM_READ，FALSE Ipid Process）

2. Enum Process Modules

这个函数用来枚举进程模块，该函数的声明如下：

BOOL Enum Process Modules（hProcess，&h Module，sizeof（h Module），&cb Needed）

Enum Process Modules 函数带有四个参数：h Process 为进程句柄；h Module 为模块句柄数组，该数组的第一个元素对应于这个进程模块的可执行文件；sizeof（h Module）为模块句柄数组的大小（字节）；cb Needed 为存储所有模块句柄需要的字节数。

3. Get Module File Name Ex 或 Get Module Base Name

这两个函数分别用来获取模块的全路径名或仅仅是进程可执行的模块名，函数的声明如下：

DWORD Get Module File Name Ex（h Process，h Module，Ip File Name，n Size）

DWORD Get Module Base Name（h Process，h Module，Ip Base Name，n Size）

Get Module File Name Ex 有四个参数，分别是：h Process 为进程句柄；h Module 为进程的模块句柄；Ip File Name 存放模块的全路径名，Ip Base Name 存放模块名；n Size 为 Ip File Name 或 Ip Base Name 缓冲区的大小（字符）。

要实现获得系统的所有运行进程和每个运行进程所调用模块的信息，实际上只要使用两重循环，外循环获取系统的所有进程列表，内循环获取每个进程所调用模块列表。

通过上面的流程，就实现了对进程的监测，在具体实践中，系统进程列表每间隔 500 毫秒刷新一次，基本满足需求。

（四）层次化多元素融合入侵检测技术

一个入侵检测算法在技术实现方面有很多细节特征。比如检测时间、数据处理的粒度、数据内容和来源、响应方式、数据收集点等，这些特征是区别检测算法的关键。本节主要实现了一种检测时间＜1 000 ms、处理粒度为 500 ms 左右、主动响应的检测算法，由于其在实现过程中突出了多安全要素融合的特征，以及采用分层过滤检测的思想来提高检测效率，故称为层次化多元素融合入侵检测算法。

本算法是网络入侵监测系统的核心算法，目的是为“网络入侵监测模块”提供一种效率较高、占用系统资源较少、误报率较低、相对可靠实用的检测算法，当作“信息网络安全事件监测及应急处置系统”的前端子系统，主要应用于服务器、堡垒主机等核心主机。这些主机的特点是拥有一个相对稳定的安全要素状态集，即在正常状态下其进程、端口、注册表系统等安全要素的状态很少变化，对系统文件的修改更少。例如常见的 WEB 服务器，在稳定服务的情况下，系统中只有若干事先可以判断认定的进程，只开放若干服务端口，除此之外增加的不明进程、开放的额外端口都可判定为发生入侵攻击行为，系统进入不安全状态。“非我即敌”就是本算法的基本思想，在这种检测思想中存在，不能全面掌握安全要素的合理正确的状态，导致对操作的误判，即误报率的问题；要对捕获的所有安全要素状态数据进行缓存和操作，即算法的时空效率问题。

该算法提高效率最有效的手段就是，在正常情况下二层检测模块处于休眠状态，只有在一层检测算法检测到敏感数据而需要进一步对数据进行判定的时候才被激活。

**1. 一层检测算法**

在实际实现过程中，还有一个敏感状态数据集 M，按不同的安全要素分为 4 个子集，分别是进程敏感状态数据子集 Mp、文件敏感状态数据子集 Mf、注册表敏感状态数据子集 Mr、端口敏感状态数据子集 Mo。CPU 数据和内存数据在一层没有使用。

在一层检测算法中检测到的敏感数据分三级操作。一级，可充分判定为入侵，直接报警。二级，需要激活二层检测模块进行详细判断。三级为记录测试级，是为了研究和测试用。

**2. 二层检测算法**

首先从输入队列中取出传入的状态数据，然后从中分离出产生该状态信息的进程，即目标进程，再从安全要素状态数据集中取出目标进程的数据子集 Spi。从可信任状态集 P 中取出第一条进程状态描述，Fi（{Sj}）根据输入的状态数据进行判断，如果该条进程状态描述的 Sj 中没有包含输入的状态数据 S，则放弃比较，取下一条进程状态描述；如果该条描述的 Sj 中含有输入的状态数据，则取出所有的 Sj，检测每一个 Sj 是否都存在于目标进程的数据子集 Spi 中且符合 Fi 描述的逻辑关系，如是则判定为安全操作，结束检测；否则继续取下一条 Fi（{Sj}）进行检测。若可信任状态集 P 中的每一条 Fi（{Sj}）均不能证实该输入的状态数据为安全操作，则判定为入侵破坏事件发生，激活通讯模块报警，结束二层检测。

## 二、网关级有害信息过滤及报警系统

研究网关级有害信息过滤及报警系统的目的是对信息系统中的违法有害信息进行监测和过滤，防止这些信息的进一步扩散和传播。

### （一）系统结构

网关级有害信息过滤及报警系统是信息安全事件监测与响应平台中监测采集模块的子系统第二部分，由网络通信管理模块、网络数据处理模块和系统配置管理模块组成，由系统守护进程对以上三个模块的运行状况进行监控。

### （二）系统工作描述

系统的工作流程如下。

首先进行初始化，从配置文件“Device.ini”中获取网络的 IP 信息和设备 ID 号，初始化网络 SOCKET。根据 keyword.txt 文件创建关键字数据链，根据 blacklist.txt 文件创建非法 URL 数据链，将关键字和非法 URL 放入数据链中可使匹配在内存中进行，提高匹配速度。接着创建数据包捕获、非法 URL 判断、关键字匹配等线程。

数据包捕获程序捕获网络数据报文，对网络协议进行解析，提取网络有效数据。非法 URL 判断程序提取出的 URL 与数据链中的非法 URL 进行比对，然后决定是否对此 URL 进行过滤操作。关键字匹配程序对提取的网络有效数据进行关键字匹配，形成报警信息包向监测分析模块报送。关键字策略文件、数据包过滤黑名单文件由后台监测分析模块发送至前端监测采集模块。

### 三、监测与响应中心平台

监测与响应中心平台包括监测分析系统和应急响应系统两大模块，不仅接收前端入侵监测和网关级有害信息过滤及报警等，同时也接收电话、电邮等人工报警，对接收到的报警信息进行分析、判断，对其中的信息安全事件进行应急响应和指挥调度。监测与响应中心平台采用 JAVA 2 平台，Tomcat 作为 Serlvet 容器和 Web 服务器。为保证系统运行安全，Web 服务器采用了 SSL 通信协议和 IP 地址过滤策略。整套系统采用 B/S 结构，界面用 Dreamweaver 书写，内部逻辑处理采用 Java Bean 组件，在 jsp 页面中进行调用。中心平台的后台采用 SQL Server 2000 数据库服务器，报警数据经过一个接口程序上报到数据库中，这个接口程序主要负责接受报警数据、数据库管理和前端升级等功能。数据库查询语句都做了相应优化，使得查询效率更高。

监测与响应中心平台实现的任务主要有两个，一是对前端监测设备传来的行为数据进行正确的判断，判断是不是安全事件并做出适当的响应；二是向系统的运营使用单位，以及有关的应急响应部门如通信部门、执法部门、应急响应组织、软件商、媒体等传达监测情况和响应策略。为完成这些任务，监测与响应中心平台系统的主要功能包括：响应策略生成、信息查询、策略下发、用户管理、系统维护、情况通报等。响应策略生成程序将前端监测到的数据与知识库进行比较，结合综合数据库中的有关数据，通过推理机推导出相应的响应策略；信息查询提供了对报警信息、有关数据库内容的查询功能，在主页面上显示报警信息情况，当点击详情时显示信息摘要、信息类型和前端设备号等项目；策略下发是下发前端设备需要进行匹配的那些关键字、要过滤的黑名单和前端设备的升级等；用户管理提供系统用户的添加、删除和更新等操作；情况通报是将监测到的安全事件的有关情况和响应策略通过网络或其他通信工具传送到相关的单位和部门。

## 第四节　信息系统安全事件的应急管理

通过上面的信息安全事件监测与应急响应平台，可以对信息系统安全事件进行预警、发现、处置等活动。为更好地管理信息安全事件，充分发挥监测和响应平台的作用，必须采取以下两项管理措施。

第一，制定信息安全事件应急管理预案。信息系统安全事件应急管理预案被用作应对安全事件的活动指南：对报警信息进行响应；分析判断报警信息是否为信息安全事件；对信息安全事件进行应急管理；总结经验教训并改进管理方法。制定应急预案的目的是阻止安全事件的发生和发展，并在安全事件发生后尽量减少事件造成的损失和影响。

第二，成立信息安全事件响应组织，建立应急联动体系。该组织由与信息安全事件有关的单位、组织或专家组成，如通信管理部门、行业主管部门、宣传部门、司法部门、信息安全专家、行政管理人员等。在这个组织中，具备适当技能且可信的成员组成一个信息安全事件响应组，负责处理与信息安全事件相关的全部工作。

## 一、信息系统安全事件应急预案

信息系统安全事件应急预案是为降低信息安全事件的危害，以信息安全事件的后果预测为依据而预先制定的事件控制和处置方案。制定应急预案的好处是：提高安全保障水平；降低安全事件所导致的破坏和损失；强调对安全事件的预防；规范安全事件的处理程序；有利于资源的合理利用；增强信息安全意识等。

应急预案的制定要讲究科学性，要在调查研究的基础上进行分析论证，要设定应急处置的目标、规程、措施等。应急预案的制定还要有一定的预见性，对本地信息系统的总体状况、可能发生的信息安全事件、事件发生后的发展方向等有超前的预见，以保证预案的协调有序、高效严密。应急预案中的所有措施都应该是主动的而不能是被动的，应遵循早发现、早报告、早控制、早解决的原则。应急预案的制定要体现一定的协调性，要保证信息畅通、反应灵敏、快速联动，保证应急联动体系能很好地发挥作用。预案的编制过程要按照编制—实施—评审—演练—修改的模式进行。

### （一）预案编制

应急预案规定了行动的具体内容和目标，以及为实现这些目标所做的工作安排。信息安全事件预案的制定应包括以下一些内容。

**1. 报警信息的发现报告程序**

对信息安全事件发生后应当收集哪些信息、如何报告等进行规定。

**2. 报警信息的评估决策程序**

规定具体的确认安全事件的方法，进行事件类型和等级判断，确定事件的知晓范围，确定应急响应人员，选择应急响应措施。

**3. 应急响应处理程序**

按事件类型、事件等级以及事件的可控状态规定应采取的工作程序和措施。

**4. 事件结束后的评审程序**

确定如何对信息安全事件的经验教训进行总结，确定如何对安全事件监测和响应的整个过程的有效性进行评审，规定所有的监测和响应活动如何进行记录备案等。

**5. 情况通报或上报**

规定相关处置过程中是否需要通报和上报以及向谁报告，规定需要向外界通报的内容和范围。

**6. 明确授权范围**

指参与事件处置的组织或个人的授权范围和责任。

**7. 明确时机**

启动应急响应联动体系的时机。

（二）预案实施

预案编制完成后，要对预案的各个环节进行检查和实施，查找在管理信息安全事件过程中的潜在缺陷和不足之处。预案的实施包括宣传、培训、演练等，因为对信息安全事件的管理不仅涉及技术问题而且涉及人的问题，所以参与信息安全事件处理的人员必须熟悉发现、报告、应急响应的所有规程。

（三）预案评审

为保证预案的科学合理以及尽可能与实际情况相符，预案必须经过评审。预案评审的内容主要有预案包含的内容是否全面，应急人员和应急机构的职责是否明确，应急联动体系及运行机制是否可行等。

（四）预案演练

预案与安全事件发生的具体情况是有差距的，在实际应用中可能会有一些意想不到的情况发生。定期或不定期地进行演练可以检验和完善预案。制定好了的应急预案切忌只有文字表述，或者只是应付上级检查，不宣传、不培训、不预演。

（五）预案修改

对预案实施、评审或演练中发现的问题及时进行修改，完善应急预案。

信息安全事件应急响应组织可以结合上述监测和响应平台的功能制定信息安全事件的应急预案，各相关组织、部门也应制定针对本部门、本系统的信息安全事件应急预案，所有的预案构成一个完整的信息系统安全事件应急预案体系。

## 二、信息系统安全事件应急联动体系

信息系统安全事件的发生具有以下一些特点。

### （一）系统的关联性

信息系统安全事件的发生与系统类型和系统环境有很大的关系，如网络仿冒事件往往是针对网上交易和网上银行的站点，违法有害信息大多出现在互联网数据中心（Internet Data Center，IDC）出租空间中。

### （二）发生的突然性

虽然事件隐患可能早已存在，但事件的真正发生却要由一定的条件激发，这不是系统管理者所能预料和控制的。

### （三）影响的广泛性

一是传播快，如互联网上的违法有害信息一出现，马上就可以传遍全球。二是影响深，如网上的谣言可能会大范围传播并给人们造成很大的心理压力，为社会稳定平添一种不安定因素。

### （四）信息不充分

如对发动网络攻击者相关信息的收集很难做到及时、充分和准确，因为攻击者可以通过跳板、僵尸网络或新型计算机病毒发动攻击。被攻击的系统是受害者，而其他的许多参与攻击的系统则是被利用者，也是受害者。一旦这些受侵害或受利用系统的数量变得庞大，相关信息就很难进行收集或收集整齐。

由于信息系统安全事件的上述特点，信息系统安全事件发生后往往牵涉多个单位、部门甚至于个人，需要协调多个部门或单位共享安全信息、应对安全事件，以保证应急响应措施能够及时有效地发挥作用。这些单位或部门包括信息安全事件响应组织、国家行政部门、执法部门等，一般情况下，这种协调既费时又费力，往往会错过最佳处理时机，使事件不能得到及时有效的处置。因此，建立信息系统安全事件应急响应的联动体系是十分必要的。

信息安全事件应急响应联动体系由信息安全事件响应组织负责建立，应急联动指挥中心就设在监测与响应中心平台所在地。这样就可以采用统一的指挥调度系统，统一指挥、协调作战，使不同部门、不同组织之间可以互通互联、信息共享、快速反应、及时配合，避免权责不明、扯皮推诿的现象发生，真正实现信息系统安全事件快速响应的目标，达到维护国家安全和社会稳定、维护社会主义市场经济和社会管理秩序，以及保护个人、法人和其他组织的人身、财产等合法权利的目的。在应急联动体系中，应急响应指挥中心负责协调指挥，相关部门或个人根据指挥中心的调度分别完成各自的工作。

**1. 根据信息系统安全事件发生的周期，应急联动体系要具备的功能**

（1）预防预警功能。

信息系统安全事件管理的原则是以预防发生为主，因此需要做到以下几点。第一，帮助信息系统采取安全管理措施和安全技术措施，如制定安全策略、实行安全等级保护、安装防病毒软件和入侵检测工具等。第二，做好宣传教育工作。教育是最好的防范安全事件的方法。一是可以提高危机意识和安全意识，二是可以掌握必要的安全知识和安全技能，三是可以提高对安全事件的敏感度，做到及时发现、及时处置。第三，开展模拟演练。如开展防火、防震演习，网络攻防演习，信息内容安全巡查演习等。第四，做好预警工作。在信息系统中要安装前端探测设备，收集与信息系统安全有关的信息，开展经常性的信息研判。第五，必要的物资准备。

（2）应急响应功能。

当发生信息系统安全事件时，应能很快确定事件性质，迅速采取应对措施，设法将事件的影响控制在最小范围内。

（3）善后处理功能。

在安全事件结束后，收集和整理好事件中出现的现象、数据，提高监测能力和响应能力，总结应急联动体系在突发事件状态下管理活动的经验与教训，完善应急管理体系的功能，从而增强未来对事件的防范和抵御能力。

**2. 安全事件应急联动体系在工作时必须遵循的原则**

（1）依法原则。

信息安全事件应急联动体系通常涉及国家、组织、部门甚至个人，包括公安、国家安全、国家保密、信息产业、宣传、文化、广电、新闻出版、教育、信息系统主管部门、信息系统运营单位，以及公民、法人和其他组织等，它们在信息安全事件的监测和应急响应中有着不同的职责，如国家通过制定统一的信息安全法律、规范和技术标准，组织公民、法人和其他组织对信息系统安全事件进行监测和响应；信息安全监管部门根据“分工负责、密切配合”的原则负责监督、检查、指导信息系统主管部门、运营单位按照“谁主管、谁负责，谁运营、谁负责”的原则开展工作。

信息系统中往往含有大量的信息资产或个人隐私，应急联动体系在工作时，必须保证这些资产或隐私不受侵犯，参与应急联动的组织、部门甚至个人在信息安全事件的监测和应急响应中应当严格履行各自不同的职责，在自己的职责范围内完成联动体系分派的任务，不得超越法律法规所规定的职权范围。

（2）公益原则。

应急联动体系的工作是以维护国家安全和社会秩序、公共利益，以及公民、法人和其他组织的合法权益为目标，任何单位或个人不得谋取非法利益。

## 三、信息系统安全事件应急联动工作机制

应急联动体系在处理信息系统安全事件时，主要是做好以下几项工作。

### （一）接警

应急响应指挥中心负责监测接收前端监测设备的报警或接受群众举报，收集有关信息安全报警，并在第一时间将这些异常信息报告给信息安全事件响应组。

### （二）分析

信息安全事件响应组织对获取的报警信息进行初步判断，确定是否是信息安全事件，如果是信息安全事件，则立即进行响应，否则按误报处理。

### （三）决策

应急响应人员立即对事件的性质和严重程度进行分析判断，然后根据事件的类型和等级确定应急响应等级、处理事件的人员、通报或报告的范围，最后决定启动哪一种应急方案。

### （四）响应

根据应急响应方案，采取相应的处置措施。事件响应是应急处理的核心部分，主要包括以下内容。①根据事件的严重程度和影响程度，向用户或相关部门进行通知或通报。对于事件等级较低、处理比较简单的事件，由监测分析模块直接向用户进行通知。②阻止事件的继续危害。对于高风险、大范围等严重安全事件，立即采取行动遏制事件的进一步发展，如采取关闭系统、切断攻击者的连接、停止特定程序的运行、启动安全防御系统等措施；

对于低风险、小范围等不太严重的安全事件，则可提供相关的技术支持，采取局部响应措施。目标是阻止事态的扩大和蔓延。③修复受损系统，通过应用针对已知脆弱性的补丁或禁用易遭受破坏的要素，将受影响的系统、服务或网络恢复到安全运行状态，包括软硬件系统的恢复和数据恢复。④进一步调查，确定事件原因和其他详细信息。对身份认证系统、访问控制系统、入侵检测系统、安全审计系统等安全部件的日志及其他安全信息进行检查，同时维护相关的日志记录，用于事后调查、司法取证或事件重现。

（五）善后

当信息安全事件结束后，继续跟踪系统恢复以后的安全状况；对事件产生的影响和响应效果进行评估；评审和总结信息安全事件的经验教训并形成文件；制定加强和改进信息系统安全的方案；改进管理措施和管理方案；更新和改进监测与响应平台的有关数据库或算法；向公众或用户发布信息，向上级进行报告。必要时进入司法程序，进一步调查取证，对违法犯罪行为进行打击。对外发布的信息内容包括：硬件设备、操作系统、应用程序、协议的安全漏洞、安全隐患及攻击手法；系统的安全补丁、升级版本或解决方案；病毒、蠕虫程序的描述、特征及解决方法；安全系统、安全产品、安全技术的介绍、评测及升级；其他安全相关信息。

信息系统安全事件的管理工作涉及的有关部门和个人要按照上述应急联动体系的要求，根据信息安全事件预案制定的内容，严格遵照应急联动工作机制所规定的程序和步骤，有条不紊地做好信息安全事件的应急响应工作，将事件的损害和影响降到最小。

## 第五节　新时期互联网监管平台建设

### 一、网络舆情监控系统

（一）网络舆情监控系统

**1. 舆情监控系统的定义**

网络舆情监控系统是利用搜索引擎技术和网络信息挖掘技术，通过网页内容的自动采集处理、敏感词过滤、智能聚类分类、主题检测、专题聚焦、统计分析，满足相关网络舆情监督管理的需要，最终形成舆情简报、舆情专报、分析报告、移动快报，为决策层全面掌握舆情动态、做出正确舆论引导提供分析依据。

“网络舆情”是较多群众关于社会中各种现象、问题所表达的信念、态度、意见和情绪等表现的总和。网络舆情形成迅速，对社会影响巨大，加强互联网信息监管的同时，组织力量开展信息汇集整理和分析，对于及时应对网络突发的公共事件和全面掌握社情民意很有意义。网络舆情监控系统作为实时的互联网数据集成、加工的智能平台，其产品和服务主要面向负责公共事务、公共安全领域的公检法、军队和政府职能部门，以及公众高度关注的企事业单位、社会组织等。

**2. 网络舆情监控系统的结构和主要功能**

目前的网络舆情监控系统一般由自动采集子系统与分析浏览子系统构成，其中分析浏览子系统又可以细分为采集层、分析层和呈现层。

（1）采集层。

包含信息采集、关键词抽取、全文索引、自动去重和区分存储及数据库，可以采集微博、论坛、博客、贴吧、新闻及评论、搜索引擎、图像和视频等。

（2）分析层。

主要负责对采集到的数据信息实行自动分类、自动聚类、自动摘要、名称识别、舆情性质预判和中文分词等操作，保证舆情分析与数据挖掘的全面性。

（3）呈现层。

系统对采集分析的数据可以通过负面舆情、分类舆情、最新舆情、专题跟踪、舆情简报、分类点评、图表统计和短信通知等形式推送给用户，让用户做到心中有数。

在具体工作流程上，网络舆情监控系统主要对热点问题和重点领域比较集中的网站信息，如微博、网页、论坛等，进行 24 h 监控，随时采集、下载最新的消息和观点；下载完成后进行对数据格式的转换及元数据的标引，对下载到本地的信息，再进行初步的过滤和预处理。对热点问题和重要领域实施监控，前提是必须通过人际交互建立舆情监控的知识库，用来指导智能分析的过程。对热点问题的智能分析，首先基于传统，在向量空间的特征分析技术上，对抓取的内容进行分类、聚类和摘要分析，对信息完成初步的再组织；其次在监控知识库的指导下进行基于舆情的语义分析，使管理者看到的民情民意更符合现实；最后将监控的结果分别推送到不同的职能部门，供制定相应的对策使用。

因此，网络舆情监控系统的主要功能有信息数据自动采集、文本自动聚类和自动分类、话题与跟踪、文本情感分析、趋势分析、自动文本摘要、舆情态势判断、统计报告、舆情报警、重大舆情应对的指挥与整合等方面。其中，网络舆情监控系统的关键技术包括热点话题的自动发现技术以及观点的抽取、观点倾向的定性和定量分析技术。

在海量网络信息的环境下，人们面临的问题不再是信息匮乏，而是信息过载和信息噪声，所以人们关注的重心已从搜索采集的信息序化变为分析为主的信息转化。观点的抽取和观点倾向的定性和定量分析技术成为研判舆情态势的另一个重要来源和依据。目前，普通搜索引擎基于关键词得到搜索引擎返回结果的信息冗余度过高，很多不相关的信息仅仅因为含有指定的关键词而被作为结果返回，并且没有对搜索结果进行有效合理的组织。在大量的网络信息中，与同一主题相关的信息往往孤立地分散在不同的时间段和不同的地方。面对互联网上众多站点和质量不齐的网络信息，仅仅通过这些孤立的信息，人们难以对事件做到全面把握。在这种情况下，通过向量模型建立对数据相似性分析的识别话题与跟踪技术成为舆情监控系统的关键。

因此，随着互联网技术的发展，互联网用户规模的增长以及刚性维稳的需求使得网络舆情服务仅仅依靠单纯的舆情系统支持一个层面是不完整的，其应该涵盖技术支持、口碑（声誉）管理、风险沟通、危机应对等在内的诸多领域。具体而言，舆情产业链是由上游政府、企业、个人等服务需求的舆情主体，中游的提供舆情的服务商（舆情技术性系统、舆情信息衍生产品、舆情应对方案）和下游的舆情客体（产生舆情舆论导向变化的信息载体，如报刊、电台、电视台、网站等新旧媒体，以及网络水军、公关公司等口碑服务机构）组成。

（二）网络舆情监控系统的分类

自 21 世纪初中共中央提出“建立社会舆情汇集和分析机制，畅通社情民意反映渠道”以来，在网络舆论的孕育下，我国的网络舆情产业蓬勃兴起，市场规模迅速膨胀，专门从事舆情监测的软件公司如雨后春笋般涌现。在众多的舆情监测队伍中，有 100 多支被国家工信部认证许可的“正规军”。需要注意的是，即使是上述通过工信部认证的软件公司舆情软件，在舆情监测与分析水平上的表现参差不齐，在技术侧重点也各有千秋。这与其“出身”、市场定位等有着密切的关系。

按照网络舆情市场产业链的构成，根据不同环节的分工，目前的网络舆情从业者大概可以分为如下几大类。

**1. 网络舆情系统开发与销售公司**

这类企业是生产和销售网络舆情监测软件的主力，主要代表有方正智思、拓尔思（TRS）、谷尼国际、邦富软件、任子行等。它们以舆情系统产品销售与技术支持为主业，通过技术手段获取舆情信息，为服务对象提供舆情预警。它们的特长是商业运作、技术储备和数据采集，但对于网络舆论的把握和引导不够专业。

2. 互联网数据调查与研究公司

这类产品与服务主要有艾瑞网络舆情市场监测、易观市场数据、CIC 的 IWOMmaster 等。它们的主业是通过互联网行为跟踪进行相关市场的研究与分析，同时进行数据集成、加工、预测等。基于不同行业的企业的互联网口碑管理和社会化营销是其主要研究领域，政府领域的舆情介入较少。易观还一度推出易观网络舆情监测系统，但最终还是将注意力集中在市场数据研究方面。

3. 专业新闻机构

人民网、新华网、华声在线、正义网、上市公司舆情中心、环球舆情调查中心、中青舆情等是这类机构的代表。这些机构具有官方媒体背景，它们主要发挥传播领域专业、意见领袖整合能力强、社会影响力大、公信力强等优势，其舆情服务产品多为网络舆情应对排行榜、以事件为单位的舆情研究报告、舆情信息报告（网络舆情纸质及电子报告）、政府舆情应对研究与培训等。这些机构的弱点在于体制性、思维惯性，产品的技术特点不突出，在商业化运作和资本对接上有一定的局限性，当然个别机构除外。

4. 新闻和舆论传播研究、教学及其产业化机构

这类机构包括中国社科院新闻与传播研究所、中国传媒大学公关舆情研究所、中国传媒大学网络舆情（口碑）研究所、中国人民大学舆论研究所、上海交通大学舆情实验室、华中科技大学舆情信息研究中心、清华大学政维舆情研究室等。这些机构的主要产品有年度网络舆情指数报告、网络舆情年度白皮书、中国社会舆情年度报告、舆情蓝皮书—中国社会舆情与危机管理报告等。它们具有学术权威性，但这些院校式机构的弱项主要体现在社会资源不足、与市场脱节明显等方面。目前已经有些院校通过与某些网络舆情公司合作，在产业化方面进行了一定的有益的尝试。

5. 公关公司及网络水军

这类机构组织数量众多，尽管在技术上不占优势，处于网络舆情的末端，但是它们一般具有出色的资源整合和把握社会心理的能力，这使它们成为社会舆情传播（政治性议题除外）不可缺少的一个重要环节。公关公司和市场营销公司一般为企业或者机构提供公关咨询、营销炒作等服务，在涉及服务对象的舆情推动方面具有先天的优势，有时也会推动一些产业热点或者产业话题的炒作。目前，不少网络热点在炒作后被传统媒体跟踪报道，使得传统媒体成为网络水军和公关公司炒作的主渠道。

6. 其他

除了上述企业和机构外，还有一些在公众声誉（口碑）、风险、危机等传播、管理、

沟通、应对领域的专业人员和机构，其具有相关的实践经验，也会举办一些有关网络舆情的讲座、培训。

（三）网络舆情市场概览

网络舆情服务是一项跨学科、复合型产业，产品及服务涵盖了技术支持、口碑（声誉）修复、风险管理、危机应对等内容。

我国网络舆情服务产业高速发展主要有两个方面的原因：在社会层面上，由于社会经济转型带来的结构性矛盾日益突出，互联网成为公众表达诉求的重要渠道；在技术层面上，移动互联网的快速发展扩大了网络舆论的参与人数，使突发事件中的舆论“围观”来得更快、更猛。

在各级党政机关和企事业单位对网络舆情服务需求不断增加的背景下，专注于网络舆情研究和服务的机构如雨后春笋般纷纷涌现，行业规模不断扩大，业已形成了商业软件、媒体、教育科研、市场调查和公关等多种力量齐头并进的行业格局。同时，各地仍然有大量的舆情软件公司和市场调查公司高速发展。

**1. 在舆情监测领域**

人民在线无疑影响最大，其依托人民日报社、人民网成立，是一家专业从事网络舆情监测、研判、预警、处置、修复及信息增值服务业务的机构。其身后的人民日报及人民网，肩负着舆论导向的政治任务，拥有大量优质的人才、资本、媒体等方面的优势。人民在线舆情系统的优势体现在自然语言处理、观点倾向性分析等语义逻辑上，监测范围虽然是从中央媒体到门户网站、新闻跟帖、网络社区、BBS、博客、微博客、社交网站、QQ 群等，但是由于人民在线舆情监测服务的重点在于关注网络舆情信息传播的关键节点，使得人民在线舆情系统在监测覆盖面上没有其他商业舆情公司产品那样广，实效性受到影响。但随着网络舆情市场的发展，新华网等官方媒体也开始在网络舆情服务市场方面发力，人民在线面临一定的竞争压力。

**2. 在舆情系统商业应用中**

北京拓尔思网络舆情系统构建了多个向量模型，通过 TDT 对舆情信息进行相似性分析，发现、跟踪和分析互联网新的热点话题。在舆情功能上，从用户角度来看，拓尔思舆情系统在商业性舆情软件中最为全面。随着技术的发展，目前拓尔思正在企业搜索、内容管理软件等方面加大投入和研发力度，致力于成为大数据时代软件和互联网服务领域的领导厂商，并通过收购、参股等方式积极拓展业务布局，增强公司综合实力。

北大方正电子的方正智思产品与拓尔思有着相近的特性，也提供对境内、境外互联网信息（新闻、论坛、博客、贴吧、手机报、微博客等）的实时采集、内容提取及排重服务；对获取的信息进行全面检索、主题检测、话题聚焦、相关信息推荐；按需求定制主题分类；为舆情研判提供时间趋势、传播路径、话题演化等工具，统计舆情信息，生成舆情报告。方正智思系统的核心技术在于自然语言处理技术与数据挖掘技术，即在文本挖掘上通过向量模型对互联网热点话题进行相似性分析，对舆情观点倾向性进行定量计算。但在具体应用上，方正智思多用在新闻出版、教育等传统优势领域，在广度上略逊于拓尔思 TRS 产品。

中科天玑成立于 21 世纪初，由中国科学院计算技术研究所软件研究室改制而来，其舆情系统产品 Golaxy 拥有国内最完善的中文分词系统 ICTCLAS，在自然语言理解、信息智能搜索、舆情综合挖掘领域拥有自己的优势，多文档摘要、网页与博客专家搜索、信息过滤、中文分词系统等多项技术先后获得了国际大奖。但需要指出的是，中科天玑在互联网数据获取能力（漏检率和错检率）上尚有欠缺，而且在商业运作和资本对接上也不理想，在其公司主页上连产品介绍都没有，因此在舆情市场领域知名度不高。

**3. 在商业舆情系统中**

军犬网络舆情监控系统具有较强的影响力，这得益于中科点击的商业运作和社会化信息传播（如军犬舆情排行榜及其内容 SEO 优化、百度百科、百度知道等）。与其他舆情系统相比，在技术性能上，军犬网络舆情监控系统的数据采集具有一定的优势，如境外媒体监测、多载体多格式信息监测等，但该系统的短处在于文本语义分析方面只能根据关键词进行信息匹配，难以对舆情数据进行相似性逻辑处理，造成系统内无关信息冗余明显，舆情信息不准确，制约了舆情研判。就总体性能而言，军犬网络舆情监控系统强在互联网信息采集和加工，弱在语义分析，适合具有较强舆情分析挖掘能力的机构采用。

作为一个新兴的领域，由于缺乏明确的标准、规范和监管体系，网络舆情监测系统服务领域存在着鱼龙混杂的现象，如缺乏国家标准，公众认知错乱；产品良莠不齐，潜规则盛行；监管缺位，产学研脱节，产品整体水平不高；商业舆情公司介入敏感领域，容易产生隐患。因此，对于网络舆情发展中存在的种种问题，政府要监管到位。第一，由于涉及政府信息的敏感性和安全性，网络舆情监测服务管理建议由国家互联网信息办公室具体负责，公安部、国家安全部、工信部、国家保密局、科技部、工商总局等职能部门参与协调、管理；第二，成立网络舆情监测领域自律组织，通过政府监管和社会化组织自律约束，规范舆情服务市场；第三，展开网络舆情监测领域标准征集、探讨和制定，进一步规范、完善舆情服务行为；第四，举办网络舆情行业峰会等活动，搭建舆情行业交流平台，推进网络舆情产学研良性结合，为我国网络舆情服务及稳定社会发展奠定基础。

## 二、企业搜索与垂直搜索

### （一）企业搜索

世界权威机构统计表明，全球来自交易中的数据信息每年增长的速度是 61%，而其他各种相关信息每年的增长率超过了 92%。研究部门把由传统关系数据库管理系统处理的数据信息称为结构化数据，把包括纸质文件、电子文档、传真、报告、表格、图片、音频和视频文件等在内的信息称为非结构化数据或内容。据统计，企业（企业类组织机构）每年的数据增长超过 100%，其中 80% 以文件、邮件、图片等非结构化的数据形式存放在企业内计算机系统中的各个角落，而这些数据总量远远超过互联网信息的总量。有数据表明，企业 98% 以上的信息存储在企业内部，而发布到互联网上的信息量仅占总信息量的 1% ~ 2%，因此，为方便、快捷、安全地获取企业内部的信息，造就了一个新的但实际上非常传统的应用——企业搜索。

全球 500 强企业几乎都有企业搜索的需求和应用，从英国广播公司到美国国土安全部，企业搜索的业务范围无所不包。在国内，随着中国企业信息化的发展，众多企业也已经初步建成了各自统一的营业服务系统和企业内部信息传递管理系统，经过多年的运行积累，存储了海量的信息资源。由于历史原因，这些海量的信息资源管理分散、共享困难，形成了彼此隔离的信息孤岛。科学管理和合理开发这些信息资源尤其是大量的非结构化数据信息，是国内企业界面临的巨大挑战。

#### 1. 企业搜索不同于互联网搜索

企业搜索与互联网搜索有着巨大的不同。在企业中，文本文件、电子邮件、音频和视频文件等与人们密切相关的数字化信息占据了主导地位，其占有率已经超过 80%。这些信息都以非结构化的形式，散落在企业计算机系统的各个角落。

与互联网搜索引擎相比，企业搜索产品对核心技术的挑战性更高。它不仅要求搜索速度更快、结果更准确，可索引大量的文档和不同类型的媒体，同时也要求部署方便，可以与企业现有的信息系统、知识库或商业智能（BI）系统结合，并更加注重安全和隐私。

（1）复杂数据结构的搜索。

普通互联网搜索引擎针对的数据一般都是网页结构的，即使有图片、音频和视频等多媒体形式，在结构上也仍然是由 HTML 组成的。企业用户需要搜索的数据既有互联网上的，也有内部网站上的；既有网页形式的，也有基于 OA 系统的各种数据库形式的；既有结构化的数据，也有各种电子文件格式的非结构化数据或者半结构化数据，如 Word、Excel、

PDF、XML 等；既有文本形式的数据，也有多媒体形式的数据，如企业内部的新闻视频等。最突出的是，同一机构的数据还可能发布在不同介质的载体上。因此，企业搜索就是要将上述不同情况无缝结合，通过一个搜索工具和界面，发一个或者几个简单的检索请求即可得到满意的结果。

此外，互联网搜索内容对于用户来说是未知的，企业搜索的对象基本上是已知信息源，用户需要按照内容而不是通过比较源链接进行排列。

（2）搜索的安全性。

企业搜索主要针对企业内部带有明显高等级的安全特性需求，而不像普通的互联网信息公开透明。考虑到安全需求，很多企业负责人普遍认为目前的搜索技术还没有为企业搜索做好足够的准备，即使为数据定义了文档级和数据库级的双重安全保障，也难以完全避免信息泄露。要求企业搜索必须针对用户、资源、权限分级管理和控制，确保系统安全。

（3）查全率和查准率。

企业搜索主要针对企业用户，因此查找的信息专业性强，概念复杂，而且对于查询的查全率和查准率有着非常高的要求。互联网搜索基本谈不上查全率，因为互联网上的信息泛滥，任何一个搜索引擎都无法穷尽互联网的每个网页，而且也只能通过“关键词匹配”方式去实现。在企业搜索中，必须对企业内部每个需要提供服务的信息进行索引，在保证效率的同时保障结果的“全”和“准”。

（4）实时与智能化检索。

企业搜索是为企业运营和决策服务的，而不像互联网搜索一样只是提供信息参考。企业搜索的结果将直接参与到企业运营中，因此对于搜索结果、实时效果要求很高，尤其是内部业务发生变化时要能实时反应，不能像互联网搜索一样延滞更新。要做到实时反应，就要全面采用智能化的技术，智能搜索技术关注词语在文档中的逻辑关系。它综合考虑词语出现的上下文，同时又能够查找到那些可能不包含具体词语但包含相关概念的文档。除此之外，还可以实现概念提炼或基于例子的提炼。当然，企业搜索必须依靠内容管理技术和搜索技术，与数据管理、记录管理、过程管理、团队协同等各个环节密切结合，也是企业信息化的重要组成部分。

**2. 企业搜索常用功能与技术**

从企业搜索的需求来看，不外乎内容管理、内容搜索、内容挖掘等功能。应用信息采集、信息分类算法，对企业内外部的新闻、邮件、Internet 信息、文件等非结构化信息以及数据库、XML 等结构信息进行理解，而后通过前端工具实现信息个人化、信息提示、信息检索等功能。

由于该系统具备学习设置、自动发现、自动分发、处理跟踪等全过程控制功能，因此可实现对各类信息内容的自动概括、聚类、关联和联想，从而可提高企业对竞争情报信息实施全维、全息、全域的信息监控的能力。

（1）统一检索。

以多个分布式异构数据源为对象，向用户提供统一的检索接口，将用户的检索要求转化为不同数据源的检索表达式，自发地检索本地、局域网和广域网上的多个分布式异构数据源，并对检索结果加以整合，在经过消重和排序等操作后，以统一的格式将结果呈现给用户。统一检索能为不同用户提供不同的界面展现方式，既满足通用检索需求，又实现个性化需要。

（2）语言处理。

中文分词是企业搜索必须具备的技术之一，应用中文分词技术才能使搜索结果更加符合用户习惯，更加接近用户的期望结果，而且用户要根据自己的需要和行业特色来添加和维护词库。

（3）安全系统。

要实现文档、资料、数据等信息的访问安全，就要采用分级安全体系来保障，不同安全级别的信息必须经过授权才能访问；通过对检索结果进行文档级安全和集合级安全的分类实现授权体系的灵活与功能；要能与绝大部分业务系统的用户体系整合，并可以继承原有的权限系统等。

（4）内容存储。

可实现文档、资料、数据等信息的分布式存储，能够最大限度地提高部署的灵活性和可扩展性，所有的元数据和全文索引分别存储在不同的单元上；在技术上要支持主流数据库平台、操作系统、浏览器、门户、应用程序服务器和开发标准。

（5）文档管理。

要支持多种文档类型，通过将文档元数据和索引信息进行分开存储，实现强大的元数据管理功能，辅以基于文档安全级别的控制体系，对文档的整个生命周期进行全面管理；可通过创新的回溯功能查看文档的历史版本，全面提升企业文档到知识的转换能力，为企业运营决策提供知识支持。

（6）内容采集。

除了支持所有主流数据库和文件系统的采集外，还要支持内容仓库的采集，能针对指定文件所在目录进行高效检索，可对 PDF、Office、HTML、TXT、音频、视频等文件格式自动解析。同时,根据需要能够从其他各类数据源获取要检索的数据内容,如 XML 文件、其他数据池等。

因此，企业搜索其实就是应用上述多种技术开发的一个完整的企业搜索平台，能够完成企业内容整合过程的绝大部分功能，充分利用其底层应用功能，并封装为更易于使用的服务来提高应用开发的效率，更好地满足不断变化的业务需求。

**3. 企业搜索市场概况**

根据企业搜索的不同技术走向，基本上可以分为两大流派：一是在自身的关系型数据库中增强检索服务功能，在多个应用系统内部署各自的搜索服务，这样可以通过联合搜索的方式实现企业内的搜索服务，这类厂商有 Oracle、IBM 等；二是从事传统的内容管理厂商，在研究了企业搜索引擎服务后，提出了企业搜索平台（Enterprise Search Platorm，ESP）的概念，这类厂商有国内的拓尔思、邦富软件等，国外的 Autonomy 等公司。此外，Google、微软等互联网搜索引擎厂商最近几年也加大了对企业搜索的关注与投入力度。

在我国，由于信息基础建设的差异，企业搜索以面向特定行业的应用为主，政府机构、国家涉密单位、新闻媒体、科研院所、大型企业集团（如电信、金融、能源等）成为最主要的用户群。

## （二）垂直搜索

垂直搜索引擎是针对某一个行业或者某一主题的专业搜索引擎，是搜索引擎的细分和延伸，是对网页库中的某类专门的信息进行一次整合，定向分字段抽取出需要的数据进行处理后再以某种形式返还给用户。垂直搜索是相对通用搜索引擎的信息量大、查询不准确、深度不够等提出来的新的搜索引擎服务模式，针对某一特定领域、某一特定人群或某一特定需求提供的有一定价值的信息和相关服务。它能为用户提供针对性更强、精确性更高的信息检索服务。垂直搜索引擎的应用方向很多，如地图搜索、音乐搜索、图片搜索、文献搜索、企业信息搜索、求职信息搜索，涉及各行各业，各类信息都可被细化成相应的垂直搜索对象。其特点就是“专、精、深”，且具有行业色彩，相比通用搜索引擎的海量信息无序化，垂直搜索引擎则显得专注、具体和深入。

**1. 垂直搜索引擎的特点**

垂直搜索与普通互联网搜索相比有以下特点：第一，采集的学科范围小，总的信息量相对较少，可以保证用专家分类标引的方法对采集到的信息进行组织整理，进一步提高信息的质量，以建立一个高质量、专业的、能够及时更新的索引数据库；第二，只涉及某一个或几个领域，词汇和用语的一词（一字）多义的可能性大大降低，而且利用专业词表进行规范和控制，可大大提高查全率和准确率；第三，垂直搜索的信息采集量小，网络传输量小，有利于网络带宽的有效利用；第四，垂直搜索的索引数据库的规模小，有利于缩短查询响应时间，还可采用复杂的查询语法提高用户的查询精度等。

2. 垂直搜索引擎的核心技术

垂直搜索引擎的核心技术包括主题爬虫、主题词库、相关度判断等。其中，主题爬虫就是根据一定的网页分析算法过滤与主题无关的链接，保留与主题相关的链接并将其放入待抓取的 URL 队列中，然后根据一定的搜索策略从队列中选择下一步要抓取的网页 URL，并重复上述过程，直到达到系统的某一条件时停止。整体上看，主题爬虫爬行资源的数量只有普通爬虫的 1/2，但它的主题资源覆盖度却是普通爬虫的 5 倍，能发现更多的 Web 主题资源。

垂直搜索引擎根据得到的网页内容，判断网页内容和主题是否相关。如果一个网页是和主题相关的，在网页中的标题、正文、超链接中通常会有一些和主题相关的关键词，在面向主题的搜索中，这种词称为导向词，给每个导向词一个权重，就能够优先访问和主题相关的 URL，在主题词库模块中设计了一个分层的主题词库系统，该词库将颗粒大的主题词置于词库高层，将颗粒小的主题词置于词库低层，既考虑了主题搜索的广度，也考虑了主题搜索的精度。一级主题词库下还可包含若干细化的子主题词库，这些主题词库中包含了其上级主题词库的细化。例如，“股票”这个一级主题词库中的主题词可进一步设计一个子主题词库，它可包含股票代码、股票名称、上市公司名称、市盈率等，该主题词库内的主题词颗粒较小，内容相对固定。当其上级主题确定后，再深入该级主题进行文本匹配，完成更加细化的主题搜索。

在基于 HTML 协议的网页中，每一个 URL 的链接文本最能概括表达 URL 所指向的网页内容，在网页中有一个链接模型，基于网页结构的明确性，text 往往是非常精确的概括性描述文字。在这种结构基础上，人们可以采用向量空间模型来计算链接文本 text 的相似度，用它标记“urltext”的相关度。

此外，由于搜索引擎往往面临着大量用户的检索需求，因此要求其在检索程序的设计上要高效，尽可能将大运算量的工作在索引建立时完成，使检索的运算尽量少。因为一般的数据库系统不能快速响应如此大量的用户请求，所以在搜索引擎中通常采用倒排索引技术。

### 3. 垂直搜索的发展趋势

目前，从垂直搜索的应用情况来看，大部分垂直搜索的结构化信息提取都是依靠手工、半手工的方式来完成的，面对互联网的海量信息，很难保证信息的实时性和有效性，所以对智能化的结构化信息提取技术的需求非常迫切。目前，国内非结构化信息的智能提取技术取得了重大进展，在一些领域得到了有效应用，因此智能化成为垂直搜索引擎的发展趋势。

垂直搜索引擎与早期的网址分类搜索引擎相似，但垂直搜索引擎只选定了某一特定行业或某一主题进行目录的细化分类，结合机器抓取行业相关站点的信息提供专业化的搜索服务。这种专业化的分类目录（或称主题指南、列表浏览）很容易让用户迅速知道自己要找的是什么，并且按目录单击就能找到。

深度挖掘型垂直搜索引擎可以为用户提供网页搜索引擎无法做到的专业性、功能性、关联性服务，有的加入了用户信息管理以及信息发布互动功能，能很好地满足用户对专业性、准确性、功能性、个性化的需求。专业的元数据属性构造背后需要一个强大的由专业人士组成的团队。这些专业人士对该领域的元数据模型进行专业的分析、关联整合，再通过搜索技术把这些信息组织呈现给用户。

垂直搜索引擎由于自身对行业的专注，使得它可以提供行业信息深度和广度的整合以及更加细致周到的服务。在消费领域可以推出针对某一行业的搜索交易平台，如美容搜索、餐饮搜索、购物搜索、机票旅游搜索等。这种交易平台针对需要通过开展电子商务来获得更多用户的商家，搜索交易平台让行业内商家和用户直接沟通、咨询，不再需要转到第三方平台进行交易，有可能发展成像易贝和淘宝一样的购物平台。

### 4. 垂直搜索的应用分类

（1）政府相关的垂直搜索引擎。

与政府相关的垂直搜索引擎主要表现为面向内部的垂直搜索和面向外部的垂直搜索。面向内部的垂直搜索主要是指政府内部专属网站群的搜索，同时集成数据库搜索功能，为政府工作人员和领导提供快速定位信息的方式，为日常工作和领导决策提供支持；面向外部的垂直搜索主要是指政府门户网站群搜索，同时集成法律法规等数据库搜索功能，整合政务服务资源，为民众和企业提供更好的服务，最大限度地发挥政务资源的效用。例如，中国政府网内置了垂直搜索，可以搜索中国政府网内的相关信息。

（2）企业相关的垂直搜索引擎。

这类搜索引擎主要表现为企业借助互联网信息为其某项业务提供信息服务的支持，如用于公关负面信息的预警、用户对产品的满意度监测等。但是，这些信息搜索往往由第三方来运营，为企业提供信息增值服务。

（3）行业门户相关的垂直搜索引擎。

行业门户垂直搜索引擎最早表现为门户网站站内信息的搜索，但随着行业门户在行业中地位和影响力的提升，会逐步整合行业内其他网页资源以及行业企业库、供求信息库等结构化资源，为行业内企业提供全面的信息搜索服务，使其成为行业产业链中不可缺少的一部分。例如，优酷网的搜库、新浪微博的搜索等，就是与行业门户相关的垂直搜索。

（4）生活相关的垂直搜索引擎。

生活相关的垂直搜索主要是指以搜索为手段给人们日常生活提供的信息服务，如票务信息搜索、房产信息搜索等。与生活相关的垂直搜索以结构化资源整合为主，对信息的及时性和准确性要求较高。

目前，用户搜索需求的平均化和多元化已成客观趋势，而这种需求也有力地推动了垂直搜索引擎的蓬勃发展，无论是百度、中搜，还是淘宝、优酷，各家企业都在这上面做足了文章。此外，还有房产搜索、招聘搜索、餐饮搜索、视频搜索等各类垂直搜索，在可以预见的未来，互联网内容的不断丰富，也势必推动垂直搜索成为通用搜索引擎越来越有力的挑战者。

## 三、互联网监控与不良信息过滤系统

### （一）大数据时代的互联网监控

目前，互联网数据已成为一种重要货币，可以让品牌厂商发布更精准的广告，鼓励用户在一些服务上花更长时间，令科技公司在与后起之秀的竞争中占据优势。这种基于用户隐私的营销模式无疑为互联网监控提供了便利。

随着信息技术的突飞猛进，人类已进入大数据时代，需要对信息进行汇集、管理、监控和处理；大数据在物理学、生物学、环境生态学等领域以及军事、金融、通信等行业存在已有时日，近年来更因互联网和信息行业的发展与个人生活结合得越来越紧密而引起关注。世界主要国家因大数据时代到来纷纷成立网军，在海陆空和太空之外更开辟了第五战场，即网络战场。

大数据时代对人类的数据驾驭能力提出了新挑战，也为人们获得深刻、全面的洞察能力提供了巨大的空间与潜力。驾驭大数据、应用大数据，一方面与技术能力息息相关，另一方面是要确立技术伦理、建立大数据时代的全球游戏规则。

### （二）中国“防火长城”

中国“防火长城”也称中国国家防火墙（Great Firewall of China，GFW），是对中国网络审查系统（包括相关行政审查系统）的统称，指代监控和过滤互联网内容的软、硬件系统，由服务器和路由器等设备加上相关的应用程序构成。它的作用主要是监控网络上的通信，对认为不符合中国官方要求的传输内容进行干扰、阻断、屏蔽。由于中国网络监管严格，中国国内含有“不合适”内容的网站会受到政府的直接行政干预，还会被要求自我审查、自我监管乃至关闭，故防火长城的主要作用在于分析和过滤中国境内外网络的信息互相访问。

防火墙主要技术如下所述。

#### 1. 域名服务器缓存污染

防火长城对所有经过骨干出口路由的在 UDP 的 53 端口上的域名查询请求进行 IDS 入侵检测，一经发现与黑名单关键词相匹配的域名查询请求，防火长城就会伪装成目标域名的解析服务器给查询者返回虚假结果。由于通常的域名查询没有任何认证机制，而且域名查询通常基于的 UDP 协议是无连接不可靠的协议，所以查询者只能接受最先到达的格式正确的结果，并丢弃之后的结果。而用户直接查询境外域名查询服务器（如 Google Public DNS）又可能会被防火长城“污染”，仍然不能获得目标网站正确的 IP 地址。用户若改用 TCP 在 53 端口上进行 DNS 查询，虽然不会被防火长城“污染”，但是可能遭遇连接重置，导致无法获得目标网站的 IP 地址。IPv6 协议时代部署应用的 DNSSEC 技术为 DNS 解析服务提供了解析数据验证机制，可以有效抵御劫持。

从 21 世纪初开始，中国大陆部分网络安全单位开始采用域名服务器缓存污染技术，并使用思科提供的路由器 IDS 监测系统来进行域名劫持，阻止了一般民众访问被过滤的网站。对于含有多个 IP 地址或经常变更 IP 地址逃避封锁的域名，如一些国际赌博、色情网站等，防火长城通常会使用此方法进行封锁，具体方法是当用户向境内 DNS 服务器提交域名请求时，DNS 服务器返回虚假（或不解析）的 IP 地址。

#### 2. 针对境外的 IP 地址封锁

一般情况下，防火长城对于中国大陆以外的非法网站会采取独立 IP 封锁技术，然而部分非法网站使用的是由虚拟主机服务提供商提供的多域名、单（同）IP 的主机托管服务，这就会造成封禁某个 IP 地址，导致所有使用该服务提供商服务的其他使用相同 IP 地址服务器的网站用户一同遭殃，就算是“内容健康、与政治无关”的网站也不能幸免，其中的内容可能也不能在中国大陆正常访问。

20世纪90年代初期，中国大陆只有教育网、中国科学院高能物理研究所（高能所）和公用数据网三个国家级网关出口，中国政府对认为违反中国国家法律法规的站点进行IP地址封锁。这在当时的确是一种有效的封锁技术，但是只要找到一个普通的服务器位于境外的代理，就可以通过它绕过这种封锁，所以现在网络安全部门通常会将包含“不良信息”的网站或网页的URL加入关键字过滤系统，以防止民众透过普通海外HTTP代理服务器进行访问。

**3. IP地址特定端口封锁**

防火长城配合特定IP地址封锁里路由扩散技术封锁的方法进一步精确到端口，从而使发往特定IP地址上特定端口的数据包全部被丢弃而达到封锁的目的，使该IP地址上服务器的部分功能无法在中国境内正常使用。经常会被防火长城封锁的端口有SSH的TCP协议22端口、PPTP类型VPN使用的TCP协议1723端口、TLS/SSL/HTTPS的TCP协议443端口等。在中国移动、中国联通等部分ISP的手机IP段，所有的PPTP类型的VPN都遭到封锁。

**4. 无状态TCP协议连接重置**

防火长城会监控特定IP地址的所有数据包，若发现匹配的黑名单动作（如TLS加密连接的握手），其会直接在TCP连接握手的第二步即SYN–ACK之后伪装成对方向连接两端的计算机发送RST（RESET）包重置连接，使用户无法正常连接服务器。

这种方法和特定IP地址端口封锁时直接丢弃数据包不同，因为是直接切断双方连接，封锁成本很低，故对于“Google+”等部分加密服务的TLS加密连接有时会采取这种方法予以封锁。

**5. 对加密连接的干扰**

在连接握手时，因为身份认证证书信息（即服务器的公钥）是明文传输的，防火长城会阻断特定证书的加密连接，方法和无状态TCP连接重置一样都是先发现匹配的黑名单证书，再通过伪装成对方向连接两端的计算机发送RST（RESET）包干扰两者间正常的TCP连接，进而打断与特定IP地址之间的TLS加密连接（HTTPS的443端口）握手，或者干脆直接将握手的数据包丢弃造成握手失败，从而导致TLS连接失败。

**6. 基于关键字的TCP连接重置**

国内的系统在人们通过HTTP协议访问国外网站时会记录所有的内容，一旦出现某些比较敏感的关键词时，就会强制断开TCP连接，记录双方IP地址并保留一段时间（1分钟左右），浏览器上也会显示“连接被重置”。之后在这一段时间内（1分钟左右），由于服务器的IP地址被摄查系统记录，人们就无法再次访问这个网站，因此必须停止访问这个网站。

一般来说，如服务器端在没有客户端请求的端口或者其他连接信息不符时，系统的TCP协议就会给客户端回复一个RESET通知消息，可见RESET功能本来用于应对服务器意外重启等情况。发送连接重置包比直接将数据包丢弃要好，因为如果是直接丢弃数据包的话客户端并不知道具体网络状况，基于TCP协议的重发和超时机制，客户端就会不停地等待和重发加重防火长城审查的负担，但当客户端收到RESET消息时就可以知道网络被断开而不会再等待，因此这种封锁方式不会耗费太多的资源而效果很好，成本也相当低。

**7. 对破网软件的反制**

针对网上各类突破防火长城的破网软件，防火长城也在技术上做了应对措施。通常的做法是利用各种封锁技术以各种途径打击破网软件，最大限度限制破网软件的穿透和传播。

每年到敏感的关键时间点时，防火长城均会加大网络审查和封锁的力度，部分破网软件就可能因此无法正常连接或连接异常缓慢，有时会采用间歇性封锁国际出口的方法阻止访问某些敏感的国际网站。

**8. 针对IPv6协议的审查**

在IPv4网络，当时的网络设计者认为在网络协议栈的底层并不重要，安全性的责任在应用层。即使应用层数据本身是加密的，携带它的IP数据仍会泄露给其他参与处理的进程和系统，造成IP数据包容易受到诸如信息包探测（如关键字阻断）、IP欺骗、连接截获等手段的会话劫持攻击。据报道，现阶段防火长城已经具备干扰IPv6隧道的能力，因为IPv6在用户到远程IPv6服务器之间的隧道是创建在IPv4协议上的。由于数据传输分片的问题或者端点未进行IPSec保护很有可能暴露自己正在传输的数据，让防火长城有可乘之机干扰或切断连接。

**9. 对电子邮件通信的拦截**

通常情况下，邮件服务器之间传输邮件或者数据不会进行加密，故防火长城能轻易过滤进出境内外的大部分邮件，当发现关键字后会通过伪造RST包阻断连接。因为这通常都发生在数据传输中间，所以会干扰到内容。

**10. 部分被过滤的网站列表**

境外的网站有时候会受到关键词过滤的影响，出现暂时无法访问的情况。以下这些类型的网站被封锁的主要原因是发布我国不能接受的政治内容或未经国内政治审查的新闻。

（三）商用互联网内容过滤系统

在个人计算机方面，实现内容过滤最简单的方法就是开启 IE 浏览器中“工具—Internet 选项—内容分级审查允许”这项功能。但并不是所有的网站都遵守 ICRA 规范，因此出现了一些可以安装在上网计算机终端的内容过滤软件，如英国的 SurfControl 的 Cyber Patrol，国内的过滤王、蓝眼睛等，比较适合家庭单机使用，但大多年代久远，目前基本上都已经逐渐淡出了公众的视野。

在企业层面，每一个互联网访问的网络边缘（企业 / 学校网络边缘、网吧网络出口）都可以部署内容过滤工具。这些工具一般是分析网络数据流中包含的 HTTP 数据包，对数据包头中的 IP 地址、URL、文件名等进行访问控制。软件厂商通常事先对访问量较大、名气较大的网站和网页的内容做分类，然后把 URL、IP 地址和内容分类对应起来。当用户访问这些网站上的页面时，内容过滤产品就可以根据事先的分类进行过滤，达到按内容过滤的目的。目前，越来越多的路由器、安全网关 UTM 等采用硬件架构和一体化的软件设计，集防火墙、VPN、入侵防御（IPS）、防病毒、上网行为管理、内网安全、反垃圾邮件、抗拒绝服务攻击（Anti-DoS）、内容过滤、NetFlow 等多种安全技术于一身。

互联网是一个开放的世界，但“没有规矩，不成方圆”，虚拟的互联网也并非完全的自由地带。网络犯罪持续滋生蔓延，网络谣言蛊惑人心，网络色情泛滥成灾，网络欺诈层出不穷……很多现实案例已经表明，互联网上一旦出现法律和监管上的真空，国家安全、信息安全、电子商务、个人隐私、未成年保护等合法行为、合法权益、合理诉求必将遭受冲击和破坏。通过法律、行政、技术等多种手段管理互联网已成国际惯例，只有如此才能保障互联网健康、有序、快速发展，才能让网民安全使用互联网，共享互联网科技进步带来的丰硕成果。

## 四、微博内容管理系统

（一）微博传播的特点

微博除具有匿名性、开放性、互动性、便捷性等与其他互联网工具应用类似的属性外，还呈现出以下特点。

**1. 传播内容精简，即时性强**

通常而言，微博发布的内容被限制在 140 字以内，这大大降低了信息发布的门槛，便于微博内容的产生、发布和分享，使得“人人都有麦克风、人人都是通讯社”成为可能。微博用户通过移动客户端，有效地实现了微博与现实生活紧密契合，达到了信息的实时发布。

2. 信息传播“裂变式”“圈群化”

微博信息传播不是所谓关系传播，而是关注传播。允许用户任意关注他人，无须关系确认。用户通过微博平台结识和关注大量的陌生人，完全凭兴趣组成的松散型圈群使得网民对圈群内信息的关注度远高于对传统媒体的关注度，微博信息进行跨圈群的、大范围的“病毒式”传播，可能瞬间引发广泛的社会参与和动员效果。

3. 微博的“@”功能和“转发”功能衍生舆论引导力

微博用户通过“评论”功能对感兴趣的话题进行回应，此外，独特的“@”功能不仅鼓励用户积极回帖，还记录了完整的信息流向。更重要的是，对话题内容进行“转发”，极易使特定的话题迅速聚合、瞬间放大，使得微博成为自由交换公众意见的观点市场。再加上意见领袖的引领，鲜明的观点很容易脱颖而出，形成意见领袖为主导的舆论引导力。

（二）微博内容管理的问题

1. 信息量大，审核难度大

微博用户的零成本发布信息造成信息的过量，加之转发机制可以使信息快速流通，增加审查的难度，给内容管理带来巨大挑战。如果一名有效率的员工每分钟阅读 50 条微博，就需要 1 200 名审查者来阅读每分钟发布的 6 万多条微博。如果一名员工每天工作 8 h，就需要近 4 000 名员工来删除敏感的内容，这显然是不可能的。

2. 谣言和虚假信息的集散地

随着信息传播过程中把关责任的下移，自媒体人未经过专业训练，缺乏基本的新闻伦理和素养，因此，在传递信息的过程中可能有偏激的、失实的信息。由于此类信息常常具有刺激性或迎合某种社会情绪的内容，所以容易被网友转发，进而形成虚假信息被大量转发或评论的情形。微博内容中时常夹杂一些恶意和有害的虚假信息，借用微博编造和散布谣言，造成了社会混乱，引发公众恐慌情绪，大大增加了社会的运行成本。

3. “网络水军”泛滥

一些人利用微博注册软件生成了不少虚假粉丝微博，由虚假粉丝组成的“微博水军”借助庞大的粉丝群体去打造热点话题，引导舆论影响事件，成为微博营销的工具。

4. 政务微博的应对能力不足

近几年的微博快速发展，网络问政兴起，党政机构纷纷开通微博，已经覆盖从中央到地方多个行政层级及众多职能部门，有些政府把开微博作为一种形象工程，成为政府公共网站的一个变身，很多的微博只是注重政策信息、规章制度、会议日程等的发布，对于大众真正关心的问题则避而不谈，欠缺与公众双向的信息交流。尤其是对重大网络突发事件，对微博环境下网络舆论的重要性和影响力重视不够，严重影响了事件的处理进程，而且损害了党和政府的形象、公信力和权威。此外，少数官员在微博上有不慎言论，造成了极大的负面影响。

政务微博自产生以来，就成为社会各界关注的焦点。一些更新缓慢、反应迟钝、互动滞后的政务微博也屡屡被媒体曝光。仅就媒体相关报道情况来看，先后有广州、无锡、郑州、漳州等地的部分官方微博因久不更新惹网友吐槽，被当地媒体点名，甚至招致全国舆论的关注。目前存在一些为了赶潮流、装门面、当任务而开设的政务微博，这些微博在开通后往往是敷衍了事、三分钟热度，完全失去了政务微博本身的意义。诸如此类的政务微博被认为形同虚设，也损害了政府自身的形象。

### （三）微博管理与审查体系

#### 1. 逐步完善的管理规定

随着注册用户数量的不断增加，微博上出现了一些负面或者影响社会稳定的内容，一些人通过匿名手段发布虚假信息和攻击他人的内容，微博的管理与审查问题开始浮出水面。

2012 年 5 月 28 日，新浪微博正式执行国内首个微博社区公约。在整合各方网友意见的基础上，该公约明确了微博用户权利、用户行为规范及社区管理机制，并建立了公开透明的违规处理机制。在《微博社区公约》第三章“用户行为规范”中，明确要求用户账号信息和发布内容不得违反国家和政府的相关规定。

例如，不得设置含有以下内容的账号信息。①违反国家法律法规的。②包含人身攻击性质内容的。③暗示与他人或机构相混同的。④包含其他非法信息的。

同时，在《微博社区公约》第三章的第十四、十五、十六条中明确提出，用户不得发布垃圾广告；用户不应发布不实信息；用户应尊重他人名誉权，不得以侮辱、诽谤等方式对他人进行人身攻击。此外，公约还对隐私权、肖像权、安宁权、著作权等进行了保护。作为与《微博社区公约》配套的《微博社区管理规定》对于违规行为界定、违规行为处理流程、违规行为处置予以了明确规定，包括危害信息、不实信息、用户纠纷违规的界定以及处置办法。对于可明显识别的违规行为，由新浪微博直接处理；对于其他违规行为，由社区委员会判定后处理，新浪微博服从社区委员会的判定结果。

#### 2. 新浪微博审查手段

由于新浪微博在中国境内拥有几亿的注册用户，注册用户数量庞大，微博消息传播速度极快，且消息影响面很广，所以新浪微博在中国国内和国外的多次重大事件中均进行了严格的审查，其中的审查手段包括以下几种。

（1）对用户发言的内容进行事前审查。

若发现含有敏感词的消息，可能根本无法发出或发送后会显示“微博发布成功，目前服务器数据同步可能会有延迟，请耐心等待 1 ~ 2 分钟，谢谢”，但事实上该微博有可能已经被直接删除，也有可能发出后发帖人看起来一切正常，但别人完全看不到。

（2）利用搜索功能进行关键词过滤。

若搜索含有关键词的字句，则提示“根据相关法律法规和政策，搜索结果未予显示”。部分用户的个别消息无法被公开阅读，只能登录后阅读，从而限制消息传播范围。禁止 Google 等短缩链接服务和部分网站网址的传播。使用 Unicode 编码形式的藏文发送的微博文章，虽然能成功发布，但在 0.5 ~ 1 h 内其他用户无法阅读。

从微博的过滤机制来看，其中主动过滤机制包括：显式过滤，微博通知发帖人他们的帖子内容违反了内容政策；隐式过滤，微博需要在手动审查后才会允许帖子上线；伪装发帖成功，实际上其他用户看不到发帖人发出的帖子。在技术方面，微博的审查系统已经通过人工和软件监控，套用能启动不同审查程序的多个封锁关键词列表、搜索过滤系统等，变成了一个极度复杂的系统。在所有微博发布前，新浪的计算机系统会对微博进行扫描。若只有少部分是敏感信息，则需要审查人员来鉴定是否应该删除。审查员将会浏览计算机转过来的包含关键词的帖子，并决定是否删除。

此外，微博系统会特别关注频繁发敏感帖子的用户，在发现一个敏感帖子后，审查员可以追溯所有相关的转贴，然后一次性删除。

# 第八章

# 计算机的网络信息安全与防护策略

## 第一节 信息安全风险管理与评估

信息安全风险是由于资产的重要性，人为或自然的威胁利用信息系统及其管理体系的脆弱性，导致安全事件发生所造成的影响。信息安全风险管理与评估是依据有关信息安全技术与管理标准，对信息系统及由其处理、传输和存储的信息的机密性、完整性和可用性等安全属性进行管理评价的过程。

### 一、信息安全风险管理

信息安全风险管理是指对信息安全项目从识别到分析乃至采取应对措施等一系列过程，它包括将积极因素所产生信息安全风险管理流程的影响最大化和使消极因素产生的影响最小化两方面内容。

（一）定义与基本性质

信息安全风险管理是指通过风险识别、风险分析和风险评价去认识信息安全项目的风险，以此为基础合理地使用各种风险应对措施、管理方法和技术手段，对信息安全项目的风险实行有效的控制，妥善地处理风险事件造成的不利后果，以最少的成本保证信息安全总体目标实现的管理工作。

通过界定信息安全范围，可以明确信息安全项目的范围，将信息安全项目的任务细分为更具体、更便于管理的部分，避免遗漏而产生风险。在信息安全项目进行过程中，各种变更是不可避免的，而变更会带来某些新的不确定性，风险管理可以通过对风险的识别、分析来评价这些不确定性，从而向信息安全项目的管理提出任务。

信息安全风险管理基本性质表现为风险的客观性和风险的不确定性。风险的客观性，首先它的存在是不以个人的意志为转移的。从根本上说，这是因为决定风险的各种因素对风险主体是独立存在的，不管风险主体是否意识到风险的存在，在一定条件下仍有可能变为现实。其次，它是无时不有、无所不在的，它存在于人类社会的发展过程中，潜藏于人类从事的各种活动之中。风险的不确定性是指风险的发生是不确定的，即风险的程度有多大、风险何时何地有可能转变为现实均是不确定的。这是由于人们对客观世界的认识受到各种条件的限制，所以不可能准确预测风险的发生。

风险一旦产生，就会使风险主体遭受挫折、失败甚至损失，这对风险主体是极为不利的。风险的不利性要求我们在承认风险、认识风险的基础上做好决策，尽可能地避免风险，将风险的不利性降至最低。风险的可变性是指在一定条件下风险可以转化。

（二）分类

按风险后果分类，信息安全风险可分为纯粹风险和投机风险。纯粹风险是指风险导致的结果只有两种，即没有损失或有损失（不会带来利益）。投机风险是指风险导致的结果有三种，即没有损失、有损失或获得利益。纯粹风险一般可重复出现，因而可以预测其发生的概率，从而相对容易采取防范措施。投机风险重复出现的概率小，因而预测的准确性相对较差。纯粹风险和投机风险常常同时存在。

按风险来源划分，信息安全风险可分为自然风险和人为风险。自然风险是指自然力的不规则变化导致财产毁损或人员伤亡，如风暴、地震等。人为风险是指人类活动导致的风险。人为风险又可细分为行为风险、政治风险、经济风险、技术风险和组织风险等。

按风险的形态划分，信息安全风险可分为静态风险和动态风险。静态风险是自然力的不规则变化或人的行为失误导致的风险。从发生的后果来看，静态风险多属于纯粹风险。动态风险是人类需求的改变、制度的改进，以及政治、经济、社会、科技等环境的变迁导致的风险。从发生的后果来看，动态风险既可属于纯粹风险，又可属于投机风险。

按风险可否管理划分，信息安全风险可分为可管理风险和不可管理风险。可管理风险是指用人的智慧、知识等可以预测、可以控制的风险。不可管理风险是指用人的智慧、知识等无法预测和无法控制的风险。

按风险的影响范围分类，信息安全风险可分为局部风险和总体风险。局部风险是指某个特定因素导致的风险，其损失的影响范围较小。总体风险影响范围大，其风险因素往往无法加以控制，如经济、政治等因素。

按风险后果的承担者分类，信息安全风险可分为政府风险、投资方风险、业主风险、承包商风险、供应商风险、担保方风险等。

按照信息安全目标系统的结构划分，信息安全风险可分为工期风险、费用风险、质量风险、市场风险、信誉风险等。

（三）信息安全风险控制与管理方案

风险识别包含两方面内容：识别哪些风险可能影响信息安全进展，记录具体风险的各方面特征。风险识别不是一次性行为，而应有规律地贯穿于整个信息安全中。风险识别包括识别内在风险及外在风险。内在风险指信息安全工作组能加以控制和影响的风险，如人事任免和成本估计等。外在风险指超出信息安全工作组等控制力和影响力之外的风险，如市场转向或政府行为等。

严格来说，风险仅仅指遭受创伤和损失的可能性，但对信息安全而言，风险识别还牵涉机会选择（积极成本）和不利因素威胁（消极结果）。信息安全风险识别应凭借对"因"和"果"（将会发生什么导致什么）的认定来实现，或通过对"果"和"因"（什么样的结果需要予以避免或促使其发生，以及怎样发生）的认定来完成。

**1. 对风险识别的输入**

在所识别的风险中，信息安全产品的特性起主要的决定作用。所有的产品都是这样，生产技术已经成熟完善的产品要比尚待革新和发明的产品的风险低得多。与信息安全相关的风险常常以"产品成本"和"预期影响"来描述。工作分析结构——非传统形式的结构细分往往能提供给我们高一层次分支图所不能看出来的选择机会。成本估计和活动时间估计——不合理的估计及仅凭有限信息做出的估计会产生更多风险。人事方案——确定团队成员有独特的工作技能使之难以替代，或有其他职责使成员分工细化。必需品采购管理方案——类似发展缓慢的地方经济这样的市场条件往往可能提供降低合同成本的选择。

**2. 风险输出**

风险因素是指一系列可能影响信息安全向好或坏的方向发展的风险事件的总和。这些因素是复杂的，也就是说，它们应包括所有已识别的条目，而不论频率、发生可能性，盈利或损失的数量等。潜在的风险事件是指如自然灾害或团队特殊人员出走等能影响信息安全的不连续事件。在发生这种事件或重大损失的可能相对巨大时（"相对巨大"应根据具体信息安全而定），除风险因素外还应将潜在风险事件考虑在内。风险征兆有时也被称为触发引擎，它是一种实际风险事件的间接显示，比如：丧失士气可能是计划被搁置的警告信号；而运作早期即产生成本超支可能又是评估粗糙的表现。风险认定过程应在另一个相关领域中确定一个要求，以便进一步运作。

### 3. 风险量化

风险量化涉及对风险和风险之间相互作用的评估，用这个评估分析信息安全可能的输出。这首先需要决定哪些风险值得反应。如对风险量化的输入，投资者对风险的容忍度。不同的组织和个人往往对风险有着不同的容忍限度。不同的工具和方法对风险量化存在一定的偏差，统计数字加总是将每个具体工作课题的估计成本加总以计算出整个信息安全的成本的变化范围。模拟法运用假定值或系统模型来分析系统行为或系统表现。较普通的模拟法模式是运用信息安全模型作为信息安全框架来制作信息安全日程表。决策树是一种便于决策者理解的、说明不同决策之间和相关偶发事件之间的相互作用的图表。

### 4. 对策研究

风险对策研究包括对机会的跟踪进度和对危机的对策的定义。针对威胁的对策大体分以下三点：避免——排除特定威胁往往靠排除威胁起源，信息安全管理队伍绝不可能排除所有风险，但特定的风险事件往往是可以排除的；减缓——通过减少风险事件的预期资金投入来降低风险发生的概率（如为避免信息安全产出的产品报废而使用专利技术），以及减少风险事件的风险系数，或两者双管齐下；吸纳——接受一切后果。这种接受可以是积极的（如制订预防性计划来防备风险事件的发生），也可以是消极的（如某些工程运营超支则接受低于预期的利润），如对风险对策研究的输入为需跟踪的机会、需反应的威胁和被忽略的机会、被吸纳的威胁。

### 5. 实施控制

风险对策实施控制包括实施风险管理方案，以便在信息安全过程中对风险事件做出回应。当变故发生时，需要重复进行风险识别、风险量化以及风险对策研究，制订一整套基本措施、风险管理方案以应对实际风险事件。有些已识别的风险事件会发生，有些则不会。发生的风险事件是实际风险或者说是风险的起源，而信息安全管理人员应总结已发生的风险事件以便进行对策研究。附加风险识别：当信息安全进程受到评价和总结时，事先未被识别的潜在风险事件或风险的起源将会浮出水面。

### 6. 管理方案

在全面分析评估风险因素的基础上，制订有效的管理方案是风险管理工作成败之关键，它直接决定管理的效率和效果。因此，翔实、全面、有效成为对方案的基本要求，其内容应包括：风险管理方案的制订原则和框架、风险管理的措施、风险管理的工作程序等。

### 7. 制定原则

（1）可行、适用、有效性原则。管理方案首先应针对已识别的风险源，制定具有可操作性的管理措施，适用有效的管理措施能大大提高管理的效率和效果。

（2）经济、合理、先进性原则。管理方案涉及的多项工作和措施应力求管理成本节约，管理信息流畅、方式简捷、手段先进才能显示出高超的风险管理水平。

（3）主动、及时、全过程原则。信息安全的全过程建设期分为前期准备阶段（可行性研究阶段、勘察设计阶段、招标投标阶段）、施工及保修阶段、生产运营期。对于风险管理，仍应遵循主动控制、事先控制的管理思想，根据不断发展变化的环境条件和不断出现的新情况、新问题，及时采取应对措施，调整管理方案，并将这一原则贯彻于信息安全全过程，如此才能充分体现风险管理的特点和优势。

（4）综合、系统、全方位原则。风险管理是一项系统性、综合性极强的工作，不仅其产生的原因复杂，而且后果影响面广，所需处理措施综合性强，例如信息安全的多目标特征（投资、进度、质量、安全、合同变更和索赔、生产成本、利税等目标）。因此，要全面彻底地降低乃至消除风险因素的影响，必须采取综合治理原则，动员各方力量，科学分配风险责任，建立风险利益的共同体和信息安全全方位风险管理体系，将风险管理的工作落到实处。

8. 控制措施

（1）经济性措施：主要措施有合同方案设计（风险分配方案、合同结构设计、合同条款设计），保险方案设计（引入保险机制、保险清单分析、保险合同谈判），管理成本核算。

（2）技术性措施：技术性措施应体现可行、适用、有效性原则，主要有预测技术措施（模型选择、误差分析、可靠性评估），决策技术措施（模型比选、决策程序和决策准则制定、决策可靠性预评估和效果后评估），技术可靠性分析（建设技术、生产工艺方案、维护保障技术）。

（3）组织管理性措施：主要是贯彻综合、系统、全方位原则和经济、合理、先进性原则，包括管理流程设计、确定组织结构、管理制度和标准制定、人员选配、岗位职责分工、落实风险管理的责任等。还应提倡推广使用风险管理信息系统等现代管理手段和方法。

## 二、信息安全风险评估

### （一）与风险评估相关的概念

资产：任何对组织有价值的事物。

威胁：是指可能对资产或组织造成损害的事故的潜在原因。例如，组织的网络系统可能受到来自计算机病毒和黑客攻击的威胁。

脆弱点：是指资产或资产组中能被威胁利用的弱点。如员工缺乏信息安全意识、使用简短易被猜测的口令、操作系统本身有安全漏洞等。

威胁是利用脆弱点对资产或组织造成损害的。

风险：特定的威胁利用资产的一种或一组薄弱点，导致资产的丢失或损害的潜在可能性，即特定威胁事件发生的可能性与后果的结合。

风险评估：对信息和信息处理设施的威胁、影响和脆弱点及三者发生的可能性的评估。风险评估也称为风险分析，就是确认安全风险及其大小的过程，即利用适当的风险评估工具，包括定性和定量的方法，确定资产风险等级和优先控制顺序。

（二）风险评估的基本特点

信息安全风险评估具有以下基本特点。

（1）决策支持性：所有的安全风险评估都旨在为安全管理提供支持和服务，无论它发生在系统生命周期的哪个阶段，唯一不同的只在于其支持的管理决策阶段和内容。

（2）比较分析性：对信息安全管理和运营的各种安全方案进行比较，对各种情况下的技术、经济投入和结果进行分析、权衡。

（3）前提假设性：在风险评估中所使用的评估数据有两种，一是系统既定事实的描述数据，二是根据系统各种假设前提条件确定的预测数据。不管发生在系统生命周期的哪个阶段，在评估时，人们都必须对尚未确定的各种情况做出必要的假设，然后确定相应的预测数据，并据此做出系统风险评估。没有哪个风险评估不需要给定假设前提条件，因此信息安全风险评估具有前提假设性这一基本特性。

（4）时效性：必须及时使用信息安全风险评估的结果，过期则可能出现失效而无法使用的情况，从而失去风险评估的作用和意义。

（5）主观与客观集成性：信息安全风险评估是主观假设和判断与客观情况和数据的结合。

（6）目的性：信息安全风险评估的最终目的是为信息安全管理决策和控制措施的实施提供支持。

（三）风险评估的内涵

风险评估是信息安全建设和管理的科学方法。风险评估是信息安全等级保护管理的基础工作，是系统安全风险管理的重要环节。风险评估是信息安全保障工作的重要方法，是风险管理理论和方法在信息化中的运用，是正确确定信息资产、合理分析信息安全风险、科学管理风险和控制风险的过程。信息安全旨在保护信息资产免受威胁，考虑到各类威胁，绝对安全可靠的网络系统并不存在，只能通过一定的措施把风险降低到可以接受的程度。信息安全评估是有效保证信息安全的前提条件。只有准确了解系统安全需求、安全漏洞及其可能的危害，才能制定正确的安全策略，并实施信息安全对策。另外，风险评估也是制定安全管理措施的依据之一。还有，客户单位业务主管并不是不重视信息安全工作，而是不知道具体的信息安全风险是什么，不知道信息安全风险来自何方、有多大，不知道做好信息安全工作要投入多少人力、财力、物力，不知道应采取什么样的措施来加强信息安全保障工作，对已采取的信息安全措施也不知道是否有效。所以我们说信息安全风险评估应该成为各个单位信息化建设的内在要求，各主管和应用单位应该负责好自己系统的信息安全风险评估工作。

风险评估是分析确定风险的过程。风险评估是依据国家标准规范，对信息系统的完整性、保密性、可用性等安全保障性能进行科学、公正地综合评估活动。它是确认安全风险及其大小的过程，即利用适当的风险评估工具，包括定性和定量的方法，确认信息资产的风险等级和风险控制的优先顺序。风险评估是识别系统安全风险并确定风险出现的概率、结果的影响以及提出补充的安全措施以缓和风险影响的过程。风险评估是信息安全建设的起点和基础，科学地分析理解信息和信息系统在保密性、完整性、可用性等方面所面临的风险，并在风险的预防、风险的减少、风险的转移、风险的补偿、风险的分散等之间做出决策。风险评估是在倡导一种适度安全。随着信息技术在国家各个领域的广泛应用，传统的安全管理方法已不适应信息技术带来的变化，不能科学全面地分析、判断网络和信息系统的安全状态，在网络和信息系统建设、运行过程中，出现了不能采取适当的安全措施、投入适当的安全经费以达到适当的安全目标的偏差。

信息安全风险评估就是从风险管理的角度，运用科学的方法和手段，系统地分析网络与信息系统所面临的威胁及存在的脆弱性，评估安全事件一旦发生可能造成的危害程度，提出针对性抵御的防护对策和整改措施，并为防范和化解信息安全风险或者将风险控制在可接受的水平，最大限度地保障网络和信息安全提供科学依据。

风险评估在信息安全保障体系建设中具有不可替代的重要地位和作用，它既是实施等级保护的前提，又是检查、衡量系统安全状况的基础工作。风险评估是分析确定风险的过程。分析确定系统风险及其大小，进而决定采取什么措施去减少、转移、避免和对抗风险，确定把风险控制在可以容忍的范围内，这就是风险评估的主要流程。

（四）风险评估的两种方式

信息安全风险评估是提高我国信息安全保障水平的重要举措，应当贯穿于网络与信息系统建设运行的全过程。根据评估发起者的不同，风险评估可分为自评估、检查评估两种方式。自评估是信息安全风险评估的主要形式，是指信息系统拥有、运营或使用单位发起的对本单位信息系统进行的风险评估，以发现信息系统现有弱点。以实施安全管理为目的的检查评估，是指信息系统上级管理部门或信息安全职能部门组织的信息安全风险评估。检查评估是通过行政手段加强信息安全管理的重要措施。

风险评估应以自评估为主，检查评估在自评估过程记录与评估结果的基础上，验证和确认系统存在的技术、管理和运行风险，以及用户实施自评估后采取风险控制措施取得的效果。自评估和检查评估应相互结合、互为补充。自评估和检查评估都可依托自身技术力量进行，也可委托具有相应资质的第三方机构提供技术支持。

**1. 自评估**

自评估是风险评估的基础。要落实“谁主管谁负责，谁运营谁负责”的原则，信息系统资产的拥有者、主管者、运行者首先应通过自评估的方式对自己负责，这样才能随时掌握安全状况，不断调整安全措施，有效进行安全控制。

自评估是信息系统拥有者依靠自身力量，依据国家风险评估的管理规范和技术标准，对自有的信息系统进行风险评估的活动。信息系统的风险不仅来自信息系统技术平台的共性，还来自特定的应用服务。由于具体单位的信息系统各具特性，这些个性化的过程和要求往往是敏感的，没有长期接触该单位所属行业和部门的人难以在短期内熟悉和掌握。而且只有拥有者对威胁及其后果的体会最深切。目前的信息技术企业，通过技术平台的脆弱性分析，难以真正掌握和了解具体行业或部门的资产、威胁和风险。这些企业不但需要深入研究信息技术平台的共性化风险，还需要推动不同行业部门的个性化风险的专门研究，否则风险评估将会出现关注面的缺失。

自评估方式的优缺点非常明显，主要包括以下两点。

优点：有利于保密；有利于发挥行业和部门内的人员的业务特长；有利于降低风险评估的费用；有利于提升本单位的风险评估能力与信息安全知识水平。

缺点：如果没有统一的规范和要求，在缺乏信息系统安全风险评估专业人才的情况下，自评估的结果可能不深入、不规范、不到位；自评估中，也可能会存在某些不利的干预，从而影响风险评估结果的客观性，降低评估结果的置信度；某些时候，即使自评估的结果比较客观，也必须与管理层进行沟通。

为了扬长避短，在自评估中可以采用如下改进办法：发挥专家的指导作用或委托专业评估组织参与部分工作；委托具有相应资质的第三方机构提供技术支持；由国家建立的测评认证机构或安全企业实施评估活动。它既有自评估的特点（由单位自身发起，且本单位对风险评估过程的影响很大），也有第三方评估的特点（由独立于本单位的另外一方实施评估）。

委托第三方机构组织或参与自评估活动的好处在于以下几点：在委托评估中，接受委托的评估机构一般拥有风险评估的专业人才；风险评估的经验比较丰富；对信息技术风险的共性了解得比较深入；评估过程较为规范，评估结果的客观性比较好，置信度比较高。

但在委托第三方机构组织或参与自评估活动时也要考虑以下三个问题：①评估费用可能会较高；②可能会难以深入了解行业应用服务中的安全风险；③由于风险评估中必然会接触到被评估单位的敏感情况，且评估结果本身也属于敏感信息，因此委托评估中容易发生评估风险。

**2. 检查评估**

检查评估是由信息安全主管部门或业务主管部门发起的一种评估活动，旨在依据已经颁布的法规或标准，检查被评估单位是否满足这些法规或标准。信息安全检查是通过行政手段加强信息安全管理的重要措施，形式有安全保密检查、生产安全检查、专项检查等。被查单位应配合评估工作的开展。

检查评估的实施可以多样化，既可以依据国家法规或标准的要求，实施完整的风险评估过程，也可以在对自评估的实施过程、风险计算方法、评估结果等重要环节的科学合理性进行分析的基础上，对关键环节或重点内容实施抽样评估。

检查评估应覆盖但不限于以下内容：自评估方法的检查；自评估过程记录检查；自评估结果跟踪检查；现有安全措施的检查；系统输入、输出控制的检查；软硬件维护制度及实施状况的检查；突发事件应对措施的检查；数据完整性保护措施的检查；审计追踪的检查。

检查评估一般由主管机关发起，通常都是定期的、抽样进行的评估模式，旨在检查关键领域或关键点的信息安全风险是否在可接受的范围内。鉴于检查评估的性质，在检查评估实施之前，一般应确定适用于整个评估工作的评估要求或规范，以覆盖所有被评估单位。

由于检查评估是由被评估方的主管机关实施的，因此其评估结果最具权威性，因为被检查单位自身不能对评估过程进行干预。

但是，检查评估也有如下限制：间隔时间较长，如一年一次，有时还是抽样进行；不能贯穿一个部门信息系统生命周期的全过程，很难对信息系统的整体风险状况做出完整的评价。

检查评估也可以委托风险评估服务技术支持方实施，但评估结果仅对检查评估的发起单位负责。由于检查评估代表主管机关，涉及评估对象也往往较多，因此要对实施检查评估机构的资质进行严格管理。

## 三、风险评估过程

### （一）风险评估基本步骤

风险评估方法具有多样、灵活的特点。此外，对风险评估方法的选择依据组织的特点进行，因此又具有一定的自主性。但无论如何，信息安全风险评估过程应包括以下基本操作步骤：①风险评估准备，包括确定评估范围、组织评估小组；②风险因素识别；③风险确定；④风险评价；⑤风险控制。

为使风险评估更加有效，这一过程应该作为组织业务过程的一部分来看待。风险管理人员希望风险分析和评估过程对组织的业务目标起到积极的支持作用，需要强调的是，风险评估过程成功与否关键在其能否被组织所接受。一个有效的风险评估过程将发现组织的需求，并与组织的管理人员积极合作，共同达成组织目标。

为使风险评估成功进行，评估人员需要了解客户或企业管理者真正需要什么，并努力满足其需求。对一个信息安全从业人员来说，风险评估过程主要关注的是信息资源的机密性、可用性和完整性。

风险评估过程应根据组织机构的业务运作情况随时进行调整，许多时候企业的管理者都被告知需要增加一些安全控制措施，并且这些安全控制措施是审计的需要或者是安全的需要，而不是商业方面的要求。风险评估工作就是要在风险分析的基础上，帮助用户找到对业务运行有利的安全控制措施和对策。

### （二）风险评估准备

良好的风险评估准备工作，是使整个风险评估过程高效完成的保证。计划实施风险评估是组织的一种战略性考虑，其结果将受到组织业务战略、业务流程、安全需求、系统规模和组成结构等方面的影响。因此，在实施风险评估之前，应做到以下几点。

（1）确定风险评估的目标。在风险评估准备阶段应明确风险评估的目标，为风险评估的过程提供导向。信息系统是企业的重要资产，其机密性、完整性和可用性对维持企业的竞争优势、获利能力、法规要求和形象等具有十分重要的意义。企业要面对日益增长的来自内部和外部的安全威胁。风险评估目标需满足企业在安全方面持续发展的要求、满足相关方的要求、满足法律法规的要求等。

（2）风险评估的范围。基于风险评估目标确定风险评估范围是完成风险评估的又一个前提。风险评估范围可能是企业全部的信息以及与信息处理相关的各类资产、管理机构，也可能是某个独立的系统、关键业务流程、与客户知识产权相关的系统或部门等。

（3）选择与组织机构相适应的风险判断方法。在选择具体的风险判断方法时，应考虑到评估的目的、范围、时间、效果、人员素质等诸多因素，使之能够与组织环境和安全要求相适应。

（4）建立风险评估团队。组建适当的风险评估管理与实施团队，以支持整个过程的顺利推进。如成立由管理层、相关业务骨干、信息技术人员等组成的风险评估小组。风险评估团队应能够保证风险评估工作的高效开展。

（5）获得最高管理者对风险评估工作的支持。风险评估过程应得到企业最高管理者的支持、批准，并对管理层和技术人员进行传达，应在组织内部对风险评估的相关内容进行培训，以明确相关人员在风险评估中的任务。

（三）风险因素评估

**1. 资产评估**

信息资产的识别和赋值是指确定组织信息资产的范围，对信息资产进行识别、分类和分组等，并根据其安全特性进行赋值的过程。

信息资产识别和赋值可以确定评估的对象，是整个安全服务工作的基础。另外，本阶段还可以帮助客户实现信息资产识别和价值评定过程的标准化，确定一份完整的、最新的信息资产清单，这将为客户的信息资产管理工作提供极大帮助。

信息资产识别和赋值的首要步骤是识别信息资产，制定“信息资产列表”。信息资产按照性质和业务类型等可以分成若干资产类，如数据、软件、硬件、设备、服务和文档等。根据不同的项目目标与项目特点，重点识别的资产类别会有所不同，在通常的项目中一般以数据、软件和服务为重点。

资产赋值既可以为机密性、完整性和可用性这三个安全特性分别赋予不同的价值等级，也可以用相对信息价值的货币来衡量。根据不同客户的行业特点、应用特性和安全目标，这三个安全特性的价值会有所不同，如电信运营商更关注可用性，军事部门更关注机密性等。

“信息资产列表”将对项目范围内的所有相关信息资产做出明确的鉴别和分类，并将其作为风险评估工作后续阶段的基础与依据。

**2. 威胁评估**

威胁是指对组织的资产引起不期望事件而造成损害的潜在可能性。威胁可能源自对企业信息直接或间接的攻击，如非授权的泄露、篡改、删除等，从而使信息资产在机密性、完整性或可用性等方面造成损害。威胁也可能源自偶发或蓄意的事件。

一般来说，威胁只有利用企业、系统、应用或服务的弱点才有可能对资产成功实施破坏。威胁被定义为不期望发生的事件，这些事件会影响业务的正常运行，使企业不能顺利达成最终目标。一些威胁是在已存在控制措施的情况下发生的，这些控制措施可能是没有正确配置或过了有效期的，因此为威胁进入操作环境提供了机会，这就是我们通常所说的利用漏洞的过程。威胁评估是指列出每项抽样选取的信息资产面临的威胁，并对威胁发生的可能性进行赋值。威胁发生的可能性受以下两方面因素影响：①资产的吸引力和曝光程度、组织的知名度；②资产转化成利润的容易程度，包括财务的利益、黑客获得运算能力很强和带宽很大的主机的使用权等利益，这主要在考虑人为故意威胁时使用。

在对威胁进行评估之前，首先需要对威胁进行分析，威胁分析主要包括以下内容。潜在威胁分析是指对用户信息安全方面潜在的威胁和可能的入侵做出全面的分析。潜在威胁主要是指根据每项资产的安全弱点而引发的安全威胁。通过对漏洞的进一步分析，可以对漏洞可能引发的威胁进行赋值，主要是依据威胁发生的可能性和造成后果的严重性来对其赋值。潜在威胁分析过程主要基于当前社会普遍存在的威胁列表和统计信息。威胁审计和入侵检测是指利用审计和技术工具对组织面临的威胁进行分析。威胁审计是指利用审计手段发现组织曾经发生过的威胁并加以分析。威胁审计的对象主要包括组织的安全事件记录、故障记录、系统日志等。在威胁审计过程中，咨询顾问收集历史资料，寻找异常现象，从中发现威胁情况并编写审计报告。入侵检测主要作用于网络空间，是指利用入侵检测系统对组织网络当前阶段所经受的内部和外部攻击或威胁进行分析。威胁评估主要包括以下内容：威胁识别，建立威胁列表。建立一个完整的威胁列表有许多不同的方法。例如，可以建立一个检查列表，但需要注意不要过分依赖这种列表，如果使用不当，这种列表可能会造成评估人员思路的任意发散，使问题变得庞杂，因此在使用检查列表之前首先需要确保所涉及的威胁已被确认且全部威胁得到了覆盖。在确定风险级别（可能性与影响）时，应建立一个评估框架，通过它来确定风险情况。另外，还应考虑到已有控制措施对威胁可能产生的阻碍作用。典型的做法是：在对某个框架进行评估时，首先假设发现的威胁是在没有控制措施的情况下发生的，这样有助于风险评估小组建立一个最基本的风险基线，在此基础上再来识别安全控制和安全防护措施，以及评价这些措施的有效性。威胁发生概率和产生影响的评估结论是识别和确定每种威胁发生风险的等级。对风险进行等级化需要对威胁产生的影响做出定义，如可将风险定义为高、中、低等风险，也可以建立一个风险矩阵。

3. 弱点评估

弱点评估是指通过技术检测、试验和审计等方法，寻找用户信息资产中可能存在的弱点，并对弱点的严重性进行估值。弱点的严重性主要是指可能引发的影响的严重性，因此与影响密切相关。关于技术性弱点的严重性，一般都是指可能引发的影响的严重性，通常将之分为高、中、低三个等级。①高等级。可能导致超级用户权限被获取、机密系统文件被读 / 写、系统崩溃等严重资产损害的影响，一般指远程缓冲区溢出、超级用户密码强度太弱、严重拒绝服务攻击等弱点。②中等级。介于高等级和低等级之间的弱点，一般不能直接被威胁利用，需要和其他弱点组合后才能产生影响，或者可以直接被威胁利用，但只能产生中等影响。一般指不能直接被利用而造成超级用户权限被获取、机密系统文件被读 / 写、系统崩溃等影响的弱点。③低等级。可能会导致非机密信息泄露、非严重滥用和误用等不太严重的影响。一般指信息泄露、配置不规范。如果配置不当可能会引起危害的弱点，这些弱点即使被威胁利用也不会引起严重的影响。参考这些业界通用的弱点严重性等级划分标准，在实际工作过程中一般采用以下等级划分标准，即把资产的弱点严重性分为 5 个等级，分别为很高（VH）、高（H）、中等（M）、低（L）、可忽略（N），并且从高到低分别赋值 4、3、2、1、0。

在实际评估工作中，技术性弱点的严重性值一般参考扫描器或 CVE 标准中的值，并做适当修正，以获得适用的弱点严重性值。弱点评估可以分别在管理和技术两个层面上进行，主要包括技术弱点检测、网络构架与业务流程分析、策略与安全控制实施审计、安全弱点综合分析等。

技术弱点检测是指通过工具和技术手段对用户实际信息进行弱点检测。技术弱点检测包括扫描和模拟渗透测试。根据扫描范围不同，分为远程扫描和本地扫描。

远程扫描：从组织外部用扫描工具对整个网络的交换机、服务器、主机和客户机进行检查，检测这些系统是否存在已知弱点。远程扫描对统计分析用户信息系统弱点的分布范围、出现概率等起着重要作用。在远程扫描过程中，咨询顾问首先需要制订扫描计划，确定扫描内容、工具和方法，在计划中必须考虑到扫描过程对系统正常运行可能造成的影响，并提出相应的风险规避和紧急处理、恢复措施，然后向客户提交扫描申请，征得客户同意后部署扫描工具，配置并开始自动扫描过程。远程扫描的时间一般视扫描范围和数量而定。远程扫描完成后，咨询顾问对扫描结果进行分析，并编制完成《远程扫描评估报告》。

本地扫描：从组织内部用扫描工具对内部网络的交换机、服务器、主机和客户机进行检查，检测这些系统是否存在已知弱点。由于大部分组织对网络内部的防护通常要弱于外部防护，因此本地扫描在发现弱点方面的能力要比远程扫描强。类似地，在本地扫描过程中，首先也需要制订扫描计划、确定扫描内容、工具和方法，以及考虑扫描过程对系统正常运行可能造成的影响，并提出相应的风险规避和紧急处理、恢复措施，然后向客户提交扫描申请，征得客户同意后再部署扫描工具，配置并开始自动扫描过程。本地扫描完成后，对扫描结果进行分析并编制完成《本地扫描评估报告》。

模拟渗透测试是指在客户的允许下和可控的范围内，采取可控的不会造成不可弥补损失的黑客入侵手法，对客户网络和系统发起“真正”攻击，发现并利用其弱点实现对系统的入侵。渗透测试和工具扫描可以很好地实现互相补充。工具扫描具有很好的效率和速度，但存在一定的误报率，不能发现深层次、复杂的安全问题。渗透测试需要的人力资源投入较大，对测试者的专业技能要求较高（渗透测试报告的价值直接依赖于测试者的专业技能），但是非常准确，可以发现逻辑性更强、更深层次的弱点。

（四）风险确定

在确定风险之前，首先需要对现有安全措施做出评估，然后进行综合风险分析。

现有安全措施评估是指对组织目前已采取的、用于控制风险的技术和管理手段的实施效果做出评估。现有安全措施评估包括安全技术措施评估和安全策略实施审计，分别在技术和管理两个方面进行评估。安全技术措施评估指对信息系统中已采取的安全技术的有效性做出评估，这些安全技术措施涉及物理层、网络层、应用层和数据层等。在安全技术措施评估过程中，评估人员根据信息资产列表分别列出已采取的安全措施和控制手段，分析其保护的机理和有效性，并对保护能力的强弱程度进行赋值。安全策略实施审计指对组织所采取的安全管理策略的有效性做出评估。安全策略实施审计基于策略和安全控制审计的结果，它对组织中安全策略的实施能力和实施效果进行审计，并对其进行赋值。现有安全措施评估将生成《现有安全措施评估报告》，内容包括对所评估安全技术措施和安全管理策略的针对性、有效性、集成性、标准性、可管理性、可规划性等方面的评价。综合风险分析将依据以上评估产生的信息资产列表、弱点和漏洞评估、威胁评估和现有安全措施评估等，进行全面、综合的评估，并得出最终的风险分析报告。在综合风险分析过程中，评估人员将依据评估准备阶段确定的方法计算出每项信息资产的风险值，然后通过分析和汇总最终形成《安全风险综合评估报告》。

（五）风险评价

《安全风险综合评估报告》综合了在风险评估过程中对资产评估、资产抽样、漏洞和脆弱性分析、威胁分析、当前安全措施分析等各个方面所做的评估情况和评估结果，是对风险所做的综合分析和评估，同时也对所评估的信息资产的风险给出了评价或评级。例如，通常将影响严重性分为 5 个等级，分别为很高（VH）、高（H）、中等（M）、低（L）、可忽略（N），并且从高到低分别赋值 4、3、2、1、0。

（六）风险控制

风险评价的结果是列出风险的列表，并用一种双方认可的方法对这些风险进行赋值，如分级的方法，并对风险大小进行排序，判断风险的可接受程度。在评价风险等级后，评估小组应识别和确定可以消除风险或者将风险降低至可接受程度的相应控制措施，这属于风险管理和控制内容。风险评估的最终目的是为企业的商业目的提供安全服务，为管理者的决策提供支持，因此风险评估小组还应提出有利于减小风险的控制措施和方法，并对这些措施和方法进行记录。判定控制措施和方法是否有效的一种可行方法是评估一下实施这些控制措施和方法后的风险情况。如果风险等级得以降低，降到了可接受的程度，那么认为这些风险控制措施和方法是有效的；如果风险等级没有降低到可接受的程度，那么认为这些风险控制措施和方法是无效的或效力不够，评估小组和管理者应考虑提出和采用其他风险控制措施和方法。无论选择什么样的控制措施和方法，都要考虑到其在实施过程中能对组织产生的影响。每种控制措施和方法在一定程度上都会产生影响，如实施控制的费用、对生产率的影响等，即使选择的控制措施是一个全新的工作流程，也要考虑对员工的影响等。

另外，还要考虑控制措施本身的安全性和可靠性，看其是否能保证企业工作处于一种安全的模式下。如果不能保证这一点，那么实际上评估小组可能是将企业推到了一个更大的风险面前。

对风险控制措施的投入应与业务目标遭到破坏后可能受到的损失相平衡。如果保护某项资产所需的费用比该资产自身的价值或其产生的价值还要高，那么投资的回报率就太低了，可以认为风险控制措施“得不偿失”，因此对此种威胁的多种控制措施要进行仔细比较，以便找到最佳的方法。为使风险分析过程更加有效，这一过程应在整个组织范围内进行。也就是说，对构成风险评估过程的所有要素和方法都做好标准化，并要求在所有的部门里都使用这一标准。风险分析的结果是为企业确定降低威胁和风险的控制措施和方法。

## 四、风险评估方法

### （一）正确选择风险评估方法

正确的风险识别是风险评估的基本条件，风险评估是风险识别的必然发展。评估的最终目的是实施正确的管理和控制。

风险评估以风险主体、风险因素为研究对象。在信息安全领域中就是将信息系统、信息资产的脆弱性和可能面临的威胁作为研究对象，说明每种风险因素产生、发展和消亡的规律，评估每种风险因素所致的风险事件对风险主体（信息资产）可能造成的损害概率与损害程度。

在信息安全风险评估阶段，风险分析人员需要说明威胁和脆弱性产生的条件、发展的轨迹、安全事件发生的概率以及安全事件对信息资产可能造成的危害，旨在了解风险因素产生、发展和消亡规律，以及风险可能发生的时间、地点、概率和方式的基础上，有针对性地制定风险管理和控制措施，以确保信息系统、信息资产的安全。

在风险评估和评估方法选择上应考虑到以下几点：①评估结果只是一个参考值，不可能是一个绝对正确的数学答案，不可能与未来的实际情况完全一致；②风险评估结果是动态变化的；③风险评估方法通常是根据风险动态变化的一般规律或数理统计定理而设计的，在风险评估过程中应避免以简单的逻辑推理替代辩证的逻辑思维；④风险评估方法具有多样性，评估方法的选用取决于评估的意图、对象和条件，风险分析人员应根据具体情况做出选择，风险评估过程中可以综合运用多种评估方法。

### （二）定性风险评估和定量风险评估

风险评估可分为定性风险评估和定量风险评估。

#### 1. 定性风险评估

一般采用描述性语言来描述风险评估结果，如“有可能发生”“极有可能发生”“很少发生”等。当可用的数据较少，不足以进行定量评估时可采用定性风险评估方法；或者根据经验或推理，主观认为风险不大，没有必要采用定量评估方法时，可采用定性风险评估方法；或者将定性风险评估作为定量风险评估的预备评估。定性风险评估的优点是所需的时间、费用和人力资源较少，缺点是评估不够精确。

**2. 定量风险评估**

定量风险评估是一种比较精确的风险评估方法，通常以数学形式进行表达。当资料比较充分或者风险对信息资产的危害很大时，可采用定量风险评估方法。进行定量风险评估的成本一般比较高。

（三）结构风险因素和过程风险因素

运用风险评估方法进行风险评估可分为风险分析和风险综合两个主要步骤。风险分析依据一定的规则和方法对各风险因素进行细分，先将之分为有关结构的风险因素和有关过程的风险因素，然后针对每种细分后的风险因素做出定性或定量评估，并推测风险事件发生的可能性及信息资产可能遭受的损失，得到每种细分后风险因素的风险状况，最后对每种风险因素或风险事件可能导致的损失进行综合评判，得到总的风险大小。

（1）结构风险因素：指的是不同性质的风险因素，属于一种静态风险因素，之间相互独立，是一种并列关系。

（2）过程风险因素：指的是同一风险因素的不同阶段表现，属于一种动态风险因素，之间相互依赖、相互作用，是一种因果关系。

在进行风险评估时，可以首先依据一个风险因素的发生时间、发生地点、发生条件和发生方式等属性来评估风险状况，然后进行综合评估。这是对风险的一种静态描述。事物总是发展和变化的，每个事物都有一个发展变化的过程。风险也是如此，风险的形成需要具备风险的存在条件，需要具备风险客体与风险主体的联系条件，风险的变化需要具备风险的转化条件。这是对风险的一种动态描述。

（四）运用风险评估方法

风险评估方法的使用并不具有局限性，在不同领域中风险评估方法可以相互引用和借鉴。以下是在不同领域中总结出的几种常用评估方法。

**1. 层次分析法**

层次分析法（Analytic Hierarchy Process，AHP）是将与决策有关的元素首先分解成目标、准则、方案等层次，而后在此基础上进行定性和定量分析的决策方法。AHP 法于 20 世纪 70 年代由美国匹茨堡大学运筹学家萨蒂教授提出，并首先在美国国防部的科研项目中得到应用。它是在网络系统理论和多目标综合评价方法基础上提出的一种层次权重决策分析方法。AHP 法在对复杂决策问题本质、影响因素及其内在关系等进行深入分析的基础上，利用较少的定域信息使决策思维过程数学化，从而为多目标、多准则、无结构特性、变量不易定量化的复杂决策问题提供了一种简便的决策方法，尤其是为决策结果难以直接准确计量的场合提供了一种可有效将问题条理化、层次化的思维模式。AHP 法的整个过程体现了人的决策思维的基本特征，即分解、判断与综合，易学易用，且定性、定量相结合，便于决策者间彼此沟通，是一种有效的系统分析方法，在信息安全风险分析与评估等众多领域得到了广泛应用。

2. 因果分析

因果分析（Cause–Consequence Analysis，CCA）技术由丹麦 RISO 国家实验室开发，最初用于核电站的风险分析，后来被推广应用于信息安全风险评估等众多领域，用于评估和保护系统的安全性。CCA 是一种将故障树分析和事件树分析相结合的方法，结合了原因分析（由故障树描述）和结果分析（由事件树描述）的特点，因此演绎分析和归纳分析都用上了。CCA 的目的是识别导致不希望发生结果的各事件间的连接。通过在 CCA 图表中表示出各种事件的发生可能性，计算出各种后果的概率，从而建立系统的风险等级，并视不同的风险等级采取不同的安全措施，保证系统的安全。

3. 风险矩阵

风险矩阵是在项目管理过程中用于识别风险影响程度（重要性）的一种结构性方法，能够对项目中的潜在风险进行评估，它操作简便，且定性分析与定量分析相结合。根据风险分析与评估需求，风险矩阵可以包括各种不同栏目，如技术栏、风险栏、威胁栏、影响栏、风险等级栏和风险管理栏等。每一栏目描述其要素对应的具体内容和数据。明确了原始风险矩阵的各项组成后，下一步工作就是将相应的数据输入到风险矩阵各项中，经过风险识别过程后，识别出的潜在风险数量可能会很多，但这些潜在的风险对项目的影响程度各不相同。风险分析即通过分析、比较、评估等，确定各风险的重要性，对风险进行排序并评估其可能造成的后果，从而使项目实施人员将精力集中于为数不多的主要、关键风险上，以有效控制项目总的风险。经过风险识别和分析后，下一步就可以进行风险的定量分析。风险定量分析的目的是确定每个风险对项目的影响大小，可以从风险影响程度和风险出现概率两个角度进行量化和分析。

4. 管理漏洞风险树

管理漏洞风险树（Management Oversight and Risk Tree，MORT）能够与复杂的管理系统相协调。MORT 是一种图表，它将安全要素以一种有序的、符合逻辑的方式进行排列。其分析过程利用故障树的方法来进行，最上层的事件是“破坏、损失、其他费用、企业信誉下降”等。MORT 主要从管理漏洞角度给出有关事件发生原因的总的看法，以便从上层管理角度对风险进行分析与评估，并从上层管理角度对风险管理与控制提出对策。

### 5. 安全管理组织回顾技术

安全管理组织回顾技术（SMORT）是对管理漏洞风险树的简单修改。SMORT 通过对相关清单的分析来构建模型。不过从 SMORT 的结构分析过程来看，还是认为 SMORT 是一种基于树的方法。SMORT 分析包括基于清单和相关问题的数据收集和结果赋值。这些信息能够通过面试、调研、对文件的研究等来收集。通过 SMORT 能够完成对意外事件的详细调查，并可用于安全审计和安全度量计划的制订。

### 6. 动态事件树分析方法

动态事件树分析方法（DETAM）是一种基于时间变化要素的解决方法。时间变化要素包括设备硬件状态、过程变化值以及事件发生过程中的操作状态等。一个动态事件树是一个分支于不同时间点上的事件树。DETAM 通过五个特征集来定义：①分支集，用于确定事件树节点可能的分支空间；②定义系统状态的变量集；③分支规则，用于确定什么时候发生分支；④序列扩张规则，用于限制序列的数量；⑤量化工具，DETAM 用于表示操作行为的多样化，用于建立操作行为的结果模型，并可用于分析使用因果模型的框架。DETAM 还可用于分析与评估紧急的安全事件及其过程变化，以判断在哪里进行改变、怎样进行改变能达到比较好的控制效果。

### 7. 初步风险分析

初步风险分析（PRA）是一种定性分析技术，用于对事件序列的定性分析，识别出哪些事件缺乏安全措施，这些事件有可能使潜在的危害转化成实际的事故。通过 PRA 技术，潜在的、可能发生的不希望事件将逐一被识别出来，然后分别对其进行分析与评估；对每个不希望发生的事件或危害，其可能的改进或预防措施将被明确地表达出来。利用 PRA 技术产生的分析结果，将为确定需要对哪些危害做进一步调查，以及用哪种方法做进一步分析提供决策基础，根据风险识别和风险分析结果对风险进行分级，并对可能的风险控制措施进行优先排序。

### 8. 危害和可操作性研究

危害和可操作性研究（HZAOP）技术通过对新的或已有的设施进行系统化鉴定、检查来评估潜在的危害，这种危害源自设计偏差，并将最终影响到整个设施。HZAOP 技术常用一系列引导词来描述，如“是 / 否（yes/no）”“大于 / 小于（more than/less than）”“以及（as well as）”“相反的部分（part of reverse）”等。利用这些引导词来帮助识别导致危害或潜在问题的情景。例如，在考虑一条生产线的流速及其安全问题时，可用引导词“大于”对应高流速，“小于”对应低流速。然后根据危害识别结果进行分析与评估，并提出降低危害发生频率的安全控制措施。

**9. 故障模式和影响分析**

故障模式和影响分析 / 故障模式影响和危害性分析（FMEA/FMECA）方法用于确定因军事系统故障而产生的问题。FMEA 是一个过程，通过该过程对系统中每个潜在的故障模式进行分析，以确定它对系统的影响，并根据其严重性进行分类。当 FMEA 依据危害程度分析进行扩展时，FMEA 将称为 FMECA。FMEA/FMECA 在军事系统和航空工业的故障与可靠性分析以及安全与风险评估中得到了广泛应用。

**10. GO 方法**

GO 方法是一种面向成功逻辑的系统分析方法。GO 方法通过工程图来构建 GO 模型，在模型构建中它使用了 17 个算子，它用一个或多个 GO 算子来代替系统中的元素。独立算子，用于无输入部分的建模，依靠算子至少需要一个输入，这样才能有一个输出；逻辑算子，将算子结合到一起，以便形成目标系统的成功逻辑。基于独立算子和依靠算子的概率数据，可以计算出成功操作的概率。在实际应用中，当目标系统的边界条件已通过适当的方法得到很好定义时，可使用 GO 方法对系统的风险和安全性进行分析与评估。

**11. 有向图 / 故障图**

有向图 / 故障图方法是用图论中有关的数学方法和语言来对系统的风险和安全性进行分析，如路径集和可达性（任意两个节点间所有可能的路径的全集）。源自系统邻接矩阵的连通矩阵将显示一个故障节点是否会导致顶层事件的发生，然后对这些矩阵进行分析，以得出系统的单态（造成系统故障的单个因素）或双态（造成系统故障的两个因素）。该方法允许形成循环、反馈，使之在对动态系统进行风险分析与评估时具有较大的吸引力。

**12. 动态事件逻辑分析方法**

动态事件逻辑分析方法（DELAM）提供了一个完整框架，用于对时间、过程变量和系统的精确处理。DELAM 方法通常包括以下步骤，①系统组成部分建模；②系统力程求解算法：设置最高条件；③时间序列产生与分析。DELAM 方法在描述动态事件方面非常有用，并可用它来对系统的可靠性、安全性进行评估，以及对系统的行为、活动进行识别。在对某个特定问题进行分析时，需要建立系统的 DELAM 模拟器，并为之提供各种输入数据，如在特定状态和条件下系统组成部分的发生概率、概率的独立性、不同状态间的转换率、状态与过程变量的条件概率矩阵等。

上面对几种常见的风险分析与评估方法进行了介绍。通过比较可以看到，它们各有优缺点，适用于不同的条件和场合。在实际的信息安全风险评估工作中，应灵活、综合运用这些技术和方法，以取得最佳的评估结果。

## 第二节 计算机网络信息安全中的数据加密技术

### 一、计算机网络安全中数据加密技术的重要性

现如今，随着科学技术的不断发展，计算机网络在我国的普及范围越来越广，它给人们的日常工作、学习和生活带来了诸多的便利。然而，计算机网络的安全性问题也随之出现，并引起了人们高度的关注和重视，据不完全统计，由于计算机网络的安全性不足，个人信息、企业数据泄漏的情况时有发生，并且在最近几年里这种情况呈现出增长的态势，如果不加以控制，则会对计算机网络的发展带来不利的影响。通过研究发现，造成计算机网络信息泄露的主要因素有以下几种。①非法窃取信息。数据在计算机网络中进行传输时，网关或路由是较为薄弱的节点，黑客通过一些程序能够从该节点处截获传输的数据，若是未对数据进行加密，则会导致其中的信息泄露。②对信息进行恶意修改。对于在计算机网络上传输的数据信息而言，如果传输前没有采用相关的数据加密技术使数据从明文变成密文，那么一旦这些数据被截获，便可轻易对数据内容进行修改，经过修改之后的数据再传给接收者之后，接收者无法从中读取出原有的信息，由此可能会造成无法预估的后果。③故意对信息进行破坏。当一些没有获得授权的用户以非法途径进入用户的系统中后，可对未加密的信息进行破坏，由此会给用户造成严重的影响。为确保计算机网络数据传输的安全性，就必须对重要的数据信息进行加密处理，这样可以使信息安全获得有效保障。可见，在计算机网络普及的今天，应用数据加密技术对确保计算机网络的安全显得尤为重要。

### 二、影响计算机网络安全的因素

#### （一）计算机网络操作系统的安全隐患

计算机操作系统是整个计算机系统运行的核心部分，每项程序开始运行前都需要通过操作系统的处理，而一旦操作系统出现故障将会影响到整个计算机中程序的正常运行，是影响计算机网络安全的重要因素之一。在现实生活中，许多黑客等不法分子常常会利用计

算机网络操作系统如CPU、硬盘等的漏洞侵入计算机系统中，在控制计算机运行的同时，窃取和篡改其中的数据信息还会对操作系统实行一定的破坏手段，让用户的计算机无法继续正常工作。在此过程中，不法分子还会利用一些病毒软件等干扰和窥视数据信息的传输，造成信息内容的丢失并获取用户的重要信息，常给用户带来不同程度的损失。因此，为增强计算机网络的安全，就需要用户谨慎使用相关程序软件，优化操作系统的配置，避免给不法分子留下可乘之机。

### （二）数据库系统管理的安全隐患

现今，许多用户十分重视自身计算机网络的安全，并常运用不同的数据加密技术来增强其安全性。但计算机数据库系统在数据的处理方面具有独特的方式，其本身又存在一定的安全隐患，进而加大了计算机网络运行的不安全性。同时，数据库系统是按照分级管理制度进行的，一旦数据库本身出现问题将会直接影响计算机的正常运行，用户将无法顺利开展计算机活动。这是生活中导致出现计算机网络安全事故的重要因素之一，严重时会给用户带来较大的损失。

### （三）计算机网络应用的安全隐患

如今，网络的便利性已渗透到各个领域中，用户可以利用手机、计算机等在网络上查询、传播和下载所需的数据信息。但在使用过程中，由于网络平台具有开放性特征，而网络环境又缺乏规范有效的法律法规的约束，导致计算机网络常常出现不同的安全隐患。生活中许多用户在利用网络开展计算机活动时，常常会受到一些不明的攻击，导致用户的活动难以顺利进行。同时，一些不法分子也会根据计算机协议中的漏洞破坏计算机网络的安全，例如在用户注册IP时进行入侵，并打破用户权限，进而获取用户计算机中的相关数据信息。

## 三、数据加密技术的种类

### （一）节点加密技术

为数据进行加密的目的实际上是确保网络当中信息传播不受损害，而在数据加密技术的不断发展过程中，此项技术的种类逐步增多，为计算机网络安全的维护工作带来了极大的便利。节点加密技术就是数据加密技术当中的常见类型，在目前的网络安全运行方面有着十分广泛的应用，使得信息数据的传播工作变得更加便利，同时数据传递的质量和成效也得到了安全保障。节点加密技术属于计算机网络安全当中的基础技术类型，让各项网络信息的传递打下了坚实的安全根基，最为突出的应用优势是成本低，能够让资金存在一定限制的使用者享受到资金方面的便利性。但是，节点加密技术在应用中也有缺点，那就是传输数据过程中有数据丢失等问题，所以在今后的发展当中还要对此项技术进行不断的优化和完善，消除技术漏洞，解决数据丢失类的问题。

### （二）链路加密技术

链路加密技术发挥作用的方法是加密节点中的链路进而有效完成数据加密的操作。这项加密技术在计算机网络安全当中同样有着广泛的应用，该技术的突出优势是在加密节点的同时，还能够对网络信息数据展开二次加密处理。这样就建立起了双重保障，让网络信息数据在传播方面更具安全保障，也确保了数据的完整性。我们在看到链路加密技术的突出优势的同时，也要看到它的不足。处在不同加密阶段，运用的密钥也有所差异，因此在解密数据的过程当中必须要应用差异化的密钥来完成解密，在解密完成之后才能够让人们阅读完整准确的数据信息。而这样的一系列操作过程会让数据解密工作变得更加复杂，增加了工作量，让数据传递的效率受到严重的影响。

### （三）端到端加密技术

这项加密技术是数据加密技术当中极具代表性的技术类型，也是目前应用相当广泛的技术，其优势是较为明显的。端到端加密技术指的是从数据传输开始一直到结束都实现均匀加密，这样各项数据信息的安全度大大提升，也有效避免了病毒、黑客等的攻击。从对这一加密技术的概念确定上就可以看到，端到端的加密技术比链路加密技术要更加完善，加密程度也有了较大提高。端到端加密技术的成本不高，但是发挥出的加密效果是相当突出的，可以说有着极高的性价比，因而在目前的计算机网络安全当中应用十分广泛，为人们维护数据信息安全创造了有利条件。

## 四、数据加密技术在计算机网络安全中的应用价值

### （一）应用价值

在用户使用计算机前经过系统的身份认证才可以浏览各项数据信息的技术被称为数据签名信息认证技术。数据信息认证技术的应用能够有效防止未经授权的用户浏览和传输系统中的重要信息，极大增强了计算机数据信息的保密性。数据签名信息认证技术主要分为口令认证和数字认证两种，口令认证的操作流程比较简单，投入的成本也比较少，因而应用较为广泛；数字认证具有一定的复杂性，因其是对数据传输进行加密所以其安全性要更高一些。

（二）链路数据加密技术的应用价值

链路数据加密技术指的是详细划分数据信息传输路线并进行针对性的加密处理，采用密文方式进行数据传输的技术。链路数据加密技术在现实中的应用也比较广泛，它能有效防止黑客入侵窃取信息，极大增强计算机系统的防护能力。而且，链路数据加密技术还能起到填充数据信息以及改造传输路径长度的重要作用。

（三）节点数据加密技术的应用价值

节点数据加密技术强化计算机网络安全的功能需要利用加密数据传输线路，虽然可以为信息传输提供安全保障，但是其不足之处也是比较明显的，信息接收者只能通过特定加密方式来获取信息，这比较容易受到外部环境的影响，导致信息数据传输的安全风险依然存在。

（四）端到端数据加密技术的应用价值

端到端数据加密技术能极大增强数据信息的独立性，某一条传输线路出现了问题并不会影响到其他线路的正常运行，从而保持计算机网络系统数据传输的完整性，有效减少了系统的投入成本。

## 五、数据加密技术在计算机网络安全中的应用

（一）数据加密技术的运用

随着科技的发展，如今数据加密技术也在不断改进，其种类和功能也逐渐多样化，如数据传输和存储加密技术、数据鉴别技术等。它主要是由明文、密文、算法和密钥构成的，在计算机网络安全中具有极高的应用价值，也是目前应用较为广泛的一种技术。该项技术主要利用密码算法对网络中传输的信息数据实行加密处理手段，同时还会利用密钥将同一种信息转变为不同的内容，进而保障了信息传输的安全。在实际的运用中，其加密方式主要有链路加密、网络节点加密以及不同服务器端口之间的加密等。在互联网金融迅速发展的当下，网络金融交易方式非常火爆，人们常通过网络进行网上交易、支付等。但由于计算机网络安全隐患的加剧以及一些网络诈骗事件的爆出，计算机网络中的互联网金融系统的安全问题引起社会热议，同时也使得人们对其安全性的要求不断提高。在此形势下，数据加密技术在银行等金融机构的互联网金融系统中得到了广泛应用，并将该项技术与自身的计算机网络系统紧密结合起来，形成了具有强大防护功能的防火墙系统，进而在网络交易系统运行过程中，传输的相关数据信息会在防火墙系统中进行运作，随后再将其传输到

计算机的网络加密安全设施中，该设施会对数字加密系统进行安全检查，并能够及时发现计算机网络中的安全隐患，再利用防火墙系统的拦截功能，有效保障交易的安全，从而顺利完成网上交易。

（二）秘钥密码的运用

数据加密技术的首要功能是保密，而密钥密码便是其中常用的一种数据信息保密方式。它主要包括私人密钥和公用密钥两种，前者是指运用同一种密钥密码对传输的文件信息进行加密和解密。这种方式看起来安全性较高，但在传输过程中，当传输者和接受者的目的不统一时，便会导致实际的信息传输存在一定的安全隐患，私人密钥将无法有效发挥保密功能。对此，就需要采用公用密钥的方式来保障信息传输的安全性。例如，在利用信用卡进行消费时，往往需要消费者通过解密密钥的方式来解开信用卡中的信息，随后其相关信息会传递到银行，以确保信息的准确性。但同时，这样也会使消费者的信用卡信息留在终端 POS 机中，进而给不法分子留下可乘之机，导致信用卡诈骗事件的产生，给许多信用卡持有者带来较大的损失。对此，在技术的不断革新中，如今的密钥密码技术将消费者信用卡中的密钥分别以不同密钥的形式设置在终端和银行中，消费者在进行刷卡时，终端 POS 机上只会留下银行的信息，进而保障了消费者信用卡信息的安全，让消费者可以放心刷卡购物。

（三）数字签名认证技术的运用

认证技术是提高计算机网络安全性的一项重要技术，通过对用户信息的认证进而达到保障网络安全的目的，它也是数据加密技术中的重要组成部分。如今，最常用的认证技术便是数字签名认证技术，它主要是利用加密解密计算的方式对用户的相关信息进行认证。在实际运用中最为广泛的便是私人密钥和公用密钥。其中私人密钥认证的程序较为复杂，需要认证人和被认证人都掌握密钥才能进行正常应用，并且需要有第三方的监督，才能真正保障密钥的安全性。而公用密钥只需将公用的不固定的密钥、密码传递给认证人，便可以进行解密，既优化了认证程序，又达到了数据加密、保护计算机网络信息安全的目的。

（四）数据加密技术在电子商务中的应用

在计算机网络迅猛发展的环境下，我国的商业贸易对计算机网络的应用范围不断地扩大，进而也促进了电子商务的产生和发展。而在发展电子商务的过程中，网络安全问题成为人们重点关注的一项内容。因为电子商务发展中产生的数据信息需要进行高度保密，这些信息是企业和个人的关键数据，有着极大的价值，如果被他人盗用或者是出现泄漏的话，会影响到个人以及企业的权益。数据加密技术为电子商务的安全健康发展提供了重要路径，同时也在数据保护方面增加了力度。具体而言，在电子商务的交易活动当中，可以通过应用数据加密技术做好用户身份验证和个人数据保护，尤其是要保护个人的财产安全，构建多重检验屏障，让用户在安全的环境下购物。比方说，在网络中心安全保障方面，可以在数据加密技术的支持之下加强对网络协议的加密，在安全保密的环境中完成网络交易，保障交易双方的切身利益。

（五）数据加密技术在计算机软件中的应用

在计算机软件的持续运行当中，受到病毒、黑客等入侵的事件时有发生，不仅严重威胁到了计算机软件的使用安全，也让人们受到了极大的安全威胁。在这样的条件下，必须要做好计算机软件的保护工作，选用恰当的数据加密技术维护软件应用的安全。在维护计算机软件的安全方面，数据加密技术的作用通常体现在以下几个方面。①非用户开始用计算机软件的过程中如果没有输入正确密码，就不能够运行软件，这样非用户想要获得软件当中数据信息就不能够实现。②在病毒入侵之时，很多运用了加密技术的防御软件会及时发现病毒，并对其进行全面阻止，阻挡病毒发生作用。③用户在检查程序和加密软件的过程中如果能够及时发现病毒的话，就要立即对其进行处理，避免病毒长期隐藏，威胁个人数据信息安全。

（六）数据加密技术在局域网中的应用

就目前而言，企业在运行发展当中对于数据加密技术的应用十分广泛，主要目的是维护企业运行安全，避免重要信息泄露，维护企业的利益。有很多企业为了在管理方面更加方便快捷，会在企业内部专门设立局域网，以便更加高效地进行资料的传播以及组织会议等。将数据加密技术应用到局域网当中是维护计算机网络安全的重要内容，也是企业健康发展不可或缺的条件。数据加密技术在局域网当中发挥作用通常体现为发送者在发送数据信息的同时会把这些信息自动保存在企业路由器当中。其中企业路由器通常有着较为完善的加密功能，于是就能够对文件进行加密传递，而在到达之后又能够自动解密，消除信息泄露的风险。所以，企业要想长远发展，保障自身利益不受侵害，提高竞争力水平，就要加大对数据加密技术的研究和开发力度，对此项技术进行大范围的推广应用，使其在局域网当中的效用得到进一步提升。

目前，现代科技正在迅猛发展，科技创新力度逐步增强，而大量的科技成果也开始广泛应用到人们的生产生活当中，让人们的交流更加便利，也让生产生活活动的展开更加顺畅。我们在看到现代科技带来的喜人成果时，也要认识到对人类带来的威胁，特别是数据信息的安全威胁。在计算机网络的普及应用和发展进程中，数据信息数量增多，而安全性遇到了极大的挑战。针对这一问题，我们要进一步加强数据加密技术的研究，对数据加密技术进行不断的完善和优化，并将其扩展应用到计算机网络安全的各个方面，净化网络系统，让计算机网络的作用得到最大化的体现。

## 第三节　大数据时代下计算机网络信息安全问题

### 一、大数据时代以及计算机网络信息安全相关概述

“大数据”是一种规模大到在获取、存储、管理、分析方面远远超出了传统数据库软件工具能力范围的数据集合，具有海量的数据规模、快速的数据流转、多样的数据类型和价值密度低四大特征。大数据技术的战略意义不在于掌握庞大的数据信息，而在于对这些含有意义的数据进行专业化处理。目前，计算机技术的迅速发展和应用已经成为当前我国社会繁荣发展和进步的重要力量。并且，当前我国的各个行业企业的运营和发展已经离不开计算机网络技术。计算机网络技术作为当前综合性较强的一门学科，其在研发和发展的过程中涉及网络技术、密码技术、通信技术等多门学科。

计算机网络技术还具有开放性、自由性和虚拟性的特征。首先，开放性是指计算机网络中相应的信息可以进行资源共享，进而最大限度地使用户的交流变得更加便捷。其次，虚拟性的特点指计算机网络本身就是一个规模极大的虚拟空间，而数以万计的用户可以在这个庞大的虚拟空间内进行一定的学习和娱乐等。最后，自由性的特征是指享用计算机网络技术的人员在进行一定的操作过程中，其能够不受任何地域、时间以及空间的限制，通过对计算机技术的应用，操作者可以轻而易举地得到想要的信息。

但是尽管如此，计算机网络技术也给计算机网络信息安全带来了严重的问题。一些不法分子正是通过对计算机技术特征的应用，将病毒或者是其他程序植入电脑系统中，从而进行违法活动。

## 二、大数据时代下计算机网络安全现状

（一）网络病毒传播

随着计算机网络科技水平的飞速提升，网络已经深入千家万户，但与此同时网络病毒也在不断升级，现网络上已传播着多种类型的网络病毒，并且其感染性超强，严重威胁计算机安全，致使用户网络使用产生困扰，更甚者引起较大的社会问题。网络病毒具有超强的复制性，一旦计算机被网络病毒入侵并且未被及时检测杀除，计算机的每一步运算执行都将带有危险，因为其所执行的行为或程序已被病毒入侵破坏，导致行为或程序被非法更改，进而应用程序崩溃，并且计算机内的某些机密信息很可能被破坏或者窃取，侵蚀破坏严重的情况下将导致计算机整体瘫痪，完全无法正常运转。

（二）网络黑客攻击、人为操作失误

大数据时代下，网络黑客通常通过攻击计算机安全系统，以非正常手段入侵他人计算机，窃取他人机密信息或执行其他非法行为，从而对被入侵者造成一系列的负面影响，更甚者会引起社会舆论或其他不安定因素。网络黑客的攻击往往具有隐秘性，在海量的数据下，很难能够准确判断网络黑客的攻击行为，很难寻找到其攻击路径和方式，从而对网络漏洞进行修复。黑客行为严重影响计算机网络安全。日常个人的计算机操作失误行为，也会降低计算机的安全防护性能，导致网络黑客比较容易入侵计算机，或个人将机密信息资料不小心泄露出去。在当下的环境里，无论是黑客攻击还是个人操作失误，都有可能导致机密信息泄露的情况发生，一些不法分子获取该类信息，可能造成不可估量的严重后果。

（三）网络环境管理不到位、网络本身存在漏洞

网络环境管理是计算机网络安全维护的重要环节之一，但其未受到大部分计算机网络使用者的关注，常见的有个人、政府部门、小微型企业，该类群体经常忽视网络环境管理的重要性，抱有侥幸心理，认为其本身不会出现问题，不对其做出相应的管理措施，导致该类群体所使用的计算机网络存在大量的安全隐患。一旦出现计算机网络安全问题时，往往使该类群体不知所措，引起一系列的计算机网络安全事件，甚至出现较大的经济和名誉损失。

网络漏洞给网络黑客留下了入侵的机会，漏洞的产生主要有两种，一种为网络系统本身存在，无论什么网络系统都一定会存在或大或小的漏洞，完美的网络系统是不存在的；另一种是人为造成的漏洞，用户通过某些操作行为使得计算机网络出现漏洞。两种情况相

较而言，人为造成的漏洞产生严重后果的可能性较大，因为人为因素表示为恶意行为，比如经常有不法分子执行非法手段，致使网络系统出现漏洞，进而通过漏洞进入被入侵者的计算机，做出某些非法行为，导致被入侵者信息泄露，造成一定的负面影响。

## 三、大数据时代背景下计算机网络安全防护措施

### （一）大量应用加密技术

加密技术是当今社会防止电脑被入侵的重要手段之一。在计算机内设置防火墙从而将众多的文件加密处理以达到防止外界病毒的入侵。除此之外计算机网络用户还可以设置一个只有自己知道的密码从而防止其他人乱用设备，降低电脑信息被盗窃的危险。不仅可以加强计算机安全性，还可防止他人损坏设备。加密技术的广泛应用，是使计算机网络的稳定性与安全性得到保障的不二法宝。与此同时，将加密技术与加固技术两者有机结合，进行有效的利用，可在保障计算机其他各种功能正常发挥的同时，显著增强计算机网络的安全性。

### （二）杜绝垃圾邮件

在众多网络病毒中，长期接受垃圾邮件是传染电脑病毒的一个重要的来源。垃圾邮件因其本身具有不稳定性和来源不明性而成为破坏计算机网络安全的一大重要因素，而杜绝垃圾邮件的主要方法在于熟练掌握保护自身的邮件地址的方式，将自己的邮件地址隐蔽起来，切忌随随便便的在网络上登记与应用自己的邮件地址，通过这样的方法可以有效避免接收到垃圾邮件，从而降低电脑被入侵的概率。同时，值得注意的是，Outlook Express 和 Foxmail 中都附有邮件管理这一项重要的功能，一旦掌握了此种方法就可以为用户过滤大量的垃圾邮件，从而免于垃圾邮件的骚扰。在当今的网络发展阶段，很多邮箱都自己附带自动回复的功能，而这个常人不会觉得有什么问题的不起眼的功能，正是便于垃圾邮件进入用户电脑的罪魁祸首。为此，用户应小心使用这一功能，利用其积极方面，避免其消极方面。除此之外，用户应尽量不要打开来路不明的邮件，且对此不要做出回复，这样也可以使用户免于垃圾邮件的骚扰。

### （三）增强网络安全意识

完整科学的安全管理机制是实现计算机网络安全管理的基石，合理分配好各个网络技术人员的岗位职责，摒弃参差不齐的安全标准，确定统一的衡量标准从而提高网络安全管理的水平，对于重要的信息数据要采取加密处理和备份处理，以防不时之需。严格禁止网

络人员泄露重要的信息数据，并且要定期维修计算机网络系统，从而增强网络用户的文明上网意识。无论是使用网络的个人还是机构企业都必须高度关注网络安全问题，并且深刻意识到其的重要性。特别是拥有高度机密的网络数据信息的个人和机构，更是需要用专业技术保障，加强网络环境安全管理，制定一系列的防范措施，以保障数据信息的安全性。一方面，务必从宏观角度关注网络安全管理，充分意识到网络安全的重要性，搭建动态的科学、有效的网络系统管理制度，运用专业的计算机技术对网络进行安全管理，保障网络的安全性。另一方面在于主观防护意识的加强，自身务必认识到网络安全管理的重要性，培养自主防护意识，养成规范文明的网络操作行为习惯，能够主动意识到非法网站、病毒网站，拒绝使用或传播该类网站，减少网络安全隐患。总而言之，计算机网络安全问题关系到人们生活的方方面面。因此我们需要采用切实可行的解决方案，增强计算机使用安全功能。只有从上到下都增强了网络安全意识，才能够共同营造出安全的、和谐的网络环境，才能对人们的生活有益处。

（四）防范及治理网络病毒

在大数据时代下，网络病毒的种类繁多，大多数具有独特性，并且治理难度也在不断提高。对于网络病毒的治理核心是防患于未然，必须积极主动做好网络病毒的防护措施，对计算机软件安装计算机安全防护卫士，加强防火墙的建设，并且定期或不定期更新网络病毒库、执行病毒查杀程序，检测排除网络安全隐患，做好网络安全壁垒的搭建，提升网络安全性。并且需提高网络使用者的网络安全意识，培养良好的病毒防范的安全观念，保证减少在日常网络使用过程中的失误操作，以及在出现网络安全问题时及时处理。

（五）防范网络黑客

在海量的数据背景下，网络黑客运用非法手段突破被入侵者的计算机网络安全系统，窃取数据信息，成为大数据时代网络信息安全的重大安全隐患之一。所以应利用海量数据信息的整合优势，充分了解黑客的网络攻击模型，进而制定合理科学的反黑客系统。除了反黑客系统外，还应通过加强计算机防火墙的配置、限制隔离开外部网络和内部网络等基础性防护措施来降低黑客攻击的可能性。并且也可利用先进的数字认证技术，控制网络访问数据，运用合理科学的认证方式，能够有效地避免非法用户访问其计算机网络，从而进行网络安全的有效防护。

（六）及时有效修复网络漏洞

大数据时代背景下，数据信息更迭较快，各类网络系统不断更新，网络漏洞也在逐渐增多，所以对于使用的软件、程序等网络系统均需要定期或不定期更新，保证其属于最新版本，从而使计算机系统正常安全运转，尽可能减少网络漏洞。在计算机出现漏洞提醒时，务必及时更新修补漏洞，减少网络安全隐患。一般情况下，在计算机中安装常见的安全防护软件，不仅会时刻保护网络系统安全，还会定期或不定期地检测计算机网络漏洞情况，并提示修复，链接所需补丁程序，执行流程化的网络安全服务，科学有效地保护网络安全。

（七）合理应用安全检测防护系统

当下，计算机网络科技水平不断提升，网络黑客愈加专业，网络病毒种类日新月异，当然网络科技专业人员水平也在不断提高，以应对各类网络安全问题。又因网络科技专业人员较少，大部分个人、机构均需要使用专业人员开发的网络安全软件，以保证所使用的网络环境安全。其中最常用的为安全检测系统，其主要任务包括网络病毒查杀、网络系统升级、网络漏洞补丁防护等等。合理应用网络信息的安全防护技术对于安全检测至关重要，因为只有这样才能够搭建既稳定又合理的计算机信息安全管理系统。

（八）注重账号安全保护

在使用计算机网络系统时，不可避免会涉及各种各样的账号，比如说，人们可能会登录计算机系统账号、工作账号、网银账号、QQ 账号、邮箱账号等，这些账号几乎都会涉及用户的隐私和财产，账号密码一旦被泄露必然会对人们的正常生活造成影响。因此，在完成计算机网络信息安全工作时，首先应当注重账号安全保护。在使用各种网络账号时，要注意设置高难度的密码，尽可能不要运用一些具有虚拟货币信息的账号登录不安全的第三方网站。同时，不可同一个密码多个账号一起使用，这样一旦出现突发性信息安全事件，可能会使用户的其他账号也受到侵袭，使得用户隐私泄露。最后，要勤换密码，而且为了安全起见，用户还可以购买一些有助于维护账号安全的软件提高账户安全性。

（九）网络防火墙技术

网络防火墙技术是针对网络访问进行控制的一种内部防护措施，它的主要作用就是为了防止外部用户使用非法手段进入到网络内部系统，提示用户在使用计算机网络时，不要进入一些不安全的网站，该技术能够对计算机内部网络环境起到保护作用，为网络运行环境的稳定性提供了一定的保障。此外防火墙技术还能实现对网络传输数据的检查，对于一些不正常的网络数据传输进行阻止。但是，需要注意的是网络防火墙技术只是电脑内部自带的一种防范系统，对于一些攻击性比较强的病毒和黑客的防范能力有限，能够发挥的作用有限。

（十）杀毒软件的使用

在使用计算机网络系统时，大部分用户都会安装网络安全防范系统，保证电脑的安全。杀毒软件一般是配合防火墙技术使用的，它的主要作用就是定期对一些存在危害的信息进行检测，具有广泛性和实用性的特点。当前使用比较广泛的有电脑管家、360管家和腾讯管家等几种杀毒软件。但是，在使用杀毒软件的时候，一台计算机往往只能安装一款杀毒软件，否则可能会使计算机的软件系统出现冲突，不利于计算机软件的正常运行。此外，杀毒软件只能针对已知的病毒进行有效查杀，防范性能有限，而且有些用户在使用计算机网络系统时，由于对计算机不太熟悉，不是很擅长使用杀毒软件，这进一步降低了其安全性能。因此，为了更好地发挥杀毒软件的作用，需要做好电脑基础知识普及工作，使用户认识到杀毒软件的重要性，提升他们的计算机网络信息安全保护意识。而且，计算机网络技术在不断地发展变化，杀毒软件也会随之更新换代，为了更好地发挥杀毒软件的作用，需要及时地更新系统软件，提升其使用性能。

（十一）网络监测和监控

网络监测和监控相对于前面提到的几种技术来说更为优越，其对计算机网络信息安全的维护作用也更大，是近些年来比较热门的一项技术。入侵监测技术的主要作用就是检测监控网络在使用中是否存在被滥用或者是被入侵的风险。当前入侵检测采用的分析技术有统计分析法和签名分析法。统计分析法主要是运用统计学知识对计算机运行过程中的动作模式进行判断，检测其运行过程中是否存在一些对计算机网络信息安全不利的因素。而签名分析法则是对已经掌握的系统弱点进行攻击行为上的检测。网络监测和监控，一般主要是应用于企业和政府部门，个人用户应用比较少。该技术的应用为计算机网络信息安全保护提供了一定的检测技术基础。

（十二）数据保存和流通加密

数据保存和流通是计算机网络信息交流的基础，是计算机所具有的普遍特性，做好数据保存和流通是计算机网络安全性保护策略的基本要求。一般在进行数据保存和流通时，人们都会对一些重要的文件进行加密，文件加密能够有效地提高信息系统安全性，防止数据被窃取、毁坏。当前的文件流通加密方式主要有两种，即线路加密和端对端加密，线路加密更为注重的是对线路传输的安全保护，在数据线路传输中通过不同加密技术对需要保密的文件进行保护。而端对端的加密则需要借助加密软件对发送的目标文件进行实时加密，通过将文件中的可见文件转换为密文的方式进行安全信息传递，进而达到加密目的。这两种加密方式虽然能够较好地保障计算机网络信息的安全，但是对工作人员的计算机水平要求比较高，也给相关工作的开展带来了较多的不便。

在大数据时代下，计算机网络科技广泛应用于社会的各方各面，网络信息安全问题备受社会关注，其对于社会经济的发展有着巨大的影响，所以对于网络信息安全的防范具有深远的意义。随着科技专业水平的不断提升，对于网络病毒、黑客的防护，以及各种安全防护系统的技术水平也在不断提高，不断优化完善计算机网络安全体系，健全安全管理系统，从而保障大数据时代下拥有安全纯净的计算机网络环境。

## 第四节　计算机网络信息安全分析与管理

### 一、保证计算机网络信息安全的重要意义和内涵

#### （一）保证计算机网络信息安全的重要意义

我国的科技水平日益提高，计算机网络技术也随之发展，网络存储已经成为生活和工作中存储信息的方式之一，所以，网络信息的保密和不泄漏，和国家、企业、个人群众的利益息息相关，对于公司企业的运作有着重要的意义。网络信息安全管理技术的完善，是保障国家企业利益良性发展的前提，网络信息安全问题，是我国目前计算机领域首要关注的问题。所以，计算机信息的安全保障，与国家和个人的利益紧密相连，对于公司企业的安全运营也起着很关键的作用。

#### （二）保证计算机网络信息安全的内涵

保证网络信息技术安全的主要目的，就是保证所存储的信息不得丢失，这些信息大到国家机密，小到个人私密信息，还包括了各个网站运营商所提供的各类服务，建立一个完善的计算机管理系统，要对计算机网络信息做一个全面的了解，并按照信息所带有的特点制定与之对应的安全措施。计算机网络安全指的是通过一定的网络监管技术和相应的措施方式，把某个网络环境中的数据信息严密地保护起来。计算机网络安全由两个方面构成，一个是物理安全方面，另一个是逻辑安全方面。物理安全就是指具体的设备和相关的硬件

设施不受物理的破坏，避免人工或机械的损坏或者丢失等等。逻辑安全指的是信息的严密性、可用性、完整性。

## 二、计算机网络信息安全分析

### （一）遭受网络病毒攻击

病毒攻击一般是经网络渠道来传播，比如在浏览网页时就容易被病毒入侵，也可能以邮件的方式传播。对于用户本身来说，被感染病毒时可能都不会察觉，久之，整个计算机的系统就会受到破坏。所以，在使用被病毒感染的计算机时，如果文件没有加密，那么其信息很可能泄漏，导致一系列连锁反应，还有用户在远程控制需求状态时，计算机内的信息资料有被篡改的风险。

### （二）计算机硬件和软件较为落后

现在，很多用户的计算机使用的是盗版或非正规渠道的软件，盗版的使用肯定对网络信息的安全有一定的负面影响，所以，计算机用户的配置正常、软件正规，那么网络安全风险肯定会降低很多。在发现计算机的硬件比较老旧时，要及时替换，避免安全隐患。在当前环境下，黑客的攻击手段越来越多样化，其在社交网站上的表现也越来越活跃，越来越多的受害者表示曾遭遇数字勒索，计算机硬件的落后，也会造成一定的信息风险。在软件上，要选择正版软件，并及时更新杀毒，在使用时尽量打开防火墙，做到全方位的保护，才能确保网络信息的安全。

### （三）管理水平较为落后

计算机的安全管理涉及的方面非常多，比如风险预测、制度协议的构建、风险系数的评估等。我国有很多网络都是专网专用，这是一种比较独立的资源，使网络的管理受到很大限制，总体来说，网络安全管理缺乏有效的工程规划，使各部门之间的信息传递出现障碍，为了解决这些问题，就要重视建立健全计算机安全管理制度、加强信息安全管理人员的专业性培养、提高用户的安全意识，从多个方面建设安全的网络信息技术，只有不断发展，才会使我国安全管理技术不与国际脱轨，提高我国计算管理水平。

## 三、计算机网络信息安全的管理

### （一）加强对计算机专业人才的培养

要加强计算机网络信息安全的管理，除了对计算机本身各个方面的安全规范要求以外，还有一点就是加强对于计算机这方面的人才培养，专业化的人才是我国计算机发展的基础要点，能使我国整体的计算机水平不断提升，早日达到领先国家的水平。随着我国国力的增强，计算机用户越来越多，蕴含的风险因素就越多，所以，加强我国计算机专业化人才的培养显得格外重要。只有加强对计算机信息技术的高级人才的培养，才能使我国的各个领域共同发展，避免与国际脱轨。

（二）提高计算机用户的网络意识

计算机应用领域越来越广，用户也越来越多，但有一些初学者的存在，这些人在计算机安全使用上，不具备相关的知识，对于病毒和漏洞等网络危险因素，缺少一定的防范意识，导致计算机出现风险事故。所以，对于计算机用户来说，可以适当进行网络安全方面的教育，让其拥有一定的安全意识，做到自己可以安全使用计算机，及时更新补丁和查杀病毒，以减少计算机风险。

（三）制定相关的网络安全协议

据相关人士的分析得出结论，只有在硬件和软件的使用规范时，网络安全才能得到保障。所以，要解决网络安全问题，出台相关的制度条令和协议就变得重要起来。这个协议的主要内容是，在计算机数据传输工程中，受到危险攻击，这时候要做出什么样的应对策略，才能把这些问题解决，避免用户受到更多的损失。所以，对于和网络有关的设备，制定有效的制度，在网络资源访问需要用户密码的相关信息时要有专门人员来解决。对于传输中的数据，也要进行加密处理，在这样多重防护下，才能确保计算机的安全使用，这样的做法使得信息就算被攻击获取，攻击者也没办法明白其表达的意思，所有这些都是用专业的防火墙技术做到对病毒有效的阻挡，这样才能达到加强网络信息安全管理的目的。

（四）计算机信息加密技术应用

随着近年来网上购物的火速发展，第三方支付系统出现，支付宝、微信、网上银行等货款交易都是线上进行，对计算机防护系统提出了更高的标准，计算机加密技术成为最常用的安全技术，即所谓的密码技术，现在已经演变为二维码技术、验证码技术，对账户进行加密，保证账户资金安全。在该技术的应用中，如果出现信息窃取，窃取者就只能窃取乱码无法窃取实际信息。

从 20 世纪 80 年代国内的首例计算机病毒——小球病毒开始，计算机病毒呈现出了传染性强、破坏性强、触发性高的特点，迅速成为计算机网络信息安全中最为棘手的问题之一。针对病毒威胁，最有效的方法是对机关单位计算机网络应用系统设防，将病毒拦在计算机应用程序之外。通过扫描技术对计算机进行漏洞扫描，如若出现病毒，即刻杀毒并修复计算机运行中所产生的漏洞和危险。对计算机病毒采取三步消除政策：第一步，病毒预防，预防低级病毒侵入；第二步，病毒检验，包括病毒产生的原因，如数据段异常，针对具体的病毒程序做分析研究登记方便日后杀毒；第三步，病毒清理，利用杀毒软件杀毒，现有的病毒清理技术需要检验计算机病毒后进行研究分析，具体情况具体分析，利用不同杀毒软件杀毒，这也正是当前消除计算机病毒的落后性和局限性所在。我们应当开发新型杀毒软件，研究如何清除不断变化着的计算机病毒，该研究对技术人员的专业性要求高，对程序数据的精确性要求高，同时对计算机网络信息安全具有重要意义。

（五）完善改进计算机网络信息安全管理制度

根据近些年来的计算机网络安全问题事件，许多网络安全问题的产生都是由于计算机管理者内部疏于管理，未能及时更新防护技术、检查计算机管理系统，使得病毒、木马程序有了可乘之机，为计算机网络信息安全运行留下了巨大安全隐患。

企事业单位领导应该高度重视计算机网络信息安全管理制度的建立，有条件的企业事业单位应当成立专门的信息保障中心，具体负责日常计算机系统的维护，漏洞的检查，病毒的清理，保护相关文件不受损害。

建议组织开展信息系统等级测评，同时坚持管理与技术并重的原则，邀请专业技术人员开展关于“计算机网络信息安全防护”的主题讲座，增加员工对计算机网络安全防护技术的了解，这对信息安全工作的有效开展能起到很好的指导和规范作用。

（六）提高信息安全防护意识，制定相关法律

在网络信息时代，信息具有无可比拟的重要性，关系着国家的利益，影响着国家发展的繁荣和稳定，目前我国计算机网络信息安全的防护技术和能力从整体上看还不尽如人意，但在出台《国家信息安全报告》探讨在互联网信息时代应如何保障我国计算机网络信息安全的问题后，我国计算机网络安全现状已经有所改观。根据国家计算机病毒应急处理中心发布的统计数据，2016 年的计算机信息网络安全事故较上一年有所下降。事实说明计算机信息安全防护意识在法律规定作用下还是有所进步的。

（七）加强网络环境监管，肃清网络环境

对于网络系统的安全管理，第一层管理者应该从网络系统的源头进行管理和维护，必须加强对于网络环境的监管和监测，发现安全风险因子，及时应对风险，采取风险解决方案。相关部门必须加大对于网络环境的监管力度，全面加强互联网安全管理，推进“净网”

行动顺利开展，有效治理净化网络环境，为人民群众营造一个安全、清朗的网络空间，地区公安局网安大队要督促各网站运营负责人学习《中华人民共和国网络安全法》和《互联网新闻信息服务管理规定》等相关法规，签订净化网络环境承诺书。网安大队可以与网站运营负责人组建网络安全专班并建立微信联络群，确定安全管理责任人，确保安全管理责任落到实处。同时，要求各网站、微信公众号运营负责人必须严格遵守《中华人民共和国网络安全法》《互联网新闻信息服务管理规定》，强化内部审核管理，积极传播正能量，切实承担起网站和网络自媒体的社会责任，共同维护健康有序的互联网环境。

（八）健全制度体系，确保管理到位

要确保计算机网络系统安全管理和维护工作的有效开展，必须构建完善的管理和维护制度体系，明确企业和机构网络安全管理和维护的第一责任人，将相关的管理和维护责任落实到个人，让相关管理和维护人员明确自身的职责，更好地开展网络安全管理和维护工作。

（九）强化安全意识，做好宣传工作

相关企业和机构要高度重视网络与信息安全管理工作，为普及网络安全知识，增强企业和相关机构的网络安全意识，可以积极组织开展网络系统安全教育活动，联合相关的网络信息化服务和安全管理部门，面向广大员工和高校学生开展信息网络安全宣传教育活动。在宣传教育中，民警可以通过摆放展板、播放 LED 视频、发放宣传册、解答咨询、与相关人员互动等形式，传播预防网络电信诈骗、辨别网络虚假信息、抵制网络谣言等常识，提醒广大员工和学生群体增强网络安全意识和自我保护意识，正确安全使用网络，并呼吁大家把网络安全知识带回家，告诉自己的亲朋好友，发动全民共同参与，做到安全用网、文明上网，共同营造和谐安全稳定的网络环境。在宣传中，还可以结合身边真实案例，就个人隐私泄露、数据丢失、被安装木马软件、被盗取个人资料信息等案例进行讲解，并就防范各类网络诈骗知识进行宣传。

（十）细化防范措施，进行风险排查

针对网络与信息安全管理的各环节，制定有效的方法措施，加强网络接入管理，全局网络接入口统一设在县局机关机房。规范计算机设备命名和 IP 地址使用管理，建立“科室 + 使用人名称”的命名规则，确保计算机命名和 IP 地址一一对应，加强终端设备安全管理。定期对机房各类设备全面检修维护，及时排除不安全因素和故障，完善计算机安全使用保密管理措施，明确规定办公电脑不得使用来历不明、未经杀毒的软件、光盘、U 盘等载体，尤其是做到内网和外网计算机不能互插 U 盘。针对计算机网络安全的主要风险源，组织相关人员对计算机是否有内网及终端设备违规外联情况进行彻底检查，确保检查全面覆盖，网管员要负责对相应范围内的计算机进行全面的安全检查。针对每台电脑，要确保完善基础资料，对于大型企业和事业单位来说，对于所在范围内的所有内网计算机进行风险排查，工作量大。借此机会，网管员可以对每台计算机相关信息做好登记建立电子台账，为以后的设备维护及网络故障修复提供基础资料。

通过采取这些网络安全管理措施，可有效降低风险发生概率，实现网络安全管理效率的不断提升。

### （十一）加强专业培训，提升风险防范能力

为了提升全员网络安全防控和应对水平，促进网络安全管理取得实效，必须要针对网络信息安全的主要威胁、常用的防护技术、跨平台的网络安全防护技术及网络安全防范体系建设等内容给相关人员进行培训。相关网络管理人员在网络的构建和软件的编写上都需要注意一些细节，让“黑客”无从下手，保证用户使用网络的安全性。培训应该针对企业或机构中主要的网络安全管理人员进行，通过培训帮助广大网络安全管理工作者切实深化思想认识，高度重视网络与信息安全工作，解决网络信息安全工作存在的重点难点问题。强化网络与信息安全技术监测、预警通报、风险评估和应急处置，重大活动期间实行网络与信息安全零报告制度。通过开展类似的网络安全管理培训活动，促进企业和机构的网络系统安全使用。

## 第五节　计算机网络信息安全及防护策略

### 一、我国计算机网络信息安全发展状况

虽然与发达国家相比，计算机网络在我国应用的时间比较短，但是发展速度确实很快。伴随着计算机的不断普及以及互联网的不断发展，我国计算机网络将会面临着越来越大的压力和挑战。另外，在计算机自身不断发展的过程中，其所涉及的领域以及技术相对来说还是比较广泛的，例如计算机硬件技术、计算机软件技术、密码设置技术等等，这种情况也导致对计算机网络进行管理和防护的难度较大。

为了保证我国计算机网络在今后健康发展，由政府部门牵头开展了计算机网络信息安全机制建立以及技术研究的相关工作，力求通过不断加强计算机硬件以及软件的完善工作将更多的安全处理技术融入到计算机网络管理的过程当中。这种做法已经取得十分显著的效果，不但对人们计算机网络信息安全的防范意识进行了强化，同时也在很大程度上提高了民众防范计算机网络威胁的能力。但在如此良好的大背景下也不能放松，要清楚地看到当前威胁和影响我国计算机网络信息安全的因素仍然存在，相对应的我国计算机网络信息安全防护体系还不是十分健全和稳固。因此通过以上的相关论述就能够清楚地看到，加强计算机网络信息安全管理和防护的工作在今后还有着很长的一段路。

## 二、加强计算机网络信息安全防护的策略思考

### （一）采用加密技术

加密技术的产生已经有很长一段时间，其主要指对计算机内部一些比较敏感的数据信息进行有效的加密处理，而随着技术的不断完善，在进行数据处理的过程中比较常用的手段也是加密技术。从这种技术的本质上来看，其是一种相对来说较为开放的，对网络信息进行主动加固的技术和方法，目前在日常使用的过程中比较常见的加密技术主要包括：对称密钥的加密算法和非对称密钥的加密算法，前者的加密原理就是按照一定的算法对文件以及数据进行合理的处理，最终生产一串不可读的代码，之后再利用相关技术将带改段代码转换成为之前的原始数据。

### （二）访问控制技术

从目前实际情况来看，访问控制技术已经逐渐成为保障网络信息安全的一个十分核心的技术，其作为核心的功能就是保证系统访问控制和网络访问控制。在进行系统访问的过程中主要还是为了给不同用户赋予完全不同的身份，而不同身份则具有了相应的访问权限，当用户进入系统中的话，系统首先对其身份进行验证，之后操作系统再提供相应的服务。系统访问控制主要指的就是通过安全操作系统以及安全服务器来最终实现网络安全控制工作，可以针对计算机系统提供安全操作系统，并且还能够对所有网站进行实时的监控，当监控到的网站信息存在非法情况时，之后就可以提醒用户可能存在威胁修改网站内容，从而保证用户计算机能够安全运行。而服务器主要是针对局域网当中的所有信息传输进行有效的审核和跟踪，网络访问控制主要是对外部用户进行合理的控制，保证外部用户在对内部用户计算机信息进行使用的过程中能够安全可靠。

（三）身份认证技术

身份认证技术主要是通过主体身份与证据相互之间进行绑定而最终实现的，其中实体部分可以是主机，可以是用户，甚至可以是进程。而证据与实体身份之间呈现出的是一一对应的关系。在进行通信的过程中，实体一方能够向另外一方提供证据，用以证明自身的身份，而另外一方则可以通过身份验证机制对其所提供的证据进行有效的验证，最终保证实体与证据之间达到良好的一致性质。这种方式能够对用户的合法身份、不合法身份进行有效的识别与验证，防止非法用户对系统进行的访问，从而最大限度地减少用户进行非法潜入的机会。

（四）入侵检测技术

入侵主要指的是在非授权的情况下对系统资源进行使用，这种情况可能会对系统数据安全性产生一定的影响，例如造成数据丢失、破坏等情况。从目前的实际情况来看，如果对入侵者进行划分的话，主要可以分为外部入侵以及允许访问但是进行有限制的入侵两种方式。而如果能够合理利用入侵检测技术的话，就能够及时发现入侵行为进行，之后再采取一系列针对性的防护手段。例如对整个入侵行为进行有效的记录，之后再进行后续的跟踪和恢复，或者直接断开网络连接等等。通过这种手段能够对入侵行为进行较为良好的诊断，真正地实现对计算机网络的全范围监控与保护。

（五）安装网络防火墙

安装网络防火墙可以有效地防止外部网络用户非法进入内部网络，加强网络访问控制，从而保护内部网络的运行环境。防火墙的技术有很多种，根据技术的不同，网络防火墙可分为代理类型、监视类型、地址转换类型和数据包过滤类型这几种。其中，代理防火墙位于服务器和客户端之间，可以完全阻断二者之间的数据交换。监控防火墙可以实时监控每一层数据，并积极防止外部网络用户未经授权的访问。同时，它的分布式探测器还可以防止内部恶意破坏。地址转换防火墙通过将内部 IP 地址转换为临时外部 IP 地址来隐藏真正的 IP 地址。数据包过滤防火墙采用数据包传输技术，可以判断数据包中的地址信息，有效保障计算机网络信息的安全。

（六）安装杀毒软件

杀毒软件是用户最常使用的安全防护措施，同时也是可靠的安全防护手段，比较常用的有 360 杀毒软件、金山毒霸杀毒软件等。这些软件不仅能杀灭电脑病毒，还能防范一些黑客。此外，为了有效预防病毒，用户需要及时升级自己的杀毒软件，从而确保所使用的杀毒软件是最新版本，来防护最新的安全威胁。

（七）加强用户账号安全管理

用户账户包括网上银行账户、电子邮件账户和系统登录账户。加强用户账户的安全管理是防止黑客的最基本和最简单的方法。例如，用户可以设置复杂的账户密码，避免设置相同或类似的账户密码，定期更改账户密码。

（八）数字签名技术

数字签名技术是解决网络通信安全问题的有效手段。它可以实现电子文件的验证和识别。它在确保数据隐私和完整性方面发挥着极其重要的作用。其算法主要包括：DSS 签名、RSA 签名和散列签名。数字签名的实现形式包括：通用数字签名、对称加密算法的数字签名、基于时间戳的数字签名等。它的一般数字签名形式：发送方 A 向接收方 B 发送消息 M，首先使用单个散列函数来形成消息摘要 MD，然后进行签名。这样就可以确认信息的来源，有效地保证信息的完整性。通常，对称加密算法在数字签名中使用的加密密钥与解密密钥相同。即使不相同，也可以根据它们中的任何一个导出另一个，并且计算方法相对简单。基于时间戳的数字签名引入了时间戳的概念，减少了对确认信息进行加密和解密的时间，减少了数据加密和解密的次数。这种技术适用于高数据传输要求的场合。

（九）入侵检测技术和文件加密技术

入侵检测技术是一种综合技术，它主要采用了统计技术、人工智能、密码学、网络通信技术和规则方法的防范技术。它能有效地监控计算机网络系统，防止外部用户的非法入侵。该技术主要可以分为统计分析方法和签名分析方法。文件加密技术可以提高计算机网络信息数据和系统的安全性和保密性，防止秘密数据被破坏和窃取。根据文件加密技术的特点，可分为数据传输、数据完整性识别和数据存储 3 种。

## 三、计算机网络安全教学探讨

随着计算机网络在各行各业的高度普及，很多高等院校为网络工程专业学生开设了“计算机网络安全”课程。学生在这门课程中，将学习如何应对当前网络中主流的攻击类型和网络威胁，对企业网络进行安全保障。学生学习该课程后，可具备网络安全维护、网络安全管理的能力。

传统的计算机网络安全的教学模式是线下面授。线上教学与线下教学相比，二者各有千秋。线上线下混合的教学模式逐渐成为主流。

目前，计算机网络安全是网络工程专业的必修课。同时，与计算机网络安全相关的专业课程很多。帮助学生梳理好计算机网络安全与这些相关课程的关系，有助于学生取得更好的学习效果。

（一）将线上教学融入计算机网络安全课程

在本科院校里，计算机网络安全属于计算机类的课程。在学习计算机网络安全之前，网络工程专业的学生会先主修高级语言程序设计、计算机网络等课程。信息技术课程包含“信息系统的安全”。网络工程专业学生事先掌握的这些计算机基础知识对学习计算机网络安全是非常有好处的。教师在授课时，可以介绍一下网络安全与数据安全、电子商务安全等相近课程的区别，便于学生课后拓展学习。

计算机网络安全教学过程中既重视理论知识，也强调培养学生的应用能力。线下模式中，理论教学与实践教学分别在多媒体教室和机房进行。线上模式依靠互联网实施。

网络教学支持平台是建立在互联网的基础之上的软件系统。该平台为线上网络教学提供全面支持服务。常用的网络教学平台有超星泛雅、中国大学慕课、智慧树、职教云等。直播工具有免费和收费两种，教师可因地制宜，选择合适的直播工具。如果经费有限，可以使用免费的直播工具，比如腾讯会议、钉钉在线课堂和 QQ 群屏幕分享等。钉钉在线课堂有免费的直播回放功能。学生可以回看教学视频，不懂的可以暂停记下来，再在群里面问老师。教师可以用钉钉发布作业，学生把自己做好的作业拍照上传钉钉。例如采用超星泛雅平台进行期末考试。超星泛雅平台里，题型分为单选题、多选题、填空题、判断题、简答题等，教师可根据需求选择对应的题型进行题目的添加。30 人以下的腾讯会议里，成员打开摄像头是免费的。教师可以开启腾讯会议软件进行视频监考。

（二）将虚拟机技术引入到计算机网络安全教学

在网络安全实践教学过程中，可以通过虚拟机软件模拟具有完整硬件系统功能的、运行在一个完全隔离环境中的完整计算机系统。目前常用的虚拟机软件有 VMware、VirtualBox 和 Virtual PC 等。教学中，可以使用 VMware 来安装 Windows、DOS 和 Linux 操作系统。

VMware 有时提示“此主机支持 IntelVT-x，但 IntelVT-x 处于禁用状态”，此时无法运行虚拟机操作系统。开机或重启电脑，在出现计算机 Logo 的时候，按 Delete 键或

F2 进入 BIOS 界面（可查阅计算机说明书）。进入 BIOS 主界面后，找到 Intel（VMX）Virtualization Technology 设置项，将默认的 Disabled 改成 Enabled，开启 VT 虚拟化。

在计算机网络安全实验中，虚拟机比物理计算机安全性强、节约资源和灵活性高。恶意代码是对网络有危害的计算机代码。最常见的恶意代码有计算机病毒、木马等。很多恶意代码需要连接网络才能触发特定的行为。直接在学校机房里做恶意代码实验可能会对校园网造成威胁。虚拟机用虚拟设备取代了传统物理硬件，从而降低了昂贵硬件的前期成本。以 VMware 为例，若要增加新虚拟硬件，可以选择需要添加硬件的虚拟机并点击“编辑虚拟机设置”。在添加硬件向导中,您可以选择的硬件类型包括 CD/DVD 驱动器、软盘驱动器、网络适配器、USB 控制器、声卡、并行端口、串行端口、打印机、通用 SCSI 设备和可信平台模块（Trusted Platform Module，TPM）。用于进行 CA（证书授权）安装和配置实验的软件是 OpenSSL。

（三）激发学生对计算机网络安全课程的兴趣

兴趣是最好的老师。如果一个学生对计算机网络安全很感兴趣，那么他就一定会积极地把这门课学好。兴趣还可以驱动学生主动学习，使学生的自主学习能力不断提高。

为了激发学生学习网络安全的兴趣，可以让学生课后上网了解社会对网络安全工程师的迫切需求。现在大部分学生有计算机，教师可以引导学生用学到的网络安全技术保护自己的计算机。学生参加网络安全方面的科技竞赛可以培养创造能力、综合能力和科学素质。

教师可以指导学生参加网络安全相关的大学生创新计划项目。学生申报创新计划项目后，可获得经费支持。创新计划项目有结题要求，比如发表论文、获得专利授权和获得软件著作权授权等。学生在做项目的过程中，科研能力会有很大提高。完成的科研成果对于学生在大学四年级的求职和考研也有很大帮助。

# 第九章
# 计算机网络安全在实践中的解决方案

## 第一节　电子政务信息安全问题解决方案

计算机技术的快速发展推动了电子政务系统的快速发展。网络技术与电子商务等技术的发展推动了通信技术的进步，而政府部门的办公也从传统的人工办公逐步走向智能化、技术化，这也是促进电子政务系统发展的主要原因。电子政务信息系统实现了技术和管理的有效结合，已成为如今信息化的重要领域。随着当前电子政务网络系统的快速发展，安全问题也日益凸显。

从电子政务系统网络安全入手，对电子政务信息安全问题解决方案进行分类研究，安全方案采用防火墙技术、数据包过滤技术、数据加密技术、PKI、SSL 协议、入侵检测技术等安全技术。通过对电子政务信息系统的风险和安全需求进行分析，对电子政务信息安全系统整体方案进行了设计，分别利用访问控制、物理安全、通信机密、病毒防护、入侵检测、备份恢复等，希望为电子政务信息安全系统的建设提供一定支持。

### 一、研究背景

电子政务系统具有先进的通信手段和技术含量，可以大大提高政府在管理、服务中的工作效率，并且对工作流程和服务流程进行了优化和简化，保证政府部门形成高效、公正、廉洁的工作氛围，为群众提供更为优质的服务。电子政务网络系统的建设和发展是政府树立良好形象的重要工程。在当前网络技术迅速发展的同时，网络新手段、新途径、新模式也层出不穷。传统政府的一站式模式已经不适应当前的需求，但是电子政务网站连接外网后容易遭受恶意攻击和破坏，给人们日常业务办理带来极大的困扰和不便，甚至还会威胁国家安全，因此电子政务系统的安全建设具有重要意义。目前，电子政务系统的安全建设存在以下几个问题。

（一）信任问题

政府单位网站上的信息往往是人民群众关心的问题，因此信息的发送方和接收方需要有更牢靠的信任关系，保证信息在交流和传输过程中的可靠性和真实性，保证政府单位的各项工作能够顺利进行。

（二）授权问题

不同级别部门中的操作者需要拥有不同的权限，包括登记操作权限、操作机制都需要有一定的差异。

（三）信息机密性和完整性问题

电子政务系统需要拥有防窃听和防篡改功能。

（四）网络问题

电子政务系统的建设可以改变原有网络中心的混乱和不可控的现象，提高网络的信任指数和安全系数。

（五）平台的继承和发展问题

平台的继承主要指的是各项数据和原有资源的继承，发展问题指的是新平台如何开发、新旧平台如何共同使用。

（六）系统的可扩展问题

高性能、高实用性以及高扩展性是保障电子政务系统正常运行的关键，可扩展性不仅有助于系统的扩展，还可以对运行中的系统进行完善。

（七）网络安全问题

电子政务信息安全系统需要具备对非法入侵进行检测、对系统漏洞进行扫描、预防控制和查杀病毒、访问控制以及数据恢复和备份的功能。

当前关于电子政务安全信息系统的研究主要有两类，一类是从安全角度实现电子政务的信息安全；另一类是从应急管理的角度对电子政务信息系统进行构建。

## 二、需求分析

电子政务网络安全信息系统建设的主要目的是搭建一个具有开放性的、在同一标准下的电子政务统一的应用平台，实现不同政府部门之间的信息共享和资源交换，同时能够向群众提供政务服务，进一步提高政府办事的透明度：另外，系统还可以支持语音、视频、数据等业务，对不同部门的业务系统运营提供支持，最终实现不同局域网之间的信息交换和资源共享，并且实现信息安全体系的完善建设，同时提供相应的备份系统。

电子政务信息安全系统的建设目标是构建一个具有可靠性、安全性、稳定性的政务平台，并且能够促进和保护现有的电子政务应用系统的正常运转。电子政务信息安全系统的网络平台采用的是千兆以太网技术，利用千兆主干、百兆交换到桌面的二层星型拓扑结构的城域网，实现政府不同部门的网络连接，为政府不同部门提供安全可靠的数据传输通道。

电子政务网络安全信息系统局域网的接入方法有以下几种。第一，通过防火墙的方式连接到电子政务平台，利用防火墙将节点单位的局域网连接到电子政务平台。由于防火墙具有网络防护和地址转换功能，这样可以对本单位的网络进行一定的保护。利用地址转换则可以将本单位的信息在电子政务平台上公开、透明展示，不需要对本单位局域网进行任何调整就可以连接到电子政务网络平台，本单位的软件、硬件环境也都不需要进行大的调整。电子政务网络平台的服务器可以放置在本单位防火墙的 DMZ 区，利用防火墙设置实现各个服务器与电子政务专网以及单位内网的信息交换和共享。第二，利用局域网连接到电子政务平台。利用接入节点单位的内网交换机可以直接与电子政务网络平台进行连接，根据电子政务平台的要求将本单位的内网网络配置进行调整，包括 IP 地址、网关以及 DNS，同时还需要对本单位的应用软件环境进行适当的调整。第三，采用单机接入方式时，如果接入单位的网络基础状况不佳，无法达到局域网的建设要求，可以通过具有网卡的计算机直接连接到电子政务平台，根据电子政务平台的要求对网络配置（IP 地址、网关以及 DNS）进行统一规划。

在不同级别的政府部门之间，信息整合需要采用纵向的方式。第一阶段是利用数据的映射层，实现该网络的统一查询和访问，并实现电子政务平台中的数据共享。第二阶段是对不同层的各项功能进行数据整合，不同级别的政府单位数据需要标准化和规范化，以保证数据共享的质量和数据复用，同时为数据交换工作做好准备。这两个阶段也是信息整合过程中必不可少的。第三阶段是将部分被频繁访问且具有时效性的数据进行物理集中，这种方式可以提高数据查询质量，为决策分析提供支持。第四阶段是在第二阶段的标准基础上，进行 SDH 和 VPN 接入，接入方案如下。第一，SDH 接入方案。SDH 可以为纵向网络提供透明的传输平台，市内的城域网连接到市 SDH 传输节点，郊区等地区的纵向网连接到各个地区的 SDH 传输节点。纵向网与纵向网之间、纵向网与电子政务网之间、纵向网与互联网之间的数据交换都在统一的数据中心实现交换。第二，VPN 的接入方式。对已经建设完成的纵向网，在以下两种情况可以通过 VPN 的方式接入电子政务网：第一类是纵向网的 IP 地址与电子政务平台的 IP 地址存在冲突；第二类是短期内无法改版网络结构和应用的纵向网。通过 VPN 的方式连接到电子政务平台，可以在电子政务平台上实现数据传输，也可以保持原有的纵向网业务的完整与连续性。随着电子政务网络平台的发展和完善，纵向网内的业务也在逐步进行改造，最终可以分批次连接到电子政务平台。

从技术的角度看，电子政务信息系统所面临的主要问题来自系统的安全漏洞、病毒、黑客攻击、网络仿冒、信用风险这几个方面。

系统的主要安全保护内容包含以下几方面。一是形成以公文流转为核心的自动化办公系统。这一系统不仅能够满足政府日常的工作需求，实现政府部门无纸化办公，还能够进行集中管理，为不同领导决策提供有力支持。二是建立和形成有效的信息网络上的计算机管理体系。计算机是信息网络构建的基础，也是政府普及自动化办公系统的入口，工作人员都是通过操作计算机终端实现对信息系统的控制，因此计算机终端的可靠性和安全性也是决定政府自动化系统有效与否的关键所在。为了保证办公系统的可靠和稳定，需要对网络中所有的计算机终端进行有效管理，通过集中的监控和管理手段，保证政务系统网络中的每一个终端设备都能够可靠和安全地运行，保证办公系统有效、稳定地运转。三是建立有效的用户身份管理体系。政府工作人员是电子政务信息系统的直接使用者，由于办公自动化系统的特殊性，用户的身份信息必须真实可靠，因此需要对使用系统的用户进行有效管理，建立统一的授权机制、身份认证机制，避免出现未授权的用户登录系统的情况。四是建立信息安全保密体系。政府信息化必然会将政府的机密信息通过网络进行存储、使用和传输，为了保证这些信息的机密性，符合相关法律法规的要求，需要建立信息安全保密体系，解决信息和数据在存储、传输过程中的保密问题。五是建立政务信息系统的可靠性保障体系。为了保证系统正常平稳地运行，还需要建立防火墙与防病毒系统。

## 三、系统设计

电子政务信息安全系统设计的安全目标主要包括：定期强化物理安全防护，避免因设备电磁信息辐射泄漏；采用高强度的加密设备对网络中的各个节点信息进行加密，起到密钥的作用；对系统进行及时更新，保证系统为最新系统；进一步打通广域网线路，对重要信息资源采取加密措施，提高保护质量。

### （一）系统安全策略

在电子政务信息安全系统中，实现用户授权、登录用户信息甄别、用户应用的安全系统都是由统一的技术和平台提供；实现不同等级的访问控制；加强对网络中的各个节点的控制；充分利用计算机监控系统和网络安全分析手段加强对电子政务系统安全管理；利用联网的杀毒软件与单机杀毒软件相结合形成预防和查杀病毒体系；对系统信息及时备份，加强对数据的更新，让系统能够快速恢复性能；增强管理人员的安全意识，对管理人员进行考核和定期更换，提高核心工作人员的专业水平和技术防范能力，对管理制度进行优化，完善管理机构。

安全策略是基于安全等级和安全模块的实现制定的，同时还需要应对突发的风险，包括信息在传递过程中、政府内外网的对接中产生的突发情况，如部门内网中业务信息的丢失、政府不同部门交换信息时的信息泄露、社会公共服务信息的泄漏等风险，对这些风险进行综合评估后，制定比较安全的防御防护策略，实现安全目标。

### （二）系统架构设计

电子政务信息安全系统的构建主要是通过不同的安全技术保障系统内部的网络和信息的安全，避免遭受外部的干扰。因此，电子政务信息安全系统的设计主要包含以下几方面。物理安全防护措施需要定期进行强化，避免因设备电磁信息辐射泄露。对网络中的各个节点采用高强度的加密设备，保障信息在交换、连接和沟通中不被泄露，不仅需要发挥密钥的管理功能，还需要及时更新系统，打通广域网的线路，对信息及时进行加密，提高信息的保护强度。用户的授权、用户的身份识别、用户应用的安全系统都是基于相同的技术和平台，用于保护用户的相关数据、鉴别用户身份以及保护数据的完整等。可以实现不同级别的访问控制，实现网络中不同节点的控制，并利用疾控技术、安全问题分析技术，强化电子政务系统的安全强度和安全管理。通过联网杀毒和单机杀毒相结合的方式，形成完整的病毒预防和查杀体系。保证数据能够及时备份、及时更新，系统也能够快速恢复性能。强化相关部门的安全意识，加强对系统操作人员的考核，提高技术人员的素养和技术能力，完善相关机制。

安全策略的实施是为了安全目标的实现，同时安全策略还需要对可能发生的风险进行评估和防御，包括在内外网的对接过程中产生的内网信息丢失、政府部门交换信息丢失、公共服务信息泄露等风险，只有加强对这部分隐患的评估，制定完善的防御策略，才能实现系统的安全目标。

### （三）系统功能设计

网络安全的策略要求、方案设计、风险结果分析、安全目标的设计原则等共同构成了网络系统结构的整体性，通过网络系统的整体性可以实现对系统和网络的全面了解。电子政务信息安全系统主要由防火墙和 VLAN 两种技术构成，这两种技术在不同的局域网对用户进行区别和隔离。另外，通过非静态路由技术，可以提升各个重要关口的可用性，同时还可以将均衡承载技术嵌入各个关口提高网络的可靠性。

1. 访问控制功能设计

实现访问控制主要通过以下几个措施。首先是制定和实施严格的管理制度。其次是合理配备安全设备，如防火墙技术，在网络通道的各个接口处可以安装防火墙，在不同局域网之间也可以利用防火墙对设备进行隔离，保证网络的安全。在电子政务信息安全系统内部网络与外部网络之间也可以设置防火墙用于防御黑客的攻击，保证系统的安全运行。防火墙作为控制一个或多个网络间传输的设备，在不同网络之间运转，对信息传输起到了保护作用。

2. 物理安全功能设计

计算机设备的物理安全是电子政务信息系统正常运行的前提，物理安全指的是通过物理隔离实现网络安全。物理隔离措施主要体现在以下几方面。首先是在主机房、核心存储和信息发送接收部门的防范。通过单独设立隔离室装置，使磁鼓、磁带等辐射物难以发挥其辐射作用；在屏蔽过程中，利用各种隔离技术和隔离设施，提高隔离室与外网之间联系的安全性。其次是加强对本地网和局域网传输线路辐射的防范。由于大多数设备都是利用光缆进行数据传输，进行室外隔离工作可以在一定程度上避免辐射信息的传送。

3. 通信加密功能设计

由于网络安全一直都受到社会各界的广泛关注，特别是具有较高机密性的文件，更会引起更高的关注度。加密设备的出现和应用，让政府机密信息传输更具可靠性，同时也保证了信息的整体性和真实性。常见的信息加密方式主要有以下几类。

一是链路层加密。在广域网中，一个广域网对应的是一条线路，同时一个广域网也对应着一个链路加密设备，主要作用是为了保证信息在各个节点传输的安全性，让非法入侵用户无法查阅相关信息。链路加密设备的加密方式是通过两个端加密实现的，存在于链路级，每一个链路加密设备都会对大量的访问信息进行实时监控，保证各个网点的信息传递能够安全进行。

二是网络层的加密。电子政务信息安全系统的通信通常采取的是 VPN 设备，这一设备的使用主要是保护网络内部的机密信息。VPN 的使用可以缓解多链路加密设备的高成本压力，同时也可以解决系统升级维护问题，为电子政务系统与外网的连接提供更为便捷的条件。VPN 加密设备通常安装在被保护的网络与路由器之间，工作方式主要由两类构成："一对一"和"一对多"，信息数据通过这两种工作方式被完整地传输和接收。VPN 加密设备的配置具有灵活性，既可以让部分主机的信息通过密文传输，又可以让部分主机的数据通过明文的方式传播，这样可以保证信息传递效率与安全的平衡。VPN 的使用实现了安全通道的开通，可以跨越公网实现对相关子网络的信息进行机密性和完整性的保护。

VPN 设备也具有以下几个优势：首先是具有先进的技术性，可以大幅度提高工作效率，降低网络安全设备的投入成本；其次是 VPN 设备不需要依赖基础传输链，可以提供统一的网络层安全基础设施，便于为各个层级组织部门服务；最后是 VPN 设备能够在网速升级过程中保证网络范围的扩张，能让更多设备系统与机构部门电子政务系统相适应。

#### 4. 入侵检测功能设计

电子政务信息系统通过防火墙显然无法解决所有的安全问题，这需要人们利用其他辅助设备来保证系统的正常运营。因此，建立一个入侵安全的检测系统可以更好地预防网络入侵行为，主要工作流程如下：对代码进行检测，对新旧代码进行衡量；对网络用户操作行为进行记录，并制定措施；对用户进行心理分析，并制定策略对非法用户闯入进行预警，制止其入侵行为。控制台和探测器是入侵安全检测系统的重要构成部分，二者相互联系，控制台对探测器进行控制，并通过向其传达指令对网络访问进行监控。网络系统的性能改变发生在数据包过滤监听的情况下，由于探测监听是非过滤数据包监听，因此入侵检测系统具有较高的使用效率。

#### 5. 病毒防护功能设计

针对病毒的防护主要包含两方面：技术防护和管理防护。技术方面主要是对病毒进行检查，包括病毒的查杀以及病毒的免疫，病毒的系统软件技术应当主要安装在核心服务器上；管理方面指的是通过严格的规章制度，对员工的安全意识进行强化，有效地利用软件系统，避免系统感染病毒。

病毒的预防过程如下：相关单位制定病毒预防措施和感染病毒的应急计划书，并由此设置一套防病毒体系。从主机到服务器，都需要安装预防病毒的系统，保证网络系统的安全。服务器作为整个系统的核心，是系统保护和病毒防护的重心，在互联网资源共享和信息交换过程中最容易遭受病毒感染。其次主机客户端也特别容易遭受病毒感染，单机防病毒是最好的选择，通过单机防护、网络防护和病毒防护技术相结合，最大限度地发挥病毒预防体系的作用。当电子政务系统遭受病毒入侵后，第一步是切断感染计算机并断网，用计算机的杀毒软件对病毒进行查杀，如果不能处理则需要交给科技部门进行后续操作；第二步是通过杀毒软件直接将病毒删除，恢复相关数据后，才能允许接入网络。

**6. 备份恢复设计**

备份的恢复工作比较复杂和烦琐，最终是要实现网络数据和网络系统信息的恢复。备份恢复实现的途径包括安全备份管理制度的制定与实施，以及计算机技术的改进、备份核心设备的使用、硬盘等介质的使用。在对信息进行备份的过程中，往往采用备份软件对备份介质进行管理，这样可以有效避免数据残缺问题的产生。对备份的自动开始和结束功能需要合理利用，以此应对不同方式的备份。本书采用的备份是通过云备份技术实现的，这种方式十分简单，当用户对备份文件进行恢复时，首先需要登录云备份客户端，对系统已备份的文件进行查看，然后选择需要备份的文件提交到云存储系统，系统将客户提交的文件进行备份。当用户需要对文件进行上传时，通过登录客户端，将需要备份的文件选择上传至云系统即可。

备份的作用主要是对硬件设备进行保护，避免人为的系统故障或者黑客攻击导致数据丢失，最终达到保护数据完整的目标。

### （四）安全管理功能设计

除了上述几个功能的设计外，网络安全的日常管理也是电子政务信息安全系统必不可少的工作。安全管理包括系统新增用户的权限审批、用户权限的收集与分发等。主要内容包括对登录系统的用户进行管理，分配证书；对用户的注册、登录日期进行管理；对危害系统的安全时间进行预设定；提高网络设备的保护能力等。其中，主要的日常工作有以下几方面。

**1. 安全管理策略设计**

安全策略的设计主要有以下几个原则。首先是负责任的原则。部门负责系统的主管与员工需要对工作情况进行详细记录，对信息管理抱有高度认真、负责的态度，在主观方面保证系统的安全可靠。其次是任期非无限原则。定期对岗位进行轮换，实行有限任期制度，遵循岗位轮班制度，避免出现岗位垄断的情况。最后是权责分离的原则。作为系统管理部门的员工，需要在自己的权力范围内工作，在未得到授权的情况下，需要对工作内容进行保密。

**2. 安全管理机构设计**

完整健全的网络管理机构对电子政务安全系统的顺利运行具有重要意义，需要从以下几个方面健全网络管理机构。首先是政府需要提高领导的管理能力，培养员工的工作意志和品质，在遵守法律的前提下依法工作。其次是信息安全管理机构的组织层次可以有领导小组、领导小组办公室、安全科三个层级，领导小组由部门主管领导构成，对信息安全规划、安全建设和信息安全投资负责，并进行日常的安全制度事故处理等。最后是安全管理机构需要有上下层结构，不同级别的员工和不同级别的部门可以独立开展工作，当出现重大安全隐患或者事故时，下级机构需要绝对服从上级机构的领导。

**3. 辅助性设备的设计**

辅助性设备主要包括密钥管理系统和网络安全套件等。密钥管理系统可以通过集中授权的方式，利用 PKI 等技术设立一个独立的运行平台，这在证书管理和网络系统安全中比较常见。各单位可以通过以下几方面对密钥管理系统进行回应：首先是用户身份表示的统一，利用公开密钥证书和秘密密钥证书对用户身份进行表明；其次是用户授权的统一管理，系统可以根据不同属性对用户的权限进行管理，从而识别系统是否安全。

## 四、总结

电子政务信息安全系统不仅需要处理好政府各部门内网之间的关系，还需要对内网与外网之间的关系进行处理，在必要的情况下还需要对网络实现物理隔离，保证电子政务系统的安全高效运行。因此，需要在电子政务系统中配置安全设施，一一对应解决，让系统能够科学地运行。电子政务系统主要面临的问题是黑客攻击、非法入侵、病毒以及信息盗取，违规操作也会造成信息的泄露，因此基于认证系统，构建全网统一身份认证系统可以实现对用户的有效控制，确保用户和资源的可控性，这也是信息安全必要的前提。建立有效的网络管理安全系统，提高管理效率，节约成本，优化网络资源，贯彻落实相关制度，可以大幅度提升政府的办公效率和政务网络的利用率。

电子政务信息安全系统的标准与规范对维护国家经济安全和社会安定具有重要作用，因此贯彻执行我国相关法律法规中的保密制度和条例，建立电子政务信息安全系统就非常有必要，这将推动信息化的发展，提高政府信息化办公水平。

# 第二节　云网融合环境下企业信息安全管理解决方案

随着云计算技术的不断发展与网络基础设施云化的逐渐深入，云计算和网络正在打破彼此的界限，云网融合成为云计算领域的发展趋势。与此同时，云计算应用也依附不断提升的网络技术迅速发展，加速了用户需求的多样化，使信息数据呈现爆炸式增长，使企业信息安全管理面临新的挑战。

云计算技术迅速发展，已成为主流技术。据中国信息通信研究院2020年发布的《云计算发展白皮书》，通过对全球云计算市场进行统计，截至2019年，以IaaS、PaaS和SaaS为代表的全球公有云市场规模达到1 883亿美元，增速20.86%，在2023年市场规模将超过3 500亿美元。随着网络技术的不断发展，以网络技术为支撑的云网融合技术不断深入。云网融合是基于业务需求和技术创新并行驱动带来的网络架构深刻变革，是云计算和网络资源高度协同、互为支撑的一种理念模式，要求根据各类云服务需求按需开放网络能力，实现网络与云计算的按需互联，并具有智能化、自服务、高速、灵活的特点。云计算技术将传统的计算机技术和网络技术融合而形成了一种新的技术模式，其核心功能包括资源共享、数据托管、外包服务等。云计算技术中存在许多成熟的技术，如以网格为主的网格计算技术、提高计算效率的并行计算技术以及为各种服务提供技术支持的效用计算技术等。云计算技术通过网络把IT资源、数据和应用程序联合到一起形成了一种新型的为用户提供方便服务的技术模式和服务方式，在云计算技术发展过程中，从中衍生而来的各类云应用和云服务技术也得到了蓬勃发展。

但是，任何事物的发展都是具有两面性的，在技术发展带来极大方便的同时也造成了安全问题，如对企业应用云计算技术造成一定的威胁和阻碍。企业将大量的数据资源寄存在云服务器端，数据文件在被打包上传的过程中会受到非法用户的攻击，因此它无法对企业上传的数据做出百分之百的安全保证。信息泄露带来的安全隐患正在影响企业的正常运作。目前，市场上的安全防护软件大部分仅能够满足单一用户对信息的防护，不利于资源的优化配置。因此，应利用云服务技术，以信息安全的理论为指导思想，学习先进企业的信息安全管理经验，使用最新的信息安全技术，有针对性地提出云网融合环境下企业信息安全问题的解决方案。通过一系列的信息安全管理制度、策略、信息安全技术、系统的部署与实施，解决了企业目前存在的信息安全管理问题，有效提升了信息安全管理能力，完善了企业信息安全管理体系，打造出了一套相对完善的信息安全管理策略，以此来确保企业信息资源的安全和信息系统的平稳运行，为企业的健康发展提供保障。

## 一、企业信息安全问题、风险与原因

由于安全控制的观念缺乏，多种可能被外在威胁所利用的薄弱环节普遍存在于企业信息系统之中，这些薄弱环节可能是人为故意或无意造成的，也可能是由某些偶然因素引发的。剖析来看，这些薄弱环节可能来自中小企业的组织架构、运维人员、安全策略、管理制度、信息资产本身的漏洞等。结合剖析的原因，应关注每一项需要保护的信息资产，找出每一个环节可能存在的薄弱点，从而降低安全威胁发生的可能性，避免其产生不利影响。按照薄弱点所在的位置以及上述安全问题的分析，企业信息安全的薄弱之处大致分五类。第一，硬件设备问题。主要包括硬件设备、电子设备、存储介质、硬件可靠性等硬件方面可能会有的漏洞和弱点，这些脆弱性经常会增加物理安全方面的风险。第二，信息系统软件问题。主要指在软件规范、软件开发和软件配置过程中出现失误而引发的漏洞，这将导致企业在面对突发情况时因软件脆弱而处置能力不足。第三，信息系统运行环境问题。主要指机房、办公室、电力、照明、湿控、温控、防震、防雷、防火、防盗、防电磁辐射、抗电磁干扰等环境设施，楼寓建筑结构及布线情况等方面，以及户外传输介质、公共网络区域等存在的漏洞和缺陷。第四，信息安全策略问题。主要指适用于保护信息系统资源的法律条文、政策法规、管理制度和安全指导方针方面的欠缺，具体可以分为系统安全策略脆弱性、数据信息安全策略脆弱性及人员安全策略脆弱性等方面。第五，信息管理问题。主要指信息系统在日常安全管理经验和应急预防措施策略方面的缺失。根据 ISO/IEC 27001 信息安全管理体系的标准规定，管理脆弱性又包括信息资产控制管理脆弱性、机构安全管理脆弱性、物理与环境管理脆弱性、人员安全管理脆弱性等多个方面。需要注意的是，虽然脆弱性是信息系统本身不足的体现，但它不会对信息系统造成任何损坏，这些系统中存在的不足或漏洞，可能会被外部的恶意攻击者利用，从而对企业造成损失。假如不存在能够对其产生威胁的风险，单纯凭借系统漏洞并不会对计算机信息系统造成损坏。因此，在中小企业日常的信息安全管理中，人们要尽量规避这些可能威胁信息安全的薄弱点。

上述不足必然会造成由于资源和规模限制而带来的信息安全管理问题，长此以往，严重的安全漏洞自然不可避免，尤其是在云网融合环境中，这些问题使企业信息在黑客眼中就是待宰的羔羊。企业信息安全存在的风险有以下几种类型。第一，物理安全风险。物理安全风险一般是指环境事故、供电故障、人为操作失误等物理原因导致的计算机网络瘫痪或业务系统中断，属于中小企业网络和信息系统风险中最常见的类型，可能会造成企业数据一定程度上的损坏，但企业的机密信息一般不会被窃取，网络系统也比较容易恢复正常。第二，网络安全风险。网络安全风险一般是指中小企业的局域网因为没有建立有效的防范机制，难以阻止外部网络的入侵和恶意攻击等安全风险。来自外部网络的病毒攻击可能导致企业网络的崩溃，从而对企业的业务带来难以弥补的损失。第三，系统安全风险。系统安全风险是中小企业计算机终端的系统安全配置不达标导致防护能力不强，使恶意代码、病毒很容易侵入系统和盗取数据等安全风险。一般表现为不当的系统安全配置、安全设备和专业人才的匮乏、系统漏洞修复能力和病毒防控能力偏弱等。第四，应用安全风险。应用安全风险普遍存在于中小企业信息数据的处理、操作等环节。在网络技术持续进步的背景下，网络应用系统也一直处在不断蜕变的过程中，这就要求广大中小企业必须紧跟时代步伐，定期加强和更新数据使用、访问和修改等环节的系统操作，尽可能地减少应用安全风险。第五，管理安全风险。拥有一套成熟的制度体系是保障企业网络与信息安全的重点，但是很多中小企业的重点仅仅放在了公司盈利与发展上面，对于信息安全管理却疏忽大意，这很有可能导致严重的网络信息安全事件的发生。因此，中小企业要做到以下几点，规避可能发生的管理安全风险：建立网络安全管理制度，明确相关责任人，确保制度的顺利实施；提高相关工作人员的技术水平和安全意识，避免误操作导致的低级错误发生；构建公司全员的网络安全管理理念等。

企业信息安全问题产生的主要原因如下。第一，意识淡漠是信息安全问题存在的重要原因。安全事件频繁发生，传统手段无力应对，即使是全球知名的大型网络公司也难以避免信息的泄露。类似泄露事件如果一再发生，将严重影响企业在用户中的口碑和声誉。第二，信息系统管理漏洞加剧了信息安全风险。由于企业信息系统遭受黑客入侵和破坏的事件屡屡发生，企业信息安全漏洞造成的损失也与日俱增，人们对互联网风险的认识开始不断加强，对信息安全的需求也空前高涨。不仅是互联网企业，对于大多数企业来说也是一样的，安全问题已经迫在眉睫。安全风险将大大降低公司的市场价值和消费者心中的信任度，甚至可能威胁公司的生存。即使是很小的安全风险，也会给公司的正常经营带来影响并造成一定的损失。因此，加强企业信息安全建设迫在眉睫。

## 二、企业信息安全管理策略建议

### （一）构建信息安全管理组织体系

在建立公司的信息安全管理体系之前，为了保障建立体系所需要的资源（资金、设备、人才等）及时到位，必须要设置权力部门，即相应的信息安全组织机构，否则公司的信息安全管理体系将毫无作用。公司在建立信息安全管理体系之前，必须招揽专业的信息安全管理人才，建立健全信息安全组织机构。

#### 1. 建立信息安全决策机构

安全组织机构的第一个层级就是信息安全决策机构，它是负责公司信息安全工作的最高管理机构。企业主要负责人承担主要责任，负责审批信息安全方案的构建、信息安全策略的分发和信息安全建设方案的执行监督，为企业的信息安全工作提供权利保障和资源支撑。

**2. 成立信息安全管理机构**

信息安全管理机构是安全组织机构的第二个层级，由企业的信息化部门承担，在上级机构的领导下，全面负责企业日常信息安全的管理、维护、监督以及教育与培训等工作，强化企业信息安全文化意识的建立，规范并引导员工执行正确的规程、办理正确的业务。

**3. 组建信息安全执行机构**

信息安全执行机构是安全组织机构的第三层组织，由信息中心技术人员与各部门专职或兼职信息安全员组成，在上级管理机构的领导和监督下，负责保证信息安全技术体系有效、有序、有力地执行和调整，通过具体而微的技术手段执行安全策略，消除企业信息安全隐患，以及发生安全事件后的具体响应和善后处置。在具体执行阶段，公司对信息系统的关键岗位进行设置并加强监管，为信息系统配备系统管理员、安全审计员、网络管理员、安全保密管理员、应用开发员，岗位设立原则上要求五人各自独岗。

### （二）优化信息安全管理体系

以企业的自身情况为出发点，从企业的信息安全管理需求出发，建立具有企业自身特色的安全管理体系。信息安全管理主要包括信息安全等级管理、资产管理、人力资源安全管理、信息安全事故管理等。

### （三）完善网络信息安全系统

网络安全系统通常是由防火墙、Web 应用防火墙、统一威胁管理、入侵检测、漏洞扫描、安全审计、防病毒、防垃圾邮件、流量监控等功能产品组成的。相应的设备有防火墙，以防止外部网络对内网的访问。企业可以通过采取以下措施，有效增强网络信息系统的安全性。

**1. 采用安全隔离技术**

企业应在信息安全管理技术体系内合理采用安全隔离技术。安全数据交换模块、外网处置模块和网闸联动构成了网络信息的安全隔离体系，确保企业的网络落实内外隔离，而且体系内数据依旧可以实现安全的互换、输入、处置等。数据运行的进程中有很多烦琐的环节，它们能够通过隔离系统自助运作，公司有关操控人员只需要对各个网络的安全信息进行安全通信，就可维护信息体系的安全性，也可为用户的运用体验给予更多的方便。

**2. 采用防火墙技术**

企业应在信息安全管理技术体系中合理采用防火墙技术。防火墙最重要的功能是针对存在风险的服务进行过筛和阻拦，提高网络安全防护能力。例如，网络数据库只允许在公司局域网的范围内浏览操作，在局域网外访问的操作便会被阻止。而且防火墙能够高效率地统计出使用产生的完整数据，针对存在侵犯可能的行为精准预测预警，是内部网络系统安全的最大保障。随着业务形式的不断更新，单一的业务（端口）封堵实在难以顺应动态的业务需求，企业必须以深层次的检验技能为基础，对范围内的业务明细进行筛选，同时依托大数据背景下的剖析能力对反常业务明细开展智能化评判。

### 3. 增加终端准入防御技术

企业在信息安全管理技术体系中合理采用终端准入防护技术。终端准入防护技术最重要的是以企业的服务器终端为接入点，对网络的连接予以掌控，运用安全服务器、安全网络配备等对连接网络的用户终端强行规定实施公司的安全措施，及时把控企业用户端的网络信息运作轨迹，进一步加强用户端的风险主动防护。

### 4. 应用安全加密技术

企业在信息安全管理技术体系中应合理采用安全加密技术。安全加密技术是利用逻辑措施，对信息网络进行防护，以防止信息数据泄漏的技术。加密技术是电子商务和电子交易的基础技术，为“互联网 +”环境下企业之间的电子交易和信息交互提供了技术保障。当前，安全加密技术主要包括对称加密和不对称加密。其中，对称加密又称作私钥加密，是一种以口令为基础设置的密码技术，设置密码的人和解除密码的人使用相同的密码钥匙进行信息加密解密。不对称加密又称作公钥加密，加密钥匙与解密钥匙存在一定差异，加密钥匙一般情况下向外公开，而解密钥匙只有解密人员自己知道。公钥加密的优点是能够适应网络的开放性要求，能够便捷地完成数字签章和验证；缺点在于它的算法相对复杂。

### 5. 应用病毒防控技术

企业在信息安全管理技术体系中应合理采用病毒防控技术。与相对普遍单机预防病毒不同的是，企业网络病毒防控必须以“同一监管、同一筹划”为前提，形成一套完备的病毒预防体系。企业对病毒坚持“以防为主，防杀结合”的原则，在对公司网络内部结构电脑配置完全掌握的基础上，了解病毒产生的原因、防毒产品的运作状况，并通过可控的中央管理平台，统一安装企业版防毒产品，定期进行防病毒软件的病毒数据库更新。

### 6. 运用容灾备份技术

企业要在信息安全管理技术系统中合理采用容灾备份技术。容灾与备份实际上是两个概念。容灾是面对灾难性事件对信息安全的冲击时，为信息系统正常运行提供节点级别的系统恢复功能，帮助公司达到业务连贯的目的；备份则是为了在灾难性事件来临时保护数据免受意外的损失。运用容灾备份技术，企业可以搭建和维护备份储备系统，提高系统和数据面临灾难级事件的防御能力。容灾备份技术一般划分为数据类容灾和运用类容灾。数据类容灾是指搭建一个数据备份系统，可随时复制关键应用数据；运用类容灾是指搭建一组全面、同步更新的备份运用系统。建立企业的容灾备份系统是保护公司数据资产安全、不因灾害而灭失的重要手段，是保障公司信息安全的最终手段。

**7. 部署访问控制管理**

访问控制是对企业信息系统资源进行防护的重要手段，访问控制的安全目的是防止对企业的任何信息资源进行未授权的访问，从而使资源全部在授权范围内使用。访问控制规则也被称为安全策略，是通过一组规则来控制和管理主体对客体的访问。安全策略反映了信息系统对安全的需求。安全策略的制定和实施是通过主体、客体以及访问控制规则三者之间的联系开展的，一般要遵循以下几个原则。一是最小特权原则，指的是主体执行访问操作时，按照主体所需要权限的最小化原则来分配相应的访问权限。这样可以最大限度地限制对主体实施授权的行为，保证主体不至于拥有过大的、不必要的访问权限，可以避免出现错误或未授权使用主体的问题。二是最小泄漏原则，指的是主体执行访问操作时，按照主体所需要知晓的信息最小化原则分配相应的访问权限，这样可以减少不必要的信息泄漏事件。三是多级安全策略。多级安全策略是指主体和客体间的数据流向和权限控制按照一定的安全级别来划分，这样可以避免企业敏感信息的泄漏和扩散。访问控制的安全策略可以通过基于身份和基于规则两种方式实现，其实现基础都属于授权行为。企业应该基于自身业务特点和安全需求来制定相适应的访问控制策略，策略要清晰准确地描述每个用户或用户组的访问控制规则和访问权限，制定时可以从逻辑访问和物理访问两方面进行考虑。访问控制策略需要有配套的具体实施细则，如网络访问控制、操作系统访问控制、应用和信息访问控制、移动和远程访问控制以及用户访问控制等，同时要明确用户的相关职责以及处罚方法。

### （四）完善审计监控体系

为了检测未经授权的信息处理行为，企业需要监控信息系统的运行状况，记录信息安全事件，通过查询分析管理操作日志以及系统日志识别信息系统的安全问题。保证信息系统安全的有效性，通过审计日志和实时监控，可以快速收集、分析并及时响应安全事件。监控和日志记录措施不能滥用，要遵循企业的信息安全策略和国家相关法律法规的要求，通过查看网络流量、端口状态、协议分布情况、网络设备运行状态、系统性能状况等，记录统计信息系统正常以及异常运行时的各项参数值，便于在出现故障时能够提供对比分析的数据来源。在日常监控中，相关人员发现异常情况要及时采取应对措施。

1. 审计日志

虽然全面的审计日志信息有助于对信息安全事件进行追踪溯源，但是如果日志信息数据量太过庞大，反而会使日志分析变得复杂困难，影响最终监控结果的有效性，甚至还会严重影响审计监控系统的性能。因此，企业人员对审计对象应该有选择地进行监控，重点关注记录有用的信息，如用户登录、注销，鉴别失败以及处理措施，系统时间的修改，安全策略的变更以及审计日志信息的访问等。审计日志至少要包括事件发生的时间日期、事件的执行者、事件描述、事件结果等信息。在条件允许的条件下，可以将审计日志信息从多个来源（如防火墙、入侵防护系统、路由器、服务器等）导出集中至专用日志服务器进行关联式的统计分析，同时提供详细且易读的报表。

2. 监控系统的使用

企业应该对监控系统的使用制定规范，并定期评审监控活动的结果控制措施，使其与企业的安全和隐私保护策略保持一致。同时，网络监控行为所采取的方法和手段要完全符合国家和国际的相关法律规定，包括数据保护立法以及调查权、隐私权的管理。企业应该负责任地实施监控技术，如果国家对隐私权有特别的规定，就不该将监控技术用于评审员工的行为。为了便于监控系统有效合规地执行审计监控任务，企业应对监控系统自身的运行情况以及管理员的操作配置行为进行监督，并详细记录日志信息，对审计监控结果进行定期、独立的审核。

3. 日志信息的保护

企业为了防止对日志信息的篡改和未授权的访问，应该采取适当的措施对记录的日志信息进行保护，一旦日志信息被修改，就可能会导致对信息安全事件严重的错误分析判断。所有的日志信息都必须以可靠的方式进行存储并备份，如刻录到光盘或存储在磁盘阵列中，以保证其完整性和可用性。此外，对审计日志信息保留的期限应该有严格的规定，要与企业规范和国家立法相一致。日志信息应该只允许经过授权的访问，对授权用户提供基于时间日期、事件内容、事件执行用户等属性的条件查询。同时，不允许任何人做任何形式的修改，但允许经过授权的删除和清空操作。对于上述的日志访问操作，特别是删除操作，都应该准确记录操作日志信息。在日志存储空间较满时，应该发出警告信息并采取安全措施防止日志信息丢失。

4. 时间同步

时间同步是保证企业信息系统完整性和可用性的必要条件，其对于企业实际业务，特别是审计监控具有非常重要的意义。审计日志可用于追踪信息安全事件的发生甚至作为调查网络犯罪行为的证据，日志信息中包含的一个重要内容就是时间，如果时间信息不准确，就会严重降低日志信息的可信程度。企业要采取有效的时间同步措施，保证信息系统和审计监控系统有统一可靠的时间来源，可以用网络时间协议（Network Time Protocol，NTP）使所有系统与时间源保持同步。

## 三、云网融合网络信息安全技术

近几年，许多云安全专家及学者对云安全进行了深入分析和研究，发现云计算网络信息安全已经成为云安全的突出问题。它不仅会导致云数据泄露和篡改、会话劫持等，还会影响云计算的可用性，对云计算构成致命威胁。随着信息系统和用户数据向云端的转移，云计算数据中心势必会成为网络信息安全攻击的核心目标。通过安全测评的方法来发现云计算系统存在的安全风险是提高云计算系统安全性的重要措施。

云网融合网络信息安全主要基于三大技术：软件定义网络（Software Defined Network，SDN）、云计算和网络安全系统（Mbox）。其中，SDN 作为中心控制器，控制访问云服务的流通过一个或多个 Mbox 组成的 FMC 链，进行流检查和过滤，并平衡 Mbox 负载均衡和容错处理；云计算根据 Mbox 负载和容错情况，自动伸缩承载 Mbox 的自动创建、删除及迁移；Mbox 作为安全执行者，检测和过滤通过它的流。三者有机结合，扬长避短，构建了一种新型的基于云计算的网络安全解决架构。

SDN 是一种新型的控制与转发分离并直接可编程的网络构架。SDN 不会导致核心网络基础设施的重要性降低，相反，SDN 配合网络基础设施推动整网架构的虚拟化、规模化、安全化，新的网络平台通过集中的控制器可以对网络的资源进行灵活按需调配。

云计算网络安全与企业、大数据中心等同样需要网络安全系统去保护其网络安全，由于云计算承载大量的多类型基于网络的服务，对它们进行防护需要更多的安全设备，因此具有高成本、维护难、利用率低、扩展难、容错代价大等诸多缺点。要想有效地解决云计算网络安全问题，需要一种新的网络安全构架将 SDN、Mbox 和云计算三者的优点进行结合，形成一个有机整体，这样不仅能够抵挡云计算的内外攻击，降低安全成本，还能提供自动化配置和维护服务、高伸缩性和高效容错性服务、负载均衡服务、定制化服务、高性能检测和过滤服务等。

使用网络安全系统保护云计算网络安全很有必要，企业应解决网络安全系统保护云计算网络安全带来的问题（如高成本、扩展性、利用率等），更好地为云计算提供安全服务。云计算和网络安全系统相互结合可以克服单独用网络安全系统去防护的缺点，如果仅是网络安全系统与云计算结合，那么网络安全系统将面临维护管理难、容错低效、无法提供安全定制化服务等问题。结合 SDN 优点，将它与网络安全系统和云计算三者结合，能克服网络安全系统保护云计算和大数据中心等面临的高成本、维护和扩展难、利用率低、容错代价大、无定制化服务等缺点。当前，一些研究开始尝试将 SDN、网络安全系统和云计算三者结合。例如，Split/Merge 将 Mbox 迁移到云计算 VM 中构建虚拟网络安全系统，SDN 能实时获取网络安全系统的负载情况，自动可伸缩虚拟 Mbox 副本的数目和迁移 Mbox 规则来适应负载变化的需求，当流量爆发时，自动创建 VM 并增加对应的虚拟网络安全系统副本，而当流量很低时，自动缩减虚拟网络安全系统。Bohatei 将 DDoS 防护迁移到云计算 VM 中构建了虚拟 DDoS 防护，SDN 根据虚拟 DDoS 的负载情况，实时动态分配访问流到虚拟 DDoS，当所有虚拟 DDoS 过载时，动态创建虚拟 DDoS，当它的负载低于阈值时，迁移流量并销毁部分虚拟 DDoS。其中，SDN 根据负载实时动态调整流量，利用云计算可伸缩 VM 特性创建和销毁虚拟 DDoS 进行安全防护。何进在上述研究的基础上，提出了云计算网络安全构架，即将 Mbox、云计算和 SDN 进行深度整合，形成一种新型的云计算网络安全构架，不但能够阻止云计算内外网络的攻击，而且安全成本、维护开销都有所降低，并且该构架可根据云用户安全需求提供定制化网络安全服务，为 Mboxes 提供了可伸缩性和容错性服务的同时，也提供了高性能细粒度并行检测机制，避免了安全检查和过滤导致的性能衰减。

## 四、总结

在云网融合环境下，企业网络信息安全正在面临史无前例的严峻考验。企业网络信息安全体系的建设并非是一蹴而就的，它是一个长期且持续的过程。随着企业自身的发展壮大和新的网络技术不断涌现，企业应该完善、健全信息安全体系，同时应用新型的网络安全架构。

企业的网络信息安全管理体系的发展和建设依然要遵循唯物主义客观发展规律，不断螺旋式上升和发展。因此，企业的互联网信息安全管理体系要及时降低不断变化的互联网安全风险，实现企业互联网信息安全的良性循环发展。针对各不相同的应用境况，企业要全面思考安全需要，运用多元化安全技术，搭建各个环节联动、协调运作、互相补给、灵活的信息安全系统，让企业的信息安全防备体系的机能达到最优，进而确保企业网络信息的安全长效。

# 第三节 网络安全技术在校园网中应用的解决方案

## 一、校园网络的安全风险分析

网络安全是一个立体的系统，网络信息安全单元、网络安全特性要求与TCP/IP协议网络各层之间存在着交叉的多维联系。校园网安全的风险来自网络的各个层面。首先，校园网是一个基于TCP/IP协议的大型局域网，TCP/IP协议采用四层的层级架构，由网络接口层、网络层、传输层和应用层构成，每一层在执行特定的通信任务时都面临着本身缺陷所带来的风险。其次，学校各部门业务应用以及支持这些应用运行的操作系统、数据库，存在很多的安全漏洞。最后，安全管理机制、网络安全策略以及防护意识的不足所带来的风险也不容忽视。

（一）物理层的安全风险

物理层安全风险指的是由于物理设备的放置不合适或者环境防范措施不到位，而使得网络设备和设施，包括服务器、工作站、交换机、路由器等网络设备，光缆和双绞线等网络线路以及不间断电源等，遭受水灾、火灾、地震、雷电等自然灾害，意外事故或人为破坏，进而造成校园网不能正常运行。其主要表现如下。

①地震、水灾、火灾等环境事故造成通信线路破坏、设备损坏、系统毁灭。

②电源故障造成设备断电，导致服务器硬件损坏、操作系统文件损坏、数据信息丢失。

③存储、传输介质损坏导致数据丢失。

④没有采取措施，针对机密程度不同的网络实施物理隔离。

⑤安防措施薄弱，以致信息泄露或设备被盗、被毁。

⑥电磁辐射可能造成信号被截获，致使数据信息丢失、泄密。

（二）链路层的安全风险

数据链路层位于物理层上方和网络层、传输层的下方，是较为薄弱的环节。通过各种控制协议和规程在有差错的物理信道中实现无差错的、可靠的数据帧的传输。这一层遭受攻击会直接威胁其他各层。但是这一层的安全问题又最容易被忽视，链路层的安全问题主要有以下几方面。

**1. 内容寻址存储器（Content Addressable Memory，CAM）表格淹没**

内容寻址存储器（CAM）表格淹没，或称MAC地址泛洪攻击，交换机中的CAM表格包含了诸如在指定物理端口所提供的VLAN参数和相关的MAC地址之类的信息。

CAM 表格大小是有限制的，网络侵入者会向攻击交换机提供大量的无效 MAC 源地址，直到 CAM 表格被填满。此时，交换机端口接收到不同源 MAC 地址的数据帧，CAM 表将不会添加其地址的对应关系，交换机处于失效开放状态，并将传输进来的单播帧向所有的端口做广播处理，这样侵入者就可以侦听到其他用户的信息。

**2. 地址解析协议（Address Resolution Protocol，ARP）攻击**

ARP 协议的作用是将处于同一个子网中的主机 IP 地址与对应的 MAC 地址进行映射。ARP 协议设计中存在漏洞，即主动在子网中广播 ARP 报文。当未获得授权就企图更改 ARP 表格中的 MAC 和 IP 地址信息时，就发生了 ARP 攻击。通过这种方式，入侵者可以根据需要伪造 MAC 或 IP 地址组合，甚至是网关的 IP 地址和 MAC 地址的组合。常见的攻击类型有两种：服务拒绝和中间人攻击。近几年，几乎每一个校园网都遭遇过 ARP 病毒的侵害。

**3. 操纵生成树协议**

生成树协议（Spanning Tree Protocol，STP）是一种解决网络环路问题的智能算法，用于防止在以太网拓扑结构中产生桥接循环。在双核心的校园网拓扑结构中，两个交换节点配有多条链路以进行冗余，但是这样会产生环路，形成广播风暴。配置生成树协议，交换机相互之间会进行 BPDU（Bridge Protocol Data Units）报文交换，计算拓扑，生成网络中的根网桥和根端口，选出各交换节点到达根网桥开销最低的链路为最优路径，暂时阻断其他的冗余链路，形成逻辑上无环路的树形拓扑结构。

网络攻击者通过向交换机广播伪装的网桥协议数据单元（BPDU），声称发出攻击的网桥优先权较低，迫使重新计算生成树拓扑。成功后攻击者主机便成为整个网络的根网桥，从而可获得网络中的数据帧。

**4. DHCP 欺骗**

动态主机设置协议（Dynamic Host Configuration Protocol，DHCP）是一个局域网的网络协议，使用 UDP 协议工作，主要用途是为网络中的客户机动态地分配 IP 地址和相关参数，包括 DNS 服务器 IP 地址和默认网关。DHCP 欺骗有两种类型。一种类似 CAM 表泛洪攻击，通过利用伪造的 MAC 地址广播 DHCP 请求的方式来进行，诸如 gobbler 之类的攻击工具就可以造成这种情况，如果所发出的请求足够多的话，就可以在一段时间内耗尽 DHCP 服务器所提供的地址空间。另一种攻击方式是在网络中引入一台非法的 DHCP 服务器，为提出 DHCP 请求的用户分配非法的 IP 地址、默认网关和 DNS 地址，从而影响用户正常上网，严重的会造成与服务器的 IP 地址冲突，使整个网络处于混乱状态。

**5. 媒体存取控制地址（MAC）欺骗**

在进行 MAC 欺骗攻击的过程中，攻击者伪造目标主机的 MAC 地址，通过向交换机发送带有该主机以太网源地址的单个数据帧的办法，改写交换机 CAM 表格中的条目，使得交换机将以该主机为目的地址的数据包转发给攻击者。除非该主机向外发送信息，否则它不会收到任何信息。直到该主机向外发送信息，CAM 表中对应的条目再次改写时，通信才能恢复正常。

**6. VLAN 攻击**

虚拟局域网（Virtual Local Area Network，VLAN），是一种将交换设备在逻辑上划分成不同网段，建立虚拟工作组的新兴数据交换技术。通过 VLAN 技术可以把同一物理局域网内的不同用户逻辑地划分成不同的广播域，一个 VLAN 内部的广播和单播流量都不会转发到其他 VLAN 中，有助于控制流量、减少设备投资、简化网络管理、提高网络的安全性。

VLAN 攻击的基本方式是以动态中继协议为基础的，在某种情况下还以中继封装协议（Trunking encapsulation Protocol 或 802.1q）为基础。动态中继协议（Dynamic Trunking Protcol）用于协商两台交换机或者设备之间的链路上的中继以及需要使用的中继封装的类型。链路层的 VLAN 攻击体现为以下两种类型。

① VLAN 跳跃（VLAN Hopping）攻击，这是一种恶意攻击，利用它，一个 VLAN 上的用户可以非法访问另一个 VLAN。如果网络中交换机端口配置成 DTP auto，接收到伪造的 DTP 协商报文后，便启用基于 IEEE 802.1q 的 Trunk 功能，于是恶意攻击主机就成为干道端口，并有可能接收通往任何 VLAN 的流量。还有一种形式是攻击方先构造一个包含入侵对象 VLAN ID 的 802.1q 数据帧，再在该数据帧外层封装一层合法的 VLAN tag，因为大多数交换机仅支持单层 VLAN tag，所以当 802.1q 干道接收分组，剥离掉外层标记后，伪造的内部 VLAN ID 便成为分组的唯一 VLAN 标识符，从而实现数据在不同的 VLAN 间跳转。

② VTP 攻击，VTP（VLAN Trunking Protocol）协议可在一个管理域中以组播的方式同步 VLAN 信息，减少复杂交换环境中 VLAN 信息的配置工作。遵循该协议，网络中交换机可以配置为 VTP 服务器、VTP 客户端或者 VTP 透明交换机。当工作于 VTP 服务器模式下的交换机对 VLAN 进行添加、修改或移除改动时，VTP 配置版本号会增加 1，低版本的 VTP 客户端自动与高版本的 VTP 服务器配置进行同步。攻击者在与交换机之间建立中继通信后，通过修改自己的配置版本号就能获得相当于 Server 的角色，进而对网络内的 VLAN 架构进行改动。

### （三）网络层的安全风险

网络层处于网络体系结构中物理链路层和传输层之间，该层的主要功能是封装 IP 数据报，进行路由转发，解决机器之间的通信问题。TCP/IP 协议簇中最为核心的协议 IP（因特网协议）在网络层的应用最为广泛。TCP、UDP、ICMP 及 IGMP 数据都以 IP 数据报格式进行传输。这一层的常见安全问题主要有以下几个。

#### 1. 明文传输面临的威胁

当网络数据包以纯文本格式在以太网上传输时，同一个子网的每个网络设备很容易通过一定方式侦听到此数据信息。使用数据包嗅探器就可以监视到网络状态、数据流量和一些敏感的信息，甚至是用户账户名称和密码。如果获得的是关键账号和口令，就将对整个系统造成极大危害，甚至造成经济损失。

#### 2.IP 地址欺骗

TCP/IP 协议中，IP 地址是网络节点的唯一标识，但是 IP 地址的分配遵守标准规则，每台主机的 IP 地址并不保密。侵入者进行 IP 欺骗攻击时，需要先通过各种方法找到一个受信任主机的 IP 地址，然后修改数据包头，向服务器发送带有伪造 IP 地址的信息，以获得对服务器的非授权访问。

#### 3. 源路由欺骗

在 TCP/IP 协议的 IP 数据包格式中有一个选项是 IP 源路由（IP Source Routing），其是用来指定达到某个通信节点的路由。攻击者获知某个可信节点的 IP 地址后，就可在 IP 数据包中构造一个往返服务器的路由。执行宽松的源路由选择策略的路由器，将会按照其指定的路由来传送应答数据，这样攻击者就可以和服务器建立非法连接。

#### 4. 路由信息协议攻击

路由信息协议（Routing Information Protocol，RIP）是一种内部网关协议，其实质是基于距离向量算法的分布式路由选择，适用于对校园网或区域网中的路由节点提供一致路由选择。每个 Active 网络节点周期性地发送它的路由信息到邻居 Passive 节点，利用这些路由信息，计算出每个节点到其他节点的最短路由，更新原有路由。RIP 的缺陷在于没有内置的验证机制,RIP 数据包中提供的信息通常不需检验就被使用。攻击者伪造 RIP 数据包，宣称其主机拥有最快的连接网络外部的路径，所有需要从那个网络发出的数据包都会经该主机转发，这些数据包既可以被检查，也可以被修改。攻击者也可以使用 RIP 来有效地模仿任何主机，从而使得所有应该发送到那台主机的通信都被发送到攻击者的计算机中。

5. ICMP 攻击

ICMP（Internet Control Message Protocol，Internet 控制报文协议），是一种错误侦测与报告机制，用在主机和路由器之间，传递出错报告、交换受限等控制信息，当 IP 数据包目的不可达或者无法在当前传输速率下转发数据包时，ICMP 会返回出错报文给发送方，以便纠正错误。通过发送非法的 ICMP 回应信息可以进行路由欺骗。在 ICMP 中没有验证机制，发送大量的 ICMP 报文可以造成服务拒绝的攻击。服务拒绝攻击主要使用 ICMP“时间超出”或“目标地址无法连接”的消息，这两种 ICMP 消息都会导致主机迅速放弃连接。

使用 ICMP ECHO EQUEST 的 IP 碎片攻击被称为死亡之 Ping，它是通过向攻击主机发送大量的 ICMP ECHO REQUEST 数据包，导致大量资源被用于 ICMP ECHO REPLY，从而导致受害计算机的系统瘫痪或速度减慢，合法服务请求被拒绝。这是一种简单的攻击方式，因为许多 Ping 应用程序都支持这种操作，并且黑客也不需要掌握很多知识。

6. 端口扫描威胁

TCP/IP 协议中，网络服务通过端口对外提供服务，端口与进程是一一对应的，如果某个进程正在监听等待连接，就会出现与它相对应的端口。客户端在连接这些端口时，TCP/IP 协议不会对这些连接请求进行身份验证，而且会返回应答数据包。入侵者通过扫描端口，便可以判断出目标计算机有哪些通信进程正在等待连接。通过分析这些通信进程的漏洞便可进行下一步的攻击。端口扫描技术包括 TCP CONNECT 扫描、SYN 扫描、FIN 扫描、IP 段扫描、反向 Ident 扫描等。

7. IP 碎片攻击

IP 碎片攻击是常见的网络层 DoS。当 IP 数据包的长度大于数据链路层的 MTU（Maxmium Transmission Unit，最大传输单元）时，就需要对 IP 数据包进行分片操作。在 IP 头部有三个字段用于控制 IP 数据包的分片，其中标识（Identification）用来指明分片从属的 IP 数据包；标志（Flag）用来控制是否对 IP 数据包进行分片和该分片是否是最后分片；分片偏移（Fragment Offset）指明该分片在原数据包中的位置。IP 碎片攻击利用了 IP 分片重组中的漏洞；所有 IP 分片长度之和可以大于最大 IP 数据包长度(65535Byte)。通常，TCP/IP 协议在接收到正常 IP 分片时，会按照分片的偏移字段的值为该 IP 数据包预留缓冲区。当收到拥有恶意分片偏移字段值的 IP 分片时，TCP/IP 协议则会为该 IP 数据包预留超常缓冲区。如果 TCP/IP 协议接收到大量的恶意 IP 分片，就会导致缓冲区溢出，使主机宕机，合法服务请求被拒绝。

（四）传输层的安全风险

传输层在 OSI 模型中起着关键作用，负责端到端可靠地交换数据传输和数据控制。在传输层使用最广泛的有两种协议：传输控制协议（TCP）和用户数据报协议（UDP）。

1. TCP“SYN”攻击

TCP 是一种基于字节流的、面向连接的、可靠的传输层通信协议。不同主机之间建立一条 TCP 连接，要经过三次握手机制。第一次：主机 A 向主机 B 发出连接请求报文，其首部中的同步比特 SYN=1，ACK=0，同时选择一个序号 x，表明将要传送数据的第一个字节序号是 x。第二次：当主机 B 收到连接请求报文后，如同意，则发回确认。在确认报文段中将 SYN=1，ACK=1，确认序号为 x+1，同时也为自己选择一个序号 y。第三次：主机 A 的 TCP 收到此报文后，要向 B 给出确认 ACK=1，其确认序号为 y+1。三次握手后，主机 A 和主机 B 就可以相互进行数据传输。在第二次握手时，主机 B 接收到主机 A 的 SYN 请求后要建立一个监听队列并保持该连接至少 75 秒，攻击者利用该机制向目标主机发送多个 SYN 请求，但不响应返回的 SYN&ACK，从而致使目标主机的监听队列填满，停止接受新的连接，拒绝服务。

2. Land 攻击

Land 攻击属于拒绝服务攻击类型。该攻击首先构造一个具有相同 IP 源地址、目标地址的 TCP SYN 数据包，接收到该数据包的主机会向自己发送 SYN–ACK 消息，循环往复，消耗大量的系统资源，或者创建了过多的空连接，导致超时拒绝服务。

3. TCP 会话劫持

会话劫持结合使用嗅探和欺骗等多种手段，利用 TCP 的工作原理实施攻击。TCP 用源 IP、端口和目的 IP、端口作为建立连接的唯一标识，在 TCP 数据报文的首部中有两个字段对实施会话劫持极为重要：序号（seq）和确认序号（ackseq）。序号（seq）指出本次发送报文中的数据在所要传送的整个数据流中的顺序号；确认序号（ackseq）指出本次发送方主机希望接收到对方下一个八位组数据的顺序号。两者之间的关系是，seq 值应为收到对方报文中的 ackseq 值，ackseq 值则等于 seq 值加上要发送的数据净荷长度。

攻击者以嗅探技术获得网络中活动 TCP 会话报文，分析通信双方的源 IP、目的 IP 和相应端口，并得知其中一台主机对接收下一个 TCP 报文中 seq 值和 ackseq 值的要求。攻击者发送一个带有净荷的 TCP 报文给目标主机，该报文会改变目标主机的 ackseq 值和 seq 值，认可攻击者并拒绝合法主机的通信。这种攻击能避开目标主机对访问者的安全身份认证，使攻击者直接进入授信访问状态，构成严重的安全威胁。

**4. UDP 淹没攻击**

用户数据包协议（User Datagram Protocol，UDP）是一种面向事务的、无连接的、不可靠的传输协议，通信过程中不需要在源端和终端之间建立连接，吞吐量只受通信双方应用程序生成数据的速度、传输带宽和主机性能的限制，不需要维持连接，开销小，可同时与多个客户机传输信息。攻击者随机向一台通信主机的端口发送 UDP 数据包，受害主机接收到 UDP 包后，会寻找目的端口等待的应用程序，应用程序不存在的话，就会返回一个目的无法连接的 ICMP 数据包给伪装的源地址。当端口接收到足够多的源地址不存在的 UDP 数据包时，就会因消耗过多的系统资源而瘫痪。

**5. 端口扫描攻击**

TCP 或 UDP 端口是计算机的通信通道，也是潜在的入侵通道。端口扫描的实质是探测，方法是针对一台通信主机的每个端口发送信息，通过分析返回的信息类型来判断该主机是否使用了某个端口的通信服务，然后通过测试这些服务发现漏洞进而入侵。

（五）业务应用的安全风险

如今，基于网络的各种应用越来越多，诸如病毒、间谍软件、DDoS 攻击、端口攻击、SQL 注入、Web 漏洞、跨站脚本、网络钓鱼、带宽滥用等形式的安全威胁飞速增长，从而造成了信息风险、网络服务瘫痪甚至财产损失。很多在主机系统上运行的应用软件系统采购自第三方，在部署之前往往只执行了功能测试，而没有进行全面标准的安全评估，部署时也没有进行安全加固，从而导致各个应用系统安全水平不一，漏洞不可避免，容易遭受黑客攻击，造成诸多安全问题。

为满足教学、办公、科研需要，在校园网中提供了很多网络应用，如信息发布、文件传输、办公自动化、电子邮件、教务管理、财务管理、图书管理，而这些基于业务的应用系统存在很多信息安全隐患。

**1. 身份认证**

操作系统和业务应用系统为了保证安全，均采取了身份认证措施，要求用户在登录时使用静态口令。如 Windows 的用户采用 NTLM、Kerberos、TLS 认证协议，账号保存在注册表中，密码处理隐藏在系统文件中，用户不可见。Linux 账号保存在文本 /etc/passwd 中，密码域以 x 代替，采用建立新进程系统调用的方法，密码处理采用 shadow 技术加密，仅有 Root 可见加密后的密码。这些机制各有特点，但是仍然不能防止入侵者利用网络窃听、非法数据库访问、穷举攻击、重放攻击等手段获得口令（甚至采用社会工程学入侵）。如果入侵者操作成功，将会对学校产生不良的后果。

2. Web 服务

Web 服务是学校用于对外宣传、开展网络远程教学的重要手段，应用极其普遍，因而使得 Web 服务经常成为非法攻击的首选目标。其存在的安全隐患较多，网页代码本身就存在后门和一些缺陷，如 IS 漏洞、ASP 的上传漏洞、SQL 注入、缓冲区溢出。为了办公方便，学校在对外发布信息的 Web 服务器上通常都设置了外部用户访问学校内部办公系统的连接通道，从而使得 Web 服务器可以通过中间件或数据库连接部件访问业务管理的服务器系统和数据库，还可利用网页脚本访问本地文件系统或网络系统中的其他资源。入侵造成的危害主要有非法篡改网站主页、更改管理系统中的数据、因受 DoS/DDoS 攻击而迫使 Web 服务停止、利用攻陷的 Web 服务器作为跳板进而对网络上的其他主机展开攻击，或入侵内部应用系统等。

3. 电子邮件系统

学校的电子邮件应用作为信息传递工具，在行政办公、教学过程中发挥了重要作用。电子邮件系统是开放系统，如果没有相应的安全措施，将会接收到大量来历不明的垃圾邮件，以及包含各种恶意代码的木马病毒邮件，这不仅影响正常工作，还会危及用户的计算机系统和数据。一些涉及敏感内容的信息和资料也会利用邮件系统传播。用户认证口令和邮件内容以明文方式进行传输，因而容易导致办公信息和个人隐私的泄露。邮件系统使用了多种邮件通信协议，如 POP3、POPS、SMTP、SMTPS、HTTP、HTTPS、IMAP4、IMAPS，面临着来自外部网络的多种形式的攻击。

4. 数据库

数据库是信息系统的核心部件，校园网内的业务应用都依赖各自数据库系统提供服务，因而保证数据的安全和完整至关重要。数据库应用是个复杂的系统，许多数据库服务器都具有多项安全策略，如用户账号及密码、校验系统、优先级模型、操作数据库和表格的特别许可、补丁和服务包。非专业数据库管理人员很难对其进行详尽且正确的配置与安全维护。执行不良的口令政策（使用默认口令或弱口令）会轻易地让攻击者获得操作数据库的权限；关系型数据库都是可从端口寻址的，有合适的查询工具就可建立与数据库的连接，如通过 TCP 1521 和 1526 端口就可访问 Oracle 数据库；攻击者使用 SQL 注入或交叉站点脚本等技术手段就能侵入一个设计软弱的数据库系统；有的数据库在出现错误时会采取不适当的处理方式，因显示错误的信息而泄漏了数据库结构。

5. 网络资源共享

网络内部用户之间经常会用到网络资源共享以方便工作，但由于用户安全意识淡薄或者计算机应用水平有限，而没有对共享的网络资源设置必要的访问控制策略，从而使硬盘的重要数据信息暴露在网络中，被窃取并传播泄密。

（六）管理的安全风险

APPDRR 模型中安全管理的理念贯穿各个层次，对一个比较庞大和复杂的校园网络来说更需要加强安全管理。管理上没有相应制度约束，所带来的风险主要有以下几种。

①安全意识不强，内部管理人员或员工把内部网络结构、系统的一些重要信息传播给外人而造成信息泄漏。

②口令和密钥管理风险，管理员用户名及口令被外人窃取。

③机房管理制度不严，使入侵者能够接近重要设备。

④网络内部用户了解网络配置机制，熟知网络内部提供的业务应用服务，在约束缺失的情况下，利用网络和系统的弱点，实施入侵、修改、删除数据等非法行为。

⑤审计不力或无审计，当网络出现攻击行为或网络受到其他安全威胁时，没有相应的检测、监控、报告与预警机制。而且，当事件发生后，不能提供任何日志记录，无法追踪线索及弥补缺陷，缺乏对网络的可控性与可审查性。

## 二、网络安全技术在校园网中的应用分析

（一）局域网设置

校园网大多是局域网，在实际应用网络安全技术设置校园网时，首先应结合校园网本身具备的局域网特点来进行，以确保校园网能够稳定、安全地运行。为了维护和保证校园网的安全，可以通过搭建良好稳定的网络拓扑结构来实现。网络中存在着很多相互连接的站点，这些站点使用的连接形式就是网络拓扑结构，在校园网络中，主干网络和子网络构成了其网络结构，在传递网络信息时，信息会流动在各个站点之间，为了确保校园网能安全运行，选择良好可靠的拓扑结构对校园网络的设置非常重要且必要。目前，环形拓扑、星形拓扑以及树形拓扑等是比较常见的网络拓扑结构。在开始设置校园网络时，应结合该校用网的具体需求来选择网络拓扑结构，设置时应确保各个站点稳定传输信息数据，还能利用拓扑结构尽可能优化校园网络，使不安全因素对校园网络的威胁降低。此外，还应合理划分校园网的 VLAN。VLAN 也叫虚拟局域网，在划分校园网 VLAN 时，应对其逻辑上的部分、设备用户、设备功能等信息多加关注，进而全面保障校园网的安全。校园网的管理主要依靠服务器实现，在划分功能时，在 VLAN 中放置主服务器，有利于更好地实施

维护和用户管理，还能尽量减少可能存在的各种网络安全隐患。

（二）防火墙

应用防火墙技术，能够在最大限度上为校园网的安全提供保障。防火墙也叫防护墙，是一种常见的网络安全应用技术。防火墙技术可以为计算机建立一道强大的屏障，以抵挡大量来自外部的非法入侵，维护计算机网络环境和运行的安全。将防火墙技术应用在校园网的设置中，能够使校园网获得强大的保护屏障。在设置校园网络防火墙时，应对网络安全需求及该校的实际情况做出全面、细致的考虑，再选择应用等级合适的防火墙技术。利用防火墙技术可以设置验证端口、过滤装置、访问权限以及应用网关等，过滤网络信息，维护校园网站的稳定和安全。

（三）VPN

VPN 是简写的虚拟专用网络。在外部互联网与校园局域网互相连接时，VPN 为其提供了重要途径，因此，通过科学设置 VPN 服务器，可以对校园网的安全形成有效的保障。在 VPN 的限制下，校园网用户要想访问特定网络信息，必须要通过服务器验证，这样的设置对校园网用户的安全提供了十分有力的保障。另外，通过使用 VPN 技术，还可以加密处理校园网数据，当数据经加密后再通过互联网的各种渠道进行传播时，只有获得特别授权的用户才可以真正访问信息获取数据，在 VPN 技术的加持下，信息数据的安全得到了进一步保障。在校园网的建设中加入 VPN 技术，应注意协议设置是否合理，并结合学校的具体需求和实际情况选择适当的通讯方式。大多数学校选择在不安装相应客户端设备的情况下应用 VPN 技术，这样可以节省一定的网络安全成本，有助于更好地保障校园网用户的信息安全。

（四）入侵检测

外来入侵者是校园网安全所面临的一种主要威胁，为了校园网络的安全，加强检测校园网是否被外来入侵非常有必要。在对校园网实施入侵检测时，应先结合校园网的实际情况分析预设入侵对象的标准，并使用可靠的入侵检测软件检测校园网。入侵检测技术主要有检测、响应、供给预测、威慑、损失评估等作用，能够对计算机进行检测，搜索其中的入侵信息并发出警报。利用入侵检测技术检测校园网，能够实现全面监控校园网的运行情况，监测网络系统，找出系统漏洞，进而使校园网络系统的安全性得到提高。

（五）加强日常维护

除了使用入侵检测技术有效维护校园网的安全之外，还可以通过加强日常维护来实现。

从工作性质看，日常维护与对校园网进行入侵检测比较相似，二者相比，前者更具日常性。通过对校园网进行日常维护，可以分析校园网的网络结构和监测其运行状况，了解网络内部的实际情况。当校园网内部产生某种错误或漏洞时，就可以及时打补丁对网络进行修复，使其系统不断被完善、被优化，进而使网络的安全性得以提高。对校园网的安全来说，进行日常维护非常重要，因此，校园网络管理人员应不断升级和优化维护程序与维护软件，并不断强化自身在校园网络安全方面的管理能力。

（六）数据备份与恢复

数据备份与恢复功能保证校园网信息数据的完整和安全，对校园网来说至关重要，能够在最大限度上减少网络事故导致的数据损失。校园网一旦发生网络安全事件，直接受损的就是储存的各种数据和信息，为了降低数据的损失，保证数据和信息不被外来因素篡改，使用数据备份和恢复技术十分重要。学校内的网络管理人员需要注意定期对数据库中的各种数据进行备份，并将备份储存好，建立数据库索引，以便在日后能够根据索引快速完成数据恢复，提高工作效率。数据备份与恢复为校园网安全提供了保障，有利于推动校园网络安全建设。

## 第四节　网络安全技术在养老保险审计系统中应用的解决方案

### 一、养老保险审计系统需求分析

（一）养老保险业务流程分析

参与了养老保险的员工及个体劳动者，其养老保险金额需要经过收缴、保管、资金储备、调剂等流程，同时退休人员定期领取养老金也是养老保险业务的一个重要职能。养老保险基金的收取与其他的险种一致，首先需要对用户的信息进行采集，然后对信息进行储存，再来分析相关的金额发放标准，最后监督和预测基金的储备运用状况。整个业务流程具有现代化的特点，并且由于系统包括外网公众服务用户、内部用户等多种类型的业务用户，因此在用户认证方面有较高的要求，以此来防范多用户带来的潜在安全风险。

养老保险业务的处理主要包括养老金申报、缴费审查、费用收缴、账户信息录入、待遇审查、金额发放等方面。

（二）功能需求分析

养老保险的系统中首先需要保证对养老金的收集、支付以及资金管理，系统必须确保养老保险金额运行的安全，同时确保参保人员按时领取养老保险金，下面进行详细的介绍。

**1. 账户管理**

①首先是对参保人员进行信息登记，建立基础信息表格，对应填写基本信息，制定好不同类别的参保人员的信息设立标准。

②缴费的标准规定。单位职工缴费必须按照每月足额缴费，而个人账户则应该由单位缴纳后的数额计算建立养老保险的业务分账。

③系统在收集了不同类别参保人员的基本金额后，要将基本的资金数据往来信息填写到不同的账户信息表中。

④按照参保人员提供的支付环节的信息资料对个人账户的资金支付情况进行记录。

⑤按照不同的职工养老保险金额的标准对参保人员的养老金利息及时进行调整。

**2. 信息变动**

（1）参与保险人员信息变化。

参保人员在进行初次参保时要进行信息登记，同时如果需要，还要对信息进行修改、注销、冻结等一系列操作。参保人员的信息录入系统后还需要在本地单位进行信息表打印，缴费单位也需要对每个不同的参保对象的缴费金额进行审核，录入每个人的缴费状况。

（2）参保人员情况变化。

每个参保人员的信息必须保证是独一无二的，不能出现重复的参保人员。个体参保人员的工作情况发生变化后，需要对他们的信息进行及时的更新，当参保人员从待业的情况转变为在职职工后，也需要及时更新参保金额。个体工商人员转变为在职职工时也需要重新进行参保信息登记。对曾经中途未交费的人员，可以进行资金的冻结，同时对一些账号进行解冻的操作。当参保人员达到退休年龄后，要及时进行信息和账户的更新，以及金额的返还和退账。

**3. 基金征缴**

①不同的单位缴纳的养老保险金额不尽相同，因此，要按照不同的标准进行养老保险金额的扣除，同时再根据子系统的接口在地方的税务直接进行税收支出。

②缴费单位的缴费手续需要直接到社保的办理机构进行办理，同时完成相关的养老保险费率的缴纳手续。

③养老保险拖欠缴纳的单位，中心机构要及时发放“养老保险催缴通知书”，督促未

缴费的用户尽快缴纳相应的保险费用。

④部门参保人员的账户欠费或者中断后要进行补缴。

⑤每月月底要进行缴费情况的统计分析，同时对养老保险金额进行资料统计。

**4. 待遇发放**

①首先要对参保人员的信息进行审核，确认参保人员应该享受的待遇和金额数目，编写相关参保人员的花名册和账目表。

②对不同的参保人员的退休和资金待遇发放的方式以及时间有着不同的规定。

③参保人员的金额可以通过银行账户划定或者邮寄的方式进行发放。

### （三）性能需求分析

社保的联网审计系统可以对社保业务信息进行集约化处理，同时确保社保业务能够全方位和全过程地被监控。养老保险审计系统首先要按照审计厅的要求进行搭建，进行集中的系统数据处理，然后利用计算机和互联网技术，将审计部门的社保数据库完善，最后对社保部门的数据库进行实时的数据采集，以确保数据的安全和准确，将审计系统传统的人工方式和目前的现代化系统进行结合，最终形成高效的信息系统。该系统有以下几个特点。

**1. 高效性**

系统采用了目前最为先进的开发技术，因此能够较为高效地处理大批量的数据，同时保证社保局内部能够对数据进行集中的处理。由于我国人口众多，参保人员的数目也十分庞大。因此，系统首先要具备高容量的存储能力，其次就是网络信息的连接也必须能够高效地进行数据的传递，实现系统内部信息的集中分布和审计的信息存储以及审核，为审计人员提供一个良好的审批环境。

**2. 标准性**

根据国际上的标准化组织认证，首先必须要在业务功能需求被满足后才能进行其他的功能设置，因此，系统中的各个编码都采取了国际认证的标准，同时按照统一的身份、资源以及界面的制定规则，使整个系统的设计都偏向于标准化设定。

**3. 先进性**

本系统的设计框架、工具技术以及搭建的平台都选择了目前最为先进的工具。首先在平台的搭建上，要采取目前建设比较成熟完善的平台。在技术方面则是要根据系统的特性选取最适合的技术。在面向对象时，要能够进行对象的分析、模块的设计以及架构的设计，以提高整个系统的水平，不光要让用户具有较好的体验感，同时还要便于维修人员维修，确保系统的稳定性和流畅性。

4. 扩展性

系统的搭建采用的是积木式的搭建形式，也就是在不同的功能分区都留出对应的接口，让数据能够在不同的组织之间进行流畅的迁移。另外，由于养老保险制度变化很快，会经常需要对系统进行组织方法的更新，因此，要具有可扩展性。

5. 开放性

开发性指的是系统的开发架构、技术平台等工具都必须采用具备良好开放性的产品，符合这个需求，要从不同的数据库中找到并且采集不同的数据，提供不同的接口进行数据的传送，同时还要在多个不同种类的业务系统中建立一个共用的、开放的软件系统。

6. 可维护性

系统的设计不光是要进行顺畅的使用，同时还要确保系统出现问题后便于维护。首先，系统的机构和分层设置必须要保证数据和服务器的合理划分；其次，要在开放性的平台上进行系统的搭建；最后，要利用不同的封装系统，进行规范化的处理。

7. 安全可靠性

基于审计和个人信息的特殊性，该系统在网络上运行时必须要保证所有的数据和信息都具备一定的可靠性。同时，系统运行时也要保证稳定性。

8. 普遍性

由于该软件的适用范围和推广范围比较广，不同的省份都需要用到该软件，因此，系统必须能够定期地进行升级和更新以适应不同的情况。

## 二、养老保险审计系统的安全分析与风险防范

### （一）Web 应用架构分析

1. JSP+Servlet（Javabeans）方式

在该实现方式中，Web 服务器对客户端发送过来的请求进行接收，与程序服务器进行 Java 端程序 Servlet 的执行，对其输出进行返回处理以实现信息资源与客户机的交互处理。通过浏览器的运作，客户端能够实现对数据信息的增、删、查、改等功能。

（1）设计模式展示。

程序编写人员通常通过设计模式的展现来解决一些编程问题。当前，Web 中的很多应用都是以 B/S 的模式来呈现的，通过 HTML 一级 JSP 的形式，浏览器可以直接与用户进行交互，用户的请求命令通过这种方式得到回应。这是一种非常直观的展现形式，但是代码的增加会导致管理系统的数据量大幅度的提升，从而很有可能使得 JSP 页面变得不那么

简洁，或者直接导致 Web 服务器不堪重负。所以，通常采用模型视图控制器对中间层进行设计，Model 层实现业务逻辑层的执行结果，View 层执行用户显示层的结果，Controller 层负责控制两个层次之间的联系。在具体的实现过程中，应用程序的控制器为 Servlet，视图由 JSP 来展示，另外，被系统用来表示模型的是 Javabeans。Servlet 则对所有的用户请求进行了承担，接着对这些请求进行分发，将其分配到 JSP 中，与此同时，Servlet 会生成一些 Javabeans 的实例，这些实例是在 JSP 的需求上产生的，并且同样在 JSP 的环境中得到输出的处理。然而如果 JSP 想要获取 Javabeans 中的数据信息，则能够以下列方式实现：一是直接调用；二是 UseBean 自定义标签的使用。这种设计模式的优势在于将表示层以及数据层进行了完全的分割，这对系统开发而言是一件好事，因为它使开发更加便捷与迅速。

（2）存取原理。

Java 可以对数据库进行存取及连接，这是通过使用 JDBC 来实现的，由一组用 Java 语言编写的接口和类组成，Java API 是 SQL 数据库语句的执行方式。使用 JSP 或者直接使用 JDBC 与 Servlet 的组合模式，对数据库存储的方式进行实践，也就是说，客户端的数据库不需要生成查询的相关命令然后传输到服务器，而是可以直接通过 URL 以及浏览器将彼此的连接建立起来。Web 服务器主要的任务在于接受 HTTP 数据请求，这种数据请求来自本地的浏览器或是远程的浏览器。请求到达中间层并被接收之后，执行 SQL 语句会对 API 进行实现，以此来执行数据库的访问操作。JSP 在接收到查询数据之后会生成一个标准化的界面，发来请求的浏览器会将结果返回客户端。

2. JSP+SERVELET（Javabeans）+EJB **方式**

当前系统使用的是集中式的管理模式，但是这种模式只适合规模较小的系统或是当地的经办机构没有建设相关系统的地方，在已经有完备系统的地方不需要建设。

与第一种架构不同，这种模式主要是将养老保险的业务逻辑存放在 EJB 容器中，对业务逻辑的实现是通过 EntityBean 以及 SessionBean 来完成的。应用程序的控制器为 Servlet，视图由 JSP 来展示，另外，被系统用来表示模型的是 Javabeans。Servlet 则承担了所有的用户请求，接着对这些请求进行分发，将其分配到 JSP 中，实际的业务由 EJB 组件来实现，在数据存储层中存储重要数据。用来管理事务的容器是中间件服务器提供的。由于事务由容器进行管理，那么控制分布式事务的程序就会简单很多，并能够对数据库起到一定的缓冲作用，尤其是在业务量过大的时候，数据库承担的压力在很大程度上会得到减轻，业务处理的水平在一定程度上也会得到提高。由于分离了业务逻辑层及其他的层次，因此修改起来会比较方便，某些业务变幅很大的企业适合用这种方法。

（二）物理访问控制技术

确保电脑内部的物理安全是整个系统安全的前提。什么是物理安全，即在一些常见的自然灾害中保证电脑网络的硬件设备不被损伤，以及保护电脑不被违法犯罪分子进攻，造成损失。物理安全主要分为设备方面、线路方面以及环境方面。

为了把低等的和高等的两个等级在物理性质上分开，需要采用相关科技，确保除了物理之外的逻辑可以连接。

**1. 环境安全**

电脑周围的环境不发生危险事件，电脑就是安全的，如灾难保障以及区域保障。

**2. 设备安全**

多次强化工作者对安全的重视，这样就能使设备在保护电源、拦截电路、拦截电磁波的干扰等方面得到保护，特别是设备冗余备份。

（三）网络访问控制技术

这个电脑按照其自身的配置安装了防火墙，并且可以达到所要求的配置，让本部的地区访问外面的地区。外面的地区也可以访问服务器。这些均被安装在路由器和交换机的地方，外网以及内网分别与因特网和交换机的接口相连，这样就能经过这个装置排除外面电脑的攻击。

通过网络联系大众，并且只打开一个端口，经过这一个端口传递资料，并且这个电脑拥有特殊的防火墙，能够只连接安全的网络，这样就可以确保企业内部的核心机密不被泄露，而且物理方面的隔离也能够提升安全性能，阻止黑客入侵，就算 DMZ 里面的端口坏了，也没关系。

使用 NAP 科技，既可以在一定环境里保护客户端的电脑，又可以更新配置、定义软件。比如说，一个电脑在下载软件时附带有防毒软件，那这个体系就可以使用内部的防火墙保证电脑不被病毒进攻。NAP 能够把低配置导致的风险消除掉，因为这些风险产生危害性较大的病毒和垃圾软件。

（四）网络传输安全技术

想要信息不泄露，既要运用 VPN 体系，在各个地区设置机密的沟通渠道，又要让视频会议以及打电话的信息可以传输不受干扰。VPN 的作用如下。

①具有加密资料的作用，电脑 IP 资料包可以受到保护。在认证的 TCP/IP 协议下面，FTP 等有关的活动都可以正常进行。

②具有信息认定的作用，IP 资料包被保护。被保密的 IP 文件经过决策之后，所有的文件上都有验证码，只有通过了验证才能进行下一步操作。

③具有包装 IP 资料包的作用，让 IP 资料包能够更完整。读取不安全的资料包时，会进行特殊加工，确保里面的资料不被损坏。

④具有防火墙的作用，阻挡不安全的使用者进攻电脑的访问体系。

⑤采取了 Socks5 VPN 的有关规定。配备了 Socks5 VPN 客户端，就可以经过这个端口控制访问程序，而且可以把这种程序转化成协议传递给 Socks5 VPN 端口审查，Socks5 VPN 端口就是按照传递者的资料验证身份是否真实。运用这个方法，Socks5 VPN 服务器以及 Socks5 VPN 端口就是中间人，能够验证使用者的身份资料，控制该用户访问的权限，只有经过了验证才能使用权限操作，以确保内部的电脑安全。

### （五）入侵检测技术

客户端验证防火墙的身份就能防止危险因素入侵，让体系更加安全，因此，全部的权限都属于防火墙掌控。然而防火墙不是万能的，出现新的不能识别的进攻防火墙就不能阻挡。因而还是要使用检查的装置保证安全，针对所有的访问都要一个个验证检查，并且要记录下来。这种产品就是入侵检测系统。这个体系具有随时报警及智能识别的功能，可以监管所有的访问，如果没有通过验证的请求进入体系，就会被检查出来。随之出现报警信号，然后拦截攻击，向管理工作者汇报、联系防火墙阻挡。这个体系使用了分布式方法，所以使用者能够通过特殊的端口监管全部的防火墙系统。安装一台检查入侵的机器在监管的摄像头处，就能够实时监测窃听通过这个端口发布和接收的信息。信息会被显示、扫描、记录、报警，并且会在所有有显示器的地方显示。因为这个体系发展很快，所以启明星辰、Internet Security System（ISS）、赛门铁克、思科等一些企业都有相关的软件。

# 参考文献

[1] 赵旭华，黄斌，崔红伟 . 计算机软件应用与网络安全管理研究 [M]. 延吉：延边大学出版社，2023.

[2] 周涛，陈欣，梁根社 . 计算机网络管理与安全技术研究 [M]. 北京：中国商务出版社，2023.

[3] 唐铸文，胡玉荣 . 计算思维与计算机应用基础 [M]. 2 版 . 武汉：华中科技大学出版社，2022.

[4] 张辉鹏 . 网络信息安全与管理 [M]. 延吉：延边大学出版社，2022.

[5] 张虹霞 . 计算机网络安全与管理实践 [M]. 西安：西安电子科技大学出版社，2022.

[6] 张兵 . 大数据技术基础 [M]. 北京：北京出版社，2023.

[7] 刘恒 . 网络信息安全 [M]. 北京：高等教育出版社，2022.

[8] 杨政安 . 计算机网络技术与网络安全 [M]. 延吉：延边大学出版社，2022.

[9] 胡昌平 . 数字信息服务与网络安全保障一体化组织研究 [M]. 武汉：武汉大学出版社，2022.

[10] 孙佳 . 网络安全大数据分析与实战 [M]. 北京：机械工业出版社，2022.

[11] 傅学磊，范峰岩，高磊 . 计算机网络安全技术研究 [M]. 延吉：延边大学出版社，2022.

[12] 张兵，王伟 .HDFS+MapReduce 分布式存储与计算实战 [M]. 北京：清华大学出版社，2023.

[13] 蒋建峰 . 计算机网络安全技术研究 [M]. 苏州：苏州大学出版社，2022.

[14] 陈祥，朱薏，黄进勇 . 计算机网络实践教程：基于华为 eNSP[M]. 武汉：华中科技大学出版社，2023.

[15] 王结虎，祝宝升，刘利峰 . 电子信息与网络安全管理实践 [M]. 哈尔滨：哈尔滨出版社，2023.

[16] 殷博，林永峰，陈亮 . 计算机网络安全技术与实践 [M]. 哈尔滨：东北林业大学出版社，2023.

[17] 李建华，陈秀真 . 网络信息系统安全管理 [M]. 北京：机械工业出版社，2021.

[18] 邓青，张兵，杨凯 . 大数据技术基础及应用 [M]. 长春：吉林大学出版社，2022.

[19] 石磊，赵慧然，肖建良 . 网络安全与管理 [M]. 3 版 . 北京：清华大学出版社，2021.

[20] 王顺 . 网络空间安全技术 [M]. 北京：机械工业出版社，2021.

[21] 薛光辉，鲍海燕，张虹 . 计算机网络技术与安全研究 [M]. 长春：吉林科学技术出版社，2021.

[22] 丛佩丽，陈震 . 网络安全技术 [M]. 北京：北京理工大学出版社，2021.

[23] 赖清 . 网络安全基础 [M]. 北京：中国铁道出版社，2021.

[24] 张健鹏 . 网络信息安全基础概述 [M]. 北京：中国商务出版社，2021.

[25] 李宁宁 . 计算机网络技术与应用 [M]. 北京：中国纺织出版社，2023.

[26] 潘力 . 计算机教学与网络安全研究 [M]. 天津：天津科学技术出版社，2021.

[27] 吕雪，张昊，王喆 . 计算机信息技术与大数据安全管理 [M]. 哈尔滨：哈尔滨出版社，2023.

[28] 佘玉梅，申时凯 . 基于应用能力培养的计算机实践教学体系构建与实施 [M]. 长春：东北师范大学出版社，2020.

[29] 李敏，荆于勤，范兴亮 . 网络安全与管理 [M]. 重庆：重庆大学出版社，2023.

[30] 谢静思 . 网络管理与维护 [M]. 北京：北京希望电子出版社，2023.

[31] 王诺，郭伟伟，吴文臣，等 . 计算机网络安全管理 [M]. 成都：电子科技大学出版社，2019.

[32] 王晓霞，刘艳云 . 计算机网络信息安全及管理技术研究 [M]. 北京：中国原子能出版社，2019.

[33] 李瑞生 . 网络安全防护与管理 [M]. 北京：中国铁道出版社，2020.

[34] 张靖 . 网络信息安全技术 [M]. 北京：北京理工大学出版社，2020.

[35] 郭文普，杨百龙，张海静 . 通信网络安全与防护 [M]. 西安：西安电子科技大学出版社，2020.

[36] 龚俭，杨望 . 计算机网络安全导论 [M]. 3 版 . 南京：东南大学出版社，2020.

[37] 赵丽莉，云洁，王耀棱 . 计算机网络信息安全理论与创新研究 [M]. 长春：吉林大学出版社，2020.

[38] 韩立杰 . 计算机网络技术理论与实践 [M]. 天津：天津科学技术出版社，2021.

[39] 张基温，栾英姿，王玉斐 . 信息系统安全 [M]. 北京：机械工业出版社，2020.

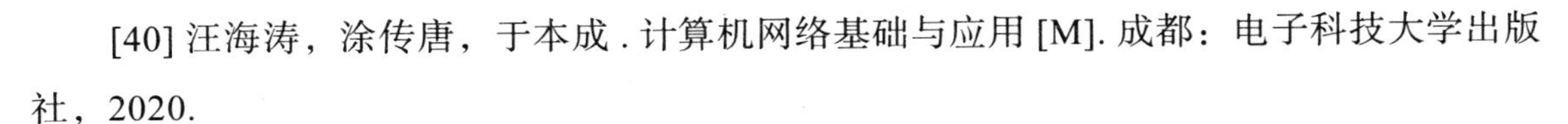

[40] 汪海涛，涂传唐，于本成．计算机网络基础与应用 [M]. 成都：电子科技大学出版社，2020.

[41] 张瑛．计算机网络技术与应用 [M]. 长春：吉林科学技术出版社，2020.

[42] 李晓峰，郭伊，闫衍．基于 C/S 架构的 SQL 数据库技术研究 [J]. 网络安全和信息化，2024，9(2)：83–85.

[43] 郭伊，任宏．面向现场工程师培养的“软件测试”课程教学模式改进研究 [J]. 移动信息，2024，46(6)：124–126.